中国近世生物学机构与人物丛书

中國植物志編纂史

丙申夏胡啟明署 時年八十有二

胡宗刚 夏振岱 著

上海交通大學出版社
SHANGHAI JIAO TONG UNIVERSITY PRESS

内容提要

《中国植物志》是一部拥有80卷126分册的煌煌巨著，由几代中国植物学家，历经八十余载编纂而成，在国际上产生较大影响，为中国科学赢得荣誉，也为中国植物学的发展打下坚实基础。本书意在对《中国植物志》编纂过程作一全面记载，探寻各个时期重要历史事件始末，记述主要科、属编写经过和学术成就，藉以评述中国植物分类学的发展历史。其主要内容按时间历程可分为：1922～1949年学科的创建时期；1949～1958年酝酿编写时期；1958～1977年或编或停时期；1978～2005年全面编辑时期。全书以档案记载和人物访谈为主要材料，力求忠实于历史，并以平实的笔法撰写历史。

图书在版编目(CIP)数据

中国植物志编纂史/胡宗刚，夏振岱著. —上海：上海交通大学出版社，2016

ISBN 978-7-313-15564-1

Ⅰ.①中… Ⅱ.①胡…②夏… Ⅲ.①植物志—编辑—历史—中国 Ⅳ.①Q948.52

中国版本图书馆CIP数据核字(2016)第180832号

中国植物志编纂史

著　　者：胡宗刚　夏振岱

出版发行：上海交通大学出版社

地　　址：上海市番禺路951号

邮政编码：200030

电　　话：021-64071208

出 版 人：韩建民

印　　制：苏州市越洋印刷有限公司

经　　销：全国新华书店

开　　本：787mm×960mm　1/16

印　　张：20.75

字　　数：326千字

版　　次：2016年9月第1版

印　　次：2016年9月第1次印刷

书　　号：ISBN 978-7-313-15564-1/Q

定　　价：85.00元

序

王文采

中国大地，幅员辽阔，具有极为复杂的地形和气候，孕育出极为复杂的植物区系。因此，编写中国植物志是一项非常艰巨的工作。中国历史悠久，拥有灿烂辉煌的文化，古代四大发明为世界科学技术的发展做出了重要贡献。但是，欧洲工业革命在十八世纪兴起，同时，自然科学各学科蓬勃发展，中国在这些方面却严重落后。一直到二十世纪二十年代才出现转机，在这期间，钱崇澍、胡先骕、陈焕镛三教授自美国，刘慎谔教授自法国先后学成回国。他们在大学教书，培养了大批人才。并分别在南京、北京、广州等地创办植物学研究机构。到这时我国的近代植物分类学才得以开始起步，极为复杂的植物区系终于由我们中国人自己开始研究了。时至今日，由312位专家投入编写，费时45年完成的80卷巨著《中国植物志》问世之际，我们后辈们应该向中国近代植物分类学的上述一代先贤们，以及他们培养的弟子们——中国著名分类学家表示崇高的敬意，感谢他们对这部巨著的完成所起的奠基性贡献。

《中国植物志》的出版为中国三万余种维管植物的正确鉴定提供了一部重要工具书，为中国丰富的植物资源的开发、利用提供了重要科学依据，还为中国的植物区系的研究和植物学教学等方面提供了重要基础参考资料。此志书在科下分类和属下分类做得很好。我了解多数科的作者们都是按照专著或修订的要求进行编写工作，收集和研究尽可能多的文献和植物标本，在遇到疑难分类群时，多进行野外居群观察，或同时进行解剖学、孢粉学、细胞学等方面的工作。在每个科的编写工作将结束时，对有关科进行科下亚科、族的划分，对科中的各个属进行属下亚属、组、系的划分，这样，亲缘关系相近的种以及其他更高级的分类群都聚集在一起。在排列次序方面，演化水平低的分类群位于前面，演化水平高的分类群位于后面，这样给出的有关科的分类和属的分类系统，都符合植物分类学要求的研究结果。在植物学理论方面，因为多少反映出有关科、属的演化情况，因而为有关科、属的系统发育研究提供重要的基础资料。在植物利用方面，对扩大有关植物资源的开发提供重要线索。从上所述可见，《中国植物志》无论在国家经济建设方面，还是在植物学研究方面，都起到重要作用，因此，在2010年1月11日荣获国家自然科学一等奖是当之无愧的。

但是，这部志书是中国植物志的第一版，比起欧洲具有先进水平的植物志，在如下三方面还存在差距。首先是种类齐全方面：近代植物分类学的发展有四个阶段，第一是调查采集，第二是描述，第三是实验，第四是分子学研究。中国的调查采集阶段，从二十世纪初钟观光教授开始算起，只有一百年的历史，至今在全国尚有不少空白地区未得到考察，这从《中国植物志》于2004年全部完成后，在中外的有关学报上仍不断有中国的被子植物新种及少数新属发表而可以说明。为搞清楚中国植物区系中的全部种类，还需要投入人力、物力，对空白地区开展调查、采集工作。再一方面是正确鉴定问题：在此志书的编写过程中，恐怕不少科的作者未能到国外有关标本馆查阅或从国外借到有关模式标本，缺少模式标本的研究，就有可能导致错误的鉴定。因此，需要进行有关科属的修订工作，这方面工作量不小。第三方面：中国维管植物三千余属中，不少属都存在疑难种或复合体(complex)等情况，要解决这些问题，需要进行多学科的综合研究，这方面的工作量也很大，也需要不断投入人力、物力。从上述三个方面的问题可见，现在出版的《中国植物志》是第一版的工作，要达到国际先进水平，今后还须作出不懈努力。

在《中国植物志》获得国家自然科学一等奖之后不久，我高兴得知胡宗刚和夏振岱两位先生合作编写了《中国植物志编纂史》一书稿，并获得机会率先阅读，了解到此书根据广泛收集的档案材料，全面介绍了《中国植物志》编著的历史背景和编写工作各方面的经历过程。我虽是中国科学院植物研究所的一名研究人员，参加《中国植物志》多个科属的编写，却对书稿中阐述的整个编写过程中的许多情况则是首次获悉。由于《中国植物志》是中国植物分类学的重要著作，本书稿的完成为中国近代植物分类学作出了重要贡献，相信本书出版后会受到植物学界以及其他方面的欢迎。

2010年3月12日

(王文采：中国科学院资深院士、中国科学院植物研究所研究员)

目　　录

第一章 DIYIZHANG

引言

植物志(flora)是植物分类学的专著,力求完整记载某一国家或某一地区之植物种类。一般依分类系统编排,如恩格勒系统、哈钦松系统等。记载内容有:植物名称、文献引证、形态描述、产地、生态习性、地理分布、经济意义等;并有分科、分属和分种检索表,科、属、种的描述及形态插图等。编纂植物志是分类学的基本工作,其目的可以促进植物类群的细胞分类学、化学分类学、分支分类学、分子分类学等深入研究,也为植物学各分支学科研究中有关植物的正确鉴定提供工具书,还为生物多样性研究和植物资源开发、利用提供科学依据。

在现代植物分类学的历史上,1753 年瑞典林奈发表《植物种志》(*Species Plantarum*),被看作是该学科开始的重要标志。由于该书主要涉及欧洲植物和起源于欧洲之外的栽培植物,在某种程度上也被看作是早期欧洲植物志。该书声称概括了世界的植物,故又称之为世界第一部"世界植物志",其实,也只是林奈当时所知道的一些世界植物。该书采用双名法,以拉丁文来为植物命名,其中第一个名字是属的名称,第二个是种的名称。属名为名词;种名多为形容词,常用来形容物种的特性,或可加上发现者的名字,以纪念这位发现者,也有负责的意思。林奈书中以此方法命名了 7 300 种植物,但所采用的系统还是人为的分类系统。待一百年后,1859 年达尔文的《物种起源》(Origin of Species)一书发表,提出了生物进化的学说,即任何生物都有它的起源、进化和发展的过程,物种是变化发展而来,各类生物之间皆有或近或远的亲缘关系。进化论的思想开阔了人们的眼界,分类学者重新评估已建立的系统,认识到要创立反映植物界客观进化的系统。系统应当体现出植物界各类群间的亲缘关系,这样的系统叫做系统发育系统。如此一来,直接推动 19 世纪植物分类学的发展。

继林奈《植物种志》之后,"欧洲分类学家一面继续进行植物界各大、小类群的分类学研究,一面又进行欧洲各国植物志的编写,一些分类学家还编写了欧洲以外其他洲的植物志”，如瑞典 C. P. Thunberg 之 *Flora Japonica*（日本植物志，1784）；英国 D. Don 之 *Prodromus florae Nepalensis*（尼泊尔植物志初编，1805）；W. J. Hooker 之 *Flora Boreali-Americana*（北美植物志，1829～1840）；B. Bentham之 *Flora Hongkongensis*（香港植物志，1861）和 *Flora Australiensis*（澳大利亚植物志，7 卷，1863～1897）；J. D. Hooker 之 *The flora of British India*（英属印度植物志，7 卷，1872～1897）；D. Oliver 等人之 *Flora of Tropical Africa*（热带非洲植物志，10 卷，1868～1937）；S. Kurz 之 *Forest Flora of British Burma*（英属缅甸森林植物志，1877）；J. G. Baker 之 *Flora of Mauritius and the Seychelles*（毛里求斯和塞舌尔植物志，2 卷，1877）；W. B. Hemsley 之 *Biologia Centrali-Americana, Botany*（中美洲生物学之植物学，5 卷，1879～1888）；F. B. Forbes和 W. B. Hemsley 之 *Index florae Sinensis*（中国植物名录，3 卷，1896～1905）；W. B. Hemsley 和 H. H. W. Pearson 之 *The Flora of Tibet or High Asia*（西藏高原植物志，1902）；德国 K. F. P. von Martius 等人之 *Flora Brasiliensis*（巴西植物志，15 卷，1840～1906）；A. H. R. Grisebach 之 *Flora of the British West India Islands*（英属西印度群岛植物志，1859～1864）；L. Diels 之 *Die Flora von Central-China*（中国中部植物志，1902）；俄国 A. Bunge 之 *Enumeratio plantarum quas in China boreali collegit Dr. Al. Bunge. anno 1831*（邦盖博士 1831 年在中国北部所采植物名录，1833）；C. J. Maximowicz 之 *Diagnoses breves plantarum novarum Japoniae et Mandshuriae*（日本和满洲新植物特征集要，1866～1877），*Diagnoses plantarum novarum Asiaticarum*（亚洲新植物特征集要，1877～1893），*Flora Tangutica*（唐古特植物志，1899）和 *Enumeratio plantarum hucusque in Mongolia*（蒙古植物目录，1889）；法国 C. Gay 之 *Historia fisica y politica de Chile, Botanica* [*Flora Chilena*]（智利植物志，10 卷，1845～1854）；A. Franchet 之 *Plantae Davidianae*（大卫采集植物志。卷 1：中国北部植物，1883；卷 2：四川宝兴植物，1889）和 *Plantae Delavayanae*（德拉威采集植物志，1889～1890）；瑞士 E. Boissier 之 *Flora Orientalis*（中东植物志，5 卷，1867～1884）。[①] 此所列各类植物志书目尚不完全，但从中不难看出不少植物志的编写是西方殖民主义扩张后的结果。虽然植物本身无国界，科学也无国界，一些

① 王文采：植物分类学的历史回顾与展望，《生物学通报》第 43 卷第 6 期，2008 年。

科学落后的国家或殖民地，其地植物之采集与研究，自然为科学先进国家所研究，对此本无可厚非。但殖民地或半殖民地民族争取独立时，在民粹主义鼓动之下，这些则被看作是帝国主义的文化侵略，由他国之人代为编写本国植物志则会看作是该民族的耻辱。

中国疆域辽阔，群山连绵，湖泊浩淼，江河纵横，自然地理环境复杂多样，孕育出丰富的植物资源，其中维管束植物即有3万种之多。如此丰富的植物种类，自16世纪开始，逐渐为现代科学先进之欧美国家所艳羡，不断派人来华采集，将所得标本带回国进行研究，用其国之文字发表新属、新种。编写出版一些关于中国某一区域之植物志书、名录。

中国乃文明古国，利用植物资源由来已久，农书、本草典籍向称发达；但先民对野生植物涉猎甚少，仅将视野停留在与人之生活相关的种类上。清朝后期，逐渐惊醒的朝野人士，开始向西方学习，科学技术乃其中之一途。康有为在上海设强学会，此为中国学术机构之始。康有为又上书清政府，主张变法，复在北京设强学会，未几改为强学书局，刊行报章，不久被封禁，改为官书局。书局内设藏书院、游艺院及学堂。游艺院陈列化学、电学诸仪器及地质、矿物、动植物之标本，其学术研究机构规模初具。随后传统科举进学制度被废除，改设各级新式学堂，并派遣学子留学东西洋。在学堂之中，便开设有博物学课程，植物学为其内容之一。所采用教材来自邻国日本，所讲内容也多是日本植物，且甚为肤浅。至于研究，则未有从事者。

随着赴欧美留学之学生回国，展开科学救国运动，才将纯正的科学研究带到中国，同时也将从事科学研究之体制带回。其中生物学是由留美学者秉志、胡先骕、邹秉文等人所开创，1921年他们先在东南大学农科设立生物系；在教学之余，于第二年又创办中国科学社生物研究所。该研究所乃是秉志仿照美国费城韦斯特生物学与解剖学研究所而创设，倡导研究，采集标本，撰写论文，创办专刊，并与国外研究机构建立联系，交换标本、图书。该所由秉志任所长，所中设动物部和植物部，分由秉志、胡先骕任主任。植物部有钱崇澍、陈焕镛等，动物部有陈祯等，其旨趣为探明中国长江流域之动植物资源种类，作分类学研究，为编纂《中国动物志》和《中国植物志》作准备。

中国地域诚然辽阔，植物种类堪称繁杂，远非一个研究机构所能胜任。故而中国科学社生物研究所积极倡导，再为创办研究机构，并按各研究所所在区域而略加分工。此按各研究所创建先后，列举如下：1928年在北平设立静生生物调查所，所长由秉志兼任，1932 年胡先骕继任，该所致力于华北及云南植物研究。胡先骕北上之后，科学社生物所植物部主任由钱崇澍继任，继续长江流域植物研究。1929 年在南京设立中央研究院自然历史博物馆，钱天鹤任主任，先后在植物部供职的有秦仁昌、蒋英、裴鉴等，致力于长江流域及西南地区植物研究。其后，该所于 1934 年改组为中研院动植物研究所，1944 年又分为动物研究所和植物研究所罗宗洛为所长。1929 年在广州设立中山大学农林植物研究所，陈焕镛任所长，致力于广东、广西及海南岛植物研究。此外还有：1933 年在重庆北碚设立中国西部科学院生物研究所，1934 年在江西庐山设立庐山森林植物园，1934 年在广西梧州设立广西大学植物研究所，1938 年在云南昆明设立云南农林植物研究所，此皆为再传之薪。另有留法学者刘慎谔于 1929 年在北平创办北平研究院植物学研究所，则属另一源流。该所致力于华北、西北植物研究，并于 1936 年在陕西武功设立西北农林植物调查所。如此众多研究机构纷纷成立，生物学一举成为民国时期甚为发达之学科，并取得良好之成绩，赢得国际声誉。此外，还有一些综合性大学之理科或农科，不断有生物系之设立，在教学之余亦从事研究，国立大学如清华大学、中山大学、四川大学、武汉大学、青岛大学、厦门大学等；教会大学如金陵大学、岭南大学、东吴大学等。

诸多研究机构，在各自领军人物率领之下，无不在其研究领域而肆力，采集标本，发表新种，编写各地区植物名录、植物志等。当植物学事业规模粗具，新人辈出之时，1933 年在重庆北碚又有中国植物学会成立。翌年该会在江西庐山举行第一次年会，胡先骕当选会长。在此次会议上，胡先骕有“编纂中国植物志”提案。云“现在国内治植物分类学者渐众，理应着手编纂《中国植物志》，拟征求植物分类学者同意，凡编纂各科植物专志者，应同时编纂中国志之该科，并共同选举总编辑人，总持编纂事务，至于发刊曾与国立编译馆商定，由该馆负担。”会议议决：“由本会通知植物分类学者征求同意”①。但是，其后该项提议并未立即组织实施。是时从事植物分类学研究已有百余人，在此次会议上，仅就各人研究类群作有大略分工。因此，此次会议可视作着手编辑《中国植物志》之始。

---

① 《中国植物学杂志》第一卷第三期，1934 年。

1937年抗日战争全面爆发，给中国带来深重之灾难。植物学研究事业自然不能幸免于外，也遭到严重损伤，一些主要机构辗转迁徙，虽在后方得以为继，然植物标本、图书资料损失巨大。又由于事业经费锐减，其规模也缩小甚多。编纂《中国植物志》自难提到日程。待1945年抗战胜利，各研究机关纷纷复员，但研究条件却大不如前，经费异常拮据。1947年美国国家研究委员会愿出资与中国合作编纂《中国植物志》，胡先骕为编撰的主要负责人。此事经中央研究院评议会决议由中央研究院植物所、北平研究院植物所及静生生物调查所合组成立《中国植物志》编委会，并与美方详细制定了编撰办法。但其时之中国，政权之战正烈，社会已极不稳定，经济也处严重通货膨胀，此项合作计划无从实施。转瞬之间，中国共产党在大陆赢得胜利，国民党则败走台湾。新政府成立之后不久，即成立中国科学院，《中国植物志》之编纂即列入中科院计划之中，由此步入正式实施阶段。自1922年中国科学社生物研究所创建开始至此，可谓是学术积累阶段，凡27年，其中还有十余年国家处于战争状态。

1949年，新成立之中国科学院即将《中国植物志》列入科学规划之中，至1958年“大跃进”的声浪之中，正式开始编纂，可谓经过8年筹备。从1959年开始出版第一卷，至2004年最后一卷问世，历时45年，由85个机构参加，作者312人，绘图164人。全书共计80卷，计126分册，记载中国维管束植物(蕨类和种子植物)301科3 408属，31 142种，图版9 080幅。在45年的研究中，发表新属243个，新种14 312种，并提出一些类群的新的分类系统。

《中国植物志》出版问世，被称之为世界已出版植物志中，收集种类最多，篇幅最大的植物志，是一部科学巨著。诚然是中国植物学分类学家克服种种困难，作出巨大努力的结果。但是与世界先进植物志相比，《中国植物志》尚有一段距离。在此介绍两种国外之植物志以便作一比较。

一为《苏联植物志》(Flora USSR)。1932年，由科马罗夫(В. Л. Комаров)领导苏联植物学家开始编纂。全书30卷，记载植物1.7万种，1934～1964年出版。该志系对此前近200年来前人所作植物分类学、植物地理学之总结。在此之前，更有各加盟和自治共和国如阿塞拜疆、白俄罗斯、格鲁吉亚、阿布哈兹、哈萨克、吉尔吉斯、拉脱维亚、土库曼、乌兹别克、乌克兰等，俄罗斯苏维埃联邦社会主义共和国的一些地区如列宁格勒州、摩尔曼斯克州、中西伯利亚等地区都编辑有植物志或植物图鉴，苏联的欧洲部分亚美尼亚、外贝加尔、立陶宛，苏联的北极地区、中亚细亚、塔吉克、爱沙尼亚也出版有植物志。

在《中国植物志》开始编纂之时，中国政府在国际事务中已向苏联“一边倒”。苏联被称之为老大哥，在各个领域都是学习的榜样。《苏联植物志》也被当作先进植物志，是追求的目标，并派遣留学生前去学习。但是，在编写《中国植物志》开始之时，如何展开，即将中国与苏联的植物分类学研究力量作有对比。

> 苏联约有高等植物一万六千种，参加作植物志的植物分类学家前后约有80人，标本、图书齐全，已经作了20多年了，到现在还没作完，最后的菊科还没出来。再看我国，高等植物约有三万种，比苏联多了一倍光景；目前植物分类学家不过三四十人，比苏联少了一半左右；标本、图书条件比起苏联来又差得多，粗算起来我们作完中国植物志怎么说也得大约60年的时间。况且中国植物志既是植物学中的一部经典性巨著，同时又是赶上国际水平的标志，当然标准就不能低，它所包括的种类也应尽可能地齐全。除此以外，有很多老先生思想上还存在着很多的问题。他们认为自己是某某科的专家，研究了几十年了，在没有十分把握的时候，“杀手锏”是不能轻易拿出来的。就这样，在标准、条件、个人威望等重重障碍之下，中国植物志就成为可望而不可及的了。①

即使在这样的条件之下，《中国植物志》还是在年轻的分类学家倡议之下，开始着手编写，且作出八到十年完成计划。如此不顾实际能力，纯粹为了适应“大跃进”需要。即便是其后以45年完成，许多时间段，为尽快完成计划，还是有不少科属是以降低学术标准，草率而成。

另一种为《欧洲植物志》(*Flora Europaea*)。欧洲各国之植物，经过二三百年研究后，大多数国家均先后出版有植物志。但其编著者，并非都是出自本国植物学家之手。编辑出版之后，多数植物志还经过多数分类学家的多次修订，质量不断提高。最终于1954年，在“巴黎国际植物学会议”上，取得一致意见，编写《欧洲植物志》。T. G. Tutin 出任主编，由25个国家，187人合作完成。该志以英语撰写，由英国剑桥大学出版社出版。其第一版出版于1964～1980

① 崔鸿宾、汤彦承：《十年内完成中国植物志》，《科学通报》，1958年第10期。

年，全志共载欧洲维管束植物203科，1 541属，约11 500种，是国际上公认的高水平著作。第二版于1992年开始出版第一卷。《欧洲植物志》之所以获得举世之赞誉，除了欧洲植物研究已有几百年之久，积累了丰富资料和标本，继承者可以在前人的基础上，从容编著。当然还有一个权威的编辑委员会，领导欧洲各国植物学家。对于该志第一版之编写，有这样介绍文字：

> 该志不仅是大批作者们同心合作的一项产物，也经过分别代表各欧洲地区的地区性顾问小组的审查，他们根据他们自己对地方的知识专长有机会审阅全部手稿，而且该志是受编辑方面的非常严格的控制的。这种受编辑委员会委托而进行的这种编辑控制，也就是说编辑委员每位成员对特定的一些科要负主要责任，这实际上就意味着全部手稿都要经过广泛的审查、修改和校订，直到符合在几年时间内决定下来的标准为止。这种编辑过程包括这个进程的全部阶段，从核对第一稿的完整性、普遍的准确性、检索表的有效性、异名、分布和文体，甚至在按字头分装之前各层传阅，再到顾问审查，在送交出版之前，还要作最后一次审核。①

就《中国植物志》和《苏联植物志》、《欧洲植物志》来看，由于《中国植物志》的编写有多种先天不足，致使其质量难臻完美。其一，对中国植物研究虽也有二三百年历史，但1922年之前，均由外人在从事。当国人开始进入此领域，除努力提升自己外，还积极投入到尚由西方人为主导的该学科当中。其后，所作之努力，获得之成绩，还是赢得世界植物学界普遍赞誉。但是1949年后，先前中国植物学家的努力，被新的意识形态所否定，研究机构予以重组，研究计划重新制定，甚至研究成绩亦不予以认可，与西方的学术联系也戛然而止。关于中国植物的模式标本、文献资料大多藏在国外，难以获得。但仅在爱国主义旗帜之下，完全由中国学者在此时此境编纂《中国植物志》，条件实不具备。其二，在《中国植物志》编写之时，国内各省之植物志尚未全面启动，“中国地方植物志编写工作始于刘慎谔主持的《东北木本植物图志》(1955)和《东北草本植物志》(1958～2004)，还有陈焕镛主持的《海南植物志》(1964～1977)；而大规

① (英)斯特里特(Street，H. E.)编、石铸译：《植物分类学简论》，科学出版社，1986年，第284页。

模的编写与出版则是“文革”后的事情，特别是随着《中国植物志》的编写，地方植物志工作得以全面展开，并在 20 世纪 90 年代和 21 世纪初达到高峰。”①至 2006 年，中国已有 29 个省市出版植物志。但在 1958 年，只能说有些区域的研究相对而言较为深入，而多数地区尚属盲区。苏联和欧洲是在各地区植物志完成之后，再推动整体性植物志的编纂；在中国则是全国植物志的编纂，推动地方植物志的编纂，此种本末倒置现象，也是导致编纂全国植物志条件不备之一。其三，研究人才缺乏，许多类群尚无人研究，而所开展的科属也仅是一两人而已，专家则更少。即便如此，旧时代之知识分子已是政治运动的对象，长期受到非学术的批判，同时也有来自新时代培养的学生的批判，已失去独立自由之人格。因此，失去尊严之师道，怎能培养出合格的弟子。更有甚者，在“文革”十年期间，整个教育系统被摧毁，即使是不合格的人才也没有，出现断层。所以从事《中国植物志》编纂，主要是 50 年代后期至 60 年代初期大学毕业者，他们没有很好继承此前植物分类学传统，没有良好的学术环境，没有正常商量学术的氛围，即便是写出书稿之后，也没有相应的专家予以审稿，只能降低其学术水平。几乎参与编志全过程，且为重要主持者崔鸿宾在晚年对《中国植物志》审稿方式的演变过程，有所反思。他说：

> 如何审稿和如何掌握标准是保证植物志质量的关键环节。当时在国内一般每一科只有一位专家，即作者。在讨论其书稿时，其他专家不好表态。怎么办？北京植物研究所分类室的崔鸿宾提出了请多数人以读者的身份，对书稿提出评论的审查方法。提出这方法是因为植物志是提供读者鉴定标本的，读者认为好用，即可说明在分类上乃至在系统上处理得好。此意见得到植物所党委支部书记姜纪五同志的支持并博得大家的同意。
>
> ……
>
> 审查者以读者身份评析书稿，编书者出席共同研讨，这种民主集中的审稿方法，使大家畅所欲言，百家争鸣。既使编者、审者共同受益，又加强了团结。这种科学工作的组织方法成了以后审稿工作的规范。
>
> ……

① 刘全儒等：中国地方植物志评述，《广西植物》，第 27 卷第 6 期，2007 年。

> 在“极左”思潮下，提倡工农兵审稿，开门编志以及取消文献引证等。本来集体审稿是我们编志的传统，是已肯定了的好经验；而组织工农兵群众审稿，则降低了植物志的专业性，也影响了志书的质量。①

影响《中国植物志》编志质量，还在于编志之前半期，中国特有的政治运动，不仅影响人尽其才，还对编志活动本身产生重大影响。编志本为学术之事，但总被当作政治任务来完成，即有完成时间愈短愈好，几次作出不切实际之计划，导致不能从容编写。编志后期，又受经济改革后之经济压迫，经费缺乏也导致难以进行。最后还有一点，中国植物种类比苏联、欧洲均多，其学术问题自然更加复杂，其难度亦更大。但在诸多不利因素，且又难以克服情况之下，只能是努力“按计划赶任务”。《中国植物志》编写完成，有些卷册，确实达到相当高的水准，但大多数还是存在不少问题。

对《中国植物志》总体评论，有待各科属专家写出书评，然后予以综述，只有这样才能具有权威。在此谨引旅美学者马金双两段评述。其一对《中国植物志》在体例设计等技术层面问题所作总论。其云：

> 我们的工作也并非十全十美，除去发展中国家的现状和中国植物学特殊的历史原因外，以下几点值得我们考虑。之一是全书的整体设计与安排不周，考虑欠佳，以致出现卷册不断增加并更改的情况。从当初的80卷到80卷120册，再到80卷125册，最后到80卷126册，外加总索引。有的读者至今可能不知道，《中国植物志》除了人所共知的80卷126册外加总索引外，还有一个1997年出版的索引（包括1959～1992年间的出版内容）。之二，分类群的收载存在重复或遗漏，甚至卷册索引也存在错误。蕨类的骨碎补科（Davalliaceae）和条蕨科（Oleandraceae）在第2卷1959年已经处理，第6卷第1分册1999年又重复处理而且不交代任何原因；遗漏的有水青树科（Tetracentraceae），发现太晚不得不放在第1卷里；还有拟蕨类的几个小科等（包括桫椤科，Cyatheaceae）当初也被遗漏，最后不得不外加第6卷第3分册另行处理。更让人迷惑的是，在第6卷第3分册

① 崔鸿宾：我所经历的《中国植物志》三十年，《中国科技史杂志》第29卷第1期，2008年。此文系作者遗稿，作者于1994年去世，该文写作时间当在此前不久。

2004年出版前，很多出版的卷册在后面科的索引中把这些遗漏的科索引到第2卷或者是第2卷第2分册。实际上根本就没有所谓的第2卷第2分册，而第2卷早在1959年就已经出版，这些类群根本就不在里面。1999年中国科学院华南植物研究所张奠湘发现的新纪录白玉簪科(Corsiaceae)没有收载，但该工作的报道早于2004年《中国植物志》第1卷出版近4年的时间，《广东植物志》2003年也收载了，但《中国植物志》没有收录。之三，部分卷册种的观点太小，以致到了非专家鉴定不可的程度，而且出版不久就被订正。如第49卷第2分册的猕猴桃科(Actinidiaceae)的藤山柳属(*Clematoclethra*)，1984年出版时记载20种4变种，仅仅5年后的1989年中国自己的学者就订正为1个种4个亚种；更有的卷册因为划分过细，新种太多，以致引来国外学术界发表负面书评(尽管后来又进行解释)。之四，第1卷是全书的总结，应该详细记载的自然地理、历史背景、编研过程、采集历史、分类学研究史、研究机构、有关文献及总体概况等介绍的非常有限，而记载的“八纲系统”不仅篇幅过长，且与已经出版的著作有重复之嫌！另一方面，被子植物分科检索表应该放在第1卷也没有。之五，《中国植物志》第1卷第760～761页对全书所记载的种类进行了统计，共300科3 407属31 141种9 080图版。这个数字可以说是官方数字，并被广泛引用。遗憾的是这些数字并不准确，不仅不详细而且统计上还有错误，包括遗漏和重复计算。《中国植物志》全书80卷126册实际记载300科3 434属31 180种5 552种下类群，8 690个图版和409幅插图；其中，特有属233(占总数的6.8%)，特有种16 864(占总数的54%)，非国产属319，非国产种1 128，未知种242。以上两个不同的数字差别是由于《中国植物志》第1卷统计上的错误产生的。如《中国植物志》第32卷共收载2科23属，而《中国植物志》第1卷统计时仅记载2科13属(第749页)，实际上该卷仅罂粟科就18个属，另外还有山柑科的5个属。

除此之外，由于种种原因，我们的工作还有不尽如人意的地方，给读者的使用造成诸多不便。其中以下几方面比较明显：第一，编辑方针前后不一，让读者无所适从。其中最典型的例子就是主编只在“文革”前出版的前3卷有，以后的卷册都没有；部分卷册没有作者或只有作者而没有编辑，或只有作者单位，或只有中文而没有拉丁文。读者可能发现本书几乎每册都有编辑，但这个编辑并不是主编或编委，而是作者自己。这在国际植物志的编写历史上也是独一无二的。第二,新分类群描述不一,有的是中文,有的是拉丁文,有的仅有特征集要,有的则是全文,有的有模式信息,有的则没有,有的标明模式存放地,有的没有标明。第三,一些分类群的处理没有经过详细的研究或考证或者是野外工作,要么没有标本,或者是标本在海外,描述只能依据他人或是原始记载,由此产生很多存疑类群;特别是"文革"后期和最后阶段的部分卷册,这种现象比较明显。第四,个别作者名字的拉丁化或汉语拼音前后不一,典型的例子就是崔鸿宾和刘玉壶。前者在第42卷第2分册的分类群处理中为Hung-Pin Tsui(Wade-Giles),但封面则为Hong-Bin Cui(汉语拼音);后者在第47卷第1分册为Yuh-Hu Law,而在第30卷第1分册为Yu-Hu Law。不明的读者会误认为这些是不同的作者。第五,编辑工作也存在不理想的地方,很多学名在书中记载或者引用了,但书后的索引并没有收录。其中第52卷第1分册的四数木科,封面上的学名是Datiscaceae,而第123页的内容处理则只有Tetramelaceae。更让人不能原谅的是第1卷的拉丁文封面,"Introductio"一词竟然被印刷成"Inroductio",丢了一个字母"t"竟然没有校对出来!还有出版方面的问题,特别是80卷126册的出版数量也很不平衡。其中单卷册印刷最高的第21卷(1979)达9 630册,而印刷最低的第6卷第3分册(2004)只有1 200册,两者相差八倍之多。[①]

其二,写于2006年,藉之或可知《中国植物志》在国际上所处之地位。其云:

中国是一个地域及植物大国,但我们的研究地位与此并不相称。我们的经典分类工作至今没有搞清,对于周边的国家我们也没有发言权,更没有影响力。日本早在60年代就开始对喜马拉雅地区大规模的采集与研究,最后出版多卷本的《尼泊尔植物名录》(Hara,1966,1971;Ohashi,1975);现日本正同英国联手准备《尼泊尔植物志》(Watson and Blackmore,2003)。更不为人知的是日本正在缅甸大规模采集,并全力准备《缅甸植

① 马金双:《东亚高等植物分类学文献要览》,高等教育出版社,2011年。

> 物志》(Tanaka, 2004)。几年前越南学者等在北越靠近中国的地方发现了一种新的裸子植物 *Xanthocyparis vietnamensis* (Averyanov, 2002; Farjon 等,2002)。该种在命名发表时模式标本送给了美国、英国还有隔着中国的俄罗斯;三号引证的标本最起码十份以上没有一份给中国。不用说日本不把我们当对手,就是在植物学研究方面如此落后的越南都瞧不起我们。最近出版的《原色韩国植物图鉴》(李永鲁,2004)引用了多个版本的《日本植物志》,甚至还有《苏联植物志》,但没有《中国植物志》。这不能不值得我们深思。①

其实,在编志后期,编委会已认识到《中国植物志》"在目前还不可能达到国际最高水平。因为人力、标本和资料还有不足"②,不过所言仅是客观原因而已。如何提升,只有期待《中国植物志》第二版之编纂,以作修订与增删,力求在整体上达到较高水准。

本书所关注的是《中国植物志》编纂之45年历史。昔贤清史专家孟森有云:"人生于世,必有经过,能自详其经过者,为有意识之人。国于天地,必有历史,能自表其历史者,为有法度之国。"《中国植物志》乃中国科学界之壮举,必有始末。条分缕析,发而成篇,当为中国近现代科学史研究之重大课题。笔者试而为之,意在阐述在编纂过程中,社会、政治、经济之影响,及编著者在大背景之下所作之取向。今日之中国业已告别政治运动,社会话语也有甚大转变,但是我们不仅不能简单放弃、淡忘或者否定那些曾经长期沉迷的观念,而且还要追问,在《中国植物志》编纂中,那些极端的政治思想,是如何融入其中?又是如何演变?在追问之中,不免涉及一些人物,并非专注个人之私德,实在无法绕开,望读者鉴之。

---

① 马金双:水杉的未尽事宜,《云南植物研究》第28卷第5期,2006年。

② 崔鸿宾:我所经历的《中国植物志》三十年,《中国科技史杂志》第29卷第1期,2008年。

第二章 DIERZHANG

八年筹备

（1950～1957）

一、合组中国科学院植物分类研究所

1949年11月1日中国科学院成立，随即着手接收此前之中央研究院、北平研究院及其他研究机构，并按学科予以重组。重组之目的乃是打破原有的宗派门户，有利于中国共产党对科学之领导。首先在中国科学院院部建立一套党的组织，为最高权力机关，主持接管和重组事宜，而专家学者在此中则处于次要地位。关于植物分类学重组，先将在北京之私立静生生物调查所植物部与国立北平研究院植物学研究所合并，组成植物分类研究所。此项合组计划，在中国科学院于11月底决定接收静生生物调查所时，即已形成。在办理静生所移交事宜时，特成立静生生物调查所整理委员会，推定远在上海复旦大学农学院院长钱崇澍担任主任委员，新近调到中科院之清华大学生物系讲师吴征镒为副主任委员。如此安排实是为接管之后，合组成立新所之时，由他们分别担任所长与副所长①。令人感兴趣的是，这样人事安排，是如何做出？吴征镒晚年写有不少回忆文章，有《百兼杂感随忆》行世，其于植物分类所合组始末，则语焉不详。此引该书之外，1992年吴征镒在接受中科院院史研究者的采访时，对这段经历的回顾。他说：

> 1949年年初，我在北京军管会的高等教育委员会工作——先是文化教育委员会，后改为高等教育委员会。在五六月我腰椎摔坏了，被送到府右街北口北大医院，住了三个月之后，还需要三个月。我觉得我自己身体健康状况不理想，而且当时还不知伤骨能否接得上，接得好不好，所以我

---

① 钱崇澍、吴征镒两位正副所长职务正式公布，迟至1950年6月召开的政务院第三十三次政务会议通过任命。见《人民日报》1950年6月22日。

图2－1 吴征镒

就请求回清华大学，到了清华生物系。在清华校医室又住了三个月，才把石膏背心去掉了，恢复得很好。这时汪志华找我，便调到科学院。党员开会只有七八个人，我被选为第一任党支部书记，一直到三反。

我到科学院做的第一件事就是给科学院找房子，把我派到静生所做静生所的工作，让静生所合并到北平研究院植物所，把所有的标本、仪器等搬到北平研究院植物所，地点在三贝子花园，即现在的北京动物园。我做这个工作做了一两个月。静生所搬走，科学院搬到静生所的楼里办公，科学院这才有了办公的地方。植物所的所长是钱老，钱崇澍，是我推荐的。①

吴征镒（1916～2013），字白坚，又字百兼，江苏扬州人，清华大学研究生毕业，师从吴韫珍。1942至1948年任清华大学生物系教员、讲师。其间于1946年加入中国共产党。北平解放时期任军管会高教处处长。2006年吴征镒作《九十自述》，对当时中国科学院党的领导层作这样介绍："调入刚成立的中国科学院工作，时恽子强、丁瓒任正副党委书记，我与汪志华任党支部正副书记，但全院党员共只七人，组成党组管理一切，北京各所都无党员。"②由此可知，吴征镒的意见在组建植物分类所时起有决定性作用。但其所言接收静生所、推荐钱崇澍等事均不够完整，需作一定补充。

静生生物调查所系1928年由中华教育文化基金董事会与尚志学会为纪念范静生而设立，胡先骕长期担任该所所长。胡先骕（1894～1968），字步曾，江西新建人。1916年美国加州大学伯克利分校毕业回国，1917年任教于南京高等师范学校。1921年与秉志在该校创办中国国立大学中第一个生物系，1922年又与秉志一起在南京创办中国科学社生物研究所。1923年再度赴美，1925年获哈佛大学博士学位。回国后继续任职于生物研究所。1928年静生

① 吴征镒先生访谈录，《院史资料与研究》，1992年第3期。

② 吴征镒：《百兼杂感随忆》，科学出版社，2008年，第41页。吴征镒所言"北京各所都无党员"，其实不正确，植物分类所即有简焯坡于1949年7月加入中国共产党。

图 2-2　静生生物调查所所址

所创办,北上主持,1932 年任所长。该所位于文津街 3 号,建有一幢三层大楼。1949 年 1 月北平和平解放,中央政府定都北平,并将北平改名北京。先前在解放区许多机构纷纷进城,落脚何处,房屋立即稀缺起来。在中科院成立之前,先有华北大学农学院乐天宇看上静生所房屋。乐天宇言:

> 我第一次去高委会找秘书长,打听为华大农学院找房子的事,并言棉花胡同房子不够用。适吴征镒在该委员会工作,为言静生生物调查所房屋空着,但胡步曾因该所是私设的,归董事会管理,是否充公?要看董事会决定,因此他拒绝交公。其后,高教委员会秘书长嘱我设法接收它。[①]

图 2-3　胡先骕

此时静生所已失去经济来源,为了得到新政府的支持,胡先骕征得静生所委员会同意,决定将静生所交予乐天宇接收。6 月 15 日高等教育委员会第一次常委会讨论了胡先骕的请求,决定予以接管,并将

① 乐天宇:接收静生生物调查所的前后情况,中科院植物所档案。

上述决定呈报军管会。6 月 16 日华北人民政府下函高等教育委员会,批准了接管静生所的决议。6 月下旬,军管会文教委正式委派乐天宇等人接收静生所,将该所纳入华北大学农学院领导。胡先骕立即将资产清册,以正副两本送交乐天宇备案。与此同时,胡先骕和静生所技师唐进还被纳入该校教授之列。8 月入住静生所之华北农学院招收新生,将静生所房舍作教学之用;而胡先骕要求增加新人,则不为乐天宇同意,胡、乐之间遂生芥蒂。当中国科学院准备成立,竺可桢来北京后,胡先骕积极与之联系,希望科学院成立后,将静生所改为科学院接收。竺可桢与胡先骕是多年故交,对胡先骕请求自当支持,何况静生所亦是科学院接收范围。因此之故,当吴征镒进入中科院后,首先被派驻静生所,办理交接事宜。其时,静生所主要人员还有张肇骞、傅书遐、夏纬琨等。

至于推荐钱崇澍为新成立植物分类所所长事,不能忽略竺可桢之作用。中国科学院成立后,竺可桢任副院长,负责生物学、地学工作。其时,中国共产党人与科学界的交往并不深入,正是利用竺可桢这样有声望的科学领袖以联系科学家群体,吸引他们到中科院工作。以吴征镒的学术背景,与钱崇澍尚无交谊;即使重钱崇澍之名而推荐钱崇澍,是否能为钱崇澍所接受,也是问题。

钱崇澍(1883～1965),字雨农,浙江海宁人。1904 年中秀才,1905 年考入南洋公学,1909 年毕业,后往唐山路矿学堂学习工程。1910 年考取第二届庚款留美,1914 年毕业于伊利诺斯理学院,随后在芝加哥大学进修一年,1915 年转入哈佛大学学习植物分类,1916 年回国。先后任教于江苏第一农校、金陵大学、东南大学、北京高等农业学校、清华大学、厦门大学、四川大学。1928 年胡先骕北上主持静生所,钱崇澍任中国科学社生物所植物部主任,抗日战争时期主持内迁至重庆北碚的中国科学社生物所。战后,因南京生物所房屋和实验室破坏殆尽,难以为继,乃改任复旦大学教授、农学院院长,1948 年当选中央研究院院士。钱崇澍为中国植物学事业之奠基人之一,桃李满天下,著名的有李继侗、秦仁昌、陈邦杰、裴鉴、郑万钧、严楚江、吴韫珍、方文培、汪振儒、杨衔晋、曲仲湘、孙雄才、吴中伦、陈植、张楚宝等。1949 年钱崇澍已是 62 岁老人,而吴征镒却是 34 岁壮年。对此竺可桢有些担

图 2－4　钱崇澍(中科院植物所档案)

忱,《竺可桢日记》12月12日有记云:“作函与雨农,嘱雨农来就静生生物调查所整理委员会主任事,缘委员会人选已经文教会方面指定也。余恐雨农未必能来,而副主任白坚(吴征镒)又资格太浅,故该委员会之能否顺利进行颇成问题。”①其后,钱崇澍能北上,竺可桢显然起有积极作用。

在钱崇澍未到任之前,由吴征镒进驻静生所,负责接收,并召集相关会议。1950年初钱崇澍暂来北京,参与合组事宜。据《竺可桢日记》所记,钱崇澍自1月5日到京,至1月17日离京。在此期间,曾参加静生所整理委员会第二次会议。对研究所今后之工作作大致布置。1月12日《竺可桢日记》载云:

> 今日讨论静生生物调查所整理事。雨农报告委员会意见,以为名称改为植物分类研究所,设筹备委员会,共九人组织之,静生、平研院各三人,连主任、副主任,院中再派一人。将来主要工作为编全国植物志,设标本馆Herbarium。今年集体工作为《河北植物志》,将来设立植物园,以陈封怀为园主任。陈现在庐山农业室主任云。②

钱崇澍返回上海后,由于复旦大学不愿其离开,调动之事非一时可以办妥,故暂时不能来京视事,即由吴征镒主持所务。不知何故,钱崇澍所述之计划并未完全遵照进行。植物分类研究所筹备委员会未曾成立,陈封怀也未曾调至北京。至于工作内容则按预定计划而推行。

北平研究院植物学研究所是随北平研究院整体被新政府接收,时在1949年2月。当中国人民解放军进城之时,北平研究院已做好了被接收的准备。除完成造册外,还向军管会申请经费,比照战前标准,由国库核发经费和职员薪金。3月1日,北平市军事管制委员会派钱俊瑞前往北平研究院商议办理接管事宜。4日,由文管会正式接管。所有院务仍由此前该院院务临时委员会暂时负责处理③,其后,新政府定都北平,改“北平”为“北京”,该院一度名为“北京研究院”。如此维持到11月1日,中国科学院成立。11月5日,即为中国科学院再为接管,其在北京所属各研究所,也同时被接管。北平研究院植物学研究

① 《竺可桢全集》第11卷,上海科技教育出版社,2006年,第588页。
② 《竺可桢全集》第12卷,上海科技教育出版社,2007年,第10页。
③ 刘晓、彭云:北平研究院的新生,《科学新闻》2009年第18期。

图 2－5　北平研究院植物学研究所所址

图 2－6　刘慎谔(中科院林业土壤研究所提供)

所设于西郊公园内，有一幢三层建筑，名曰陆谟克堂。所长刘慎谔(1897～1975)，字士林，山东牟平人。1926 年法国克来孟大学理学院毕业，1929 年在巴黎大学获得法国国授理学博士学位，随即回国出任北平研究院植物学所所长。该所历史二十年，其所长职务未曾间断。其时，所中主要人员有林镕、王云章、郝景盛、简焯坡、匡可任等。

两所合并，静生所全部迁入陆谟克堂，原文津街所址作为中国科学院院部。在搬迁之后，研究所内部机构尚未正式成立之前，吴征镒先为成立一些专门领导小组及会议制度。2 月 2 日，植物分类所召集全体人员在陆谟克堂 213 室开会，讨论工作如何展开。出席会议的有唐进、夏纬瑛、胡先骕、郝景盛、林镕、赵继鼎、崔友文、王云章、傅书遐、张肇骞、简焯坡、吴征镒、王宗训，公推吴征镒为临时主席。随即吴征镒报告召开此次会议之意义。此为植物分类所召开的第一次会议，其后工作即以此日为起始。吴征镒在会上所讲甚为重要，此录其主要内容，藉此亦可知当时情形。其云：

> 最近接到钱先生从上海来的两封信，现在我把这两封信来读一下。接到这两封信后，经与林先生谈过，认为有与大家开会之必要。开会的内容想诸位全都知道，主要是为了几个问题，希望能有决定。现因组织尚未正式成立，但我们不便让时间白白过去，商议如何度过此过渡时期，以为将来打下一个基础。前已与此间同人交换过意见，并以与静生同人交换过意见。
>
> 静生同人现全已来工作，本人处在两面桥的地位，所以希望工作立时能进行起来。因此感觉现在还没有一个正式组织，我们是等待下去，还是做一个临时的分工担当下去，俟正副所长发表后，再行另论，以便工作不间断。我们或者成立一个工作委员会，或其他组织。上次所提的建议——成立一个常委会，院方已同意否？现在还不知道，且南方的人还未来。照现在的情形，我们可否先成立一临时机构，工作起来。来清点资材，便由形式而变为实质，合理的合并在一起。又河北及其邻省植物志的编纂，如何进行。①

从吴征镒的讲话记录，可知钱崇澍自上海有两通来函，惜档案中并未收藏此两函。不过从整个会议记录看，钱崇澍来函所言主要内容是将上海前中央研究院植物所归并到植物分类所事，其后仅有个别人员来京工作，并未实现合并，此与植物分类所关系不大，略而不论。为了推动工作，此次会议主要决定是成立行政小组，处理行政及日常事务；成立标本小组及图书小组，处理有关标本及图书事务；成立研究计划委员会，拟定本所工作计划及工作分配等事项，并推定各小组人选及召集人，报中科院备案。

植物分类所设置的会议制度，除上述工作小组会议外，在钱崇澍来京之前，还有行政小组扩大会议，其职能是编制预算，讨论有关财务事项。有全体员工会议，其职能是报告及总结全所工作。有研究工作人员会议，其职能是商讨及汇报研究工作，及推荐新人员入所事项。此外，又设立工作座谈会，交换工作经验并讨论学术问题。其时，全所人员才 30 余人，设置如此之多会议不免有所重复，职责也难明确。

---

① 《植物分类学研究所会议记录》，1950 年，中科院植物所档案，A002－05。

在诸多小组和会议中，核心是行政小组。该小组由吴征镒、林镕、张肇骞三人组成。此三人架构仍旧是静生所整理委员会之延续。林镕代表前北平研究院植物所，张肇骞代表前静生所，吴征镒则代表新的领导者中科院。如此组合恰如吴征镒自己所言，其本人是连接静生所与平研院中间的桥，整合两所是其首要任务。

然而令人费解的是，两所前任所长皆不在其列。胡先骕因在1948年于学术之外，积极投身于政治活动，主张在国民党与共产党之间组织成立社会党，为此撰写大量政论文章，刊于报端。然而这种中间路线，并不为日后中国共产党所认同，被视为异议人士。所以，此时的胡先骕明白其政治处境，并自认为已进入晚年，只求专心从事植物分类学研究。而刘慎谔则不同，他一向与政治势力相疏远，乃纯粹之学人。北平研究院植物所20年，实是其一手抚育而来。今刘慎谔被排斥在外，其本人难以接受此等变故。当哈尔滨农学院邀请他去创建东北植物调查所，即以植物分类所与农学院合办名义，而赴东北。刘慎谔去东北后，曾有函致中科院及植物分类所，报告哈尔滨农学院植物调查所成立情况，及成立以后从事工作内容，希望与中科院植物分类所建立合作关系，①然而此后即无下文。刘慎谔一走了之，与植物分类所再无较深关联。至于刘慎谔为何突然离开植物所，即使在植物所内，也无多人知悉其由。其实在前引吴征镒于1991年关于中国科学院合组研究所的访谈中，便已言明。其云："化学方面（合并）没有成功，平研院的周发岐离开了科学院。当然植物方面也有这样的情况，像刘慎谔就到了东北。合并以后一些老所长不掌权了，产生了一些思想问题。"②在新旧交替之际，如此处理历史，未免流于简单，有失尊崇。

行政小组2月4日召集第一次会议，即由其成员三人参加。会议主要内容是确定了吴征镒的领导地位，及三个组成人员的具体分工。《会议记录》云：

> 1. 对外由吴负责，对内由林负责，设计由张负责。但一切事务统由吴征镒集中，并负责按事务性质分交林镕、张肇骞协助办理。2. 对院内来往

① 中国科学院植物分类研究所第一次所务会议记录，1950年6月10日。中科院档案馆藏植物所档案，A002-5。

② 1991年4月9日吴征镒先生在北京接受樊洪业先生访谈，后整理出《吴征镒先生访谈录》，刊于1991年《院史资料与研究》。

一切文件或领款由吴征镒盖章,如吴不在,由林盖章。3.例行公事由三人值日负责(如日常报销、零星购置等),如遇必要时,由三人公决之。4.记录由张肇骞担任之。①

吴征镒在分类研究所合组之初,在所长钱崇澍尚未到来之时,已获得举足轻重之地位。当钱崇澍来所任职之后,亦复如此。1952 年钱崇澍曾说:"我素来不愿做行政事务。到北京以后,更加发展了,因为竺副院长邀我出任所长时,就谈到有一位得力的副所长,我觉得有代替的人,我想做一个研究人员。我在一九五〇年九月一日到所,来后对所中事情生疏,从那时起所中的事,别人都找吴先生,等我摸到头绪后一直到现在,许多人到所长室,只找吴先生。"②在笔者所见一般回忆钱崇澍的文章中,皆未谈及其任所长之后行政事务,更未见到钱崇澍本人片言只字。因此这段文字,则突显重要,可以略悉钱崇澍、吴征镒正副所长之关系。这是钱崇澍在思想改造运动中所写一份检讨。其时,知识分子皆要检讨自己的旧思想,钱崇澍借此机会却道出其不满。他还写道:"我年纪大了,思想太旧,以前的行政工作是旧作风,现在是不行,幸而有一位副所长,和吴先生谈起来,我觉得他搞通了,我不行。因此依赖性更发展了,这样只能算半个人,这是浪费呀!如何改掉错误呢?最重要的是所长室明确分工。"但是钱崇澍的不满并未改变大局。时过境迁,往后在植物所的同仁之中,皆以为钱崇澍年事已高,且长期患病,不能管理所务。其实不然,至少在钱崇澍荣任所长之初,其本人是不甘愿仅挂一虚职。吴征镒在其《九十自述》中,言其此时在所中之地位,却甚为谦逊,他说:"我从 1950 年 2 月起任北京植物所研究员兼副所长,至次年在当时西区(即今动物园)内各所包括平研院历史所建立民盟组织,吸收平研院的林镕和静生所的张肇骞入盟,俱由科学院任命为副所长,自己退居第四位。"此所言与事实有所出入,即使不言所长钱崇澍,就是在副所长之中,其位也在林镕、张肇骞之前。中科院如此安排,实是为了树立党的领导地位。吴征镒为中共党员,即由其代表党,行使领导权。

中国科学院在合组植物分类研究所之同时,对北京之外分类学研究机构也一并接收,因这些机构之条件、人员等皆有限,故先将其暂作分类研究所之

---

① 行政小组会议记录(第一次),中科院档案馆藏植物所档案,A002－5。

② 中科院植物所藏钱崇澍档案。

工作站，待其发展壮大之后，再独立成为研究所。因将上海中央研究院植物研究所之高等植物部分，改组为华东工作站，并迁至南京，以裴鉴为主任。该高等植物部人员并没有如先前设计的那样，直接归并于植物分类所；静生所在江西庐山之庐山森林植物园改为庐山工作站，以陈封怀为主任；静生所在云南昆明之云南农林植物研究所与北平研究院植物学研究所昆明工作站合组立昆明工作站，以蔡希陶为主任；北平研究院植物学研究所在陕西武功之西北植物调查所改组为西北工作站，以王振华为主任。中国科学院成立植物分类研究所，乃集合全国之研究力量，主要目的是继续先前中国植物分类学家所开创之工作，准备着手编纂《中国植物志》。本书探讨《中国植物志》编纂历史，即从该所组建开始。

二、《河北植物志》

在筹备合组植物分类研究所时，虽已确定该所研究方向为编纂《中国植物志》，但又考虑当时之研究力量、标本积累、资料收集等因素，尚不足以立即开始编纂。所以在植物分类研究所合组完毕，即以研究所地处河北境内，选择《河北植物志》先为编纂，以便积累集体编纂经验，为将来扩大到组织全国力量，编纂《中国植物志》。举全所之力，集体编纂《河北植物志》，亦是行政工作需要。此前两研究所在研究上虽在各自所长指导之下，亦是以《中国植物志》为目的，每人皆有分工，有大致方向，但两所各自为政，形成自己的研究领域。如今如何将两所纠合在一起，消除门户之见是行政上首要之务，以新的工作弥合彼此间距离，或者是最好的方法。

学术研究，无论古今中外，均是在杰出人士倡导与培育之下，自然形成其传统，树立其门派，此所谓开宗立派是也。在植物分类学中，因有《国际植物命名法规》，为全世界各国学者所遵循，因此有学者认为该学科没有学派之分。但在民国时期，因留学背景的不同，寻求经费支持的来源不同，各自虽没有形成学派，至少还有门派之分，即留学欧美和留学法日之别。在植物学领域，即使同在北平城内之静生所与平研院植物所因两所背景不同而各立门户、各自发展，彼此鲜少合作；但同行之间，亦有竞争。如静生所致力于云南植物采集，平研院植物所则致力于西北植物采集；静生所在国外拍摄中国植物模式照片，平研院植物所亦为效仿。此种竞争，属于正当的学术竞争，彼此之间绝无互相攻击、互相诋毁之事发生。然而，在中华人民共和国成立之后，这些和而不同，却被视为宗派，各自若强调自己，则被视为本位主义。这些势力和影响统应消除，全部归于党的领导之下。合组静生所与平研院植物所便是如此，形成了以吴征镒为主的党的领导。但是多年之后，吴征镒在《怀念陈焕镛先生》时，却甚为小心谈到论资排辈，其云："植物分类学和其他类似的描述科学都有历史继承，资料积累属性，学术的源流师承，对于后学的启发教育和培养有莫大关系之故。"①也许吴征镒学术之路，毕竟有其师承关系，才有其晚年这番醒悟。但是，中国植物学在1949年重新组合时，则是力图切断历史，消除师承关系。对此所造成学术历史之断裂，至今尚未得到应有之反思。

在行政小组第一次会议之后第三天，即2月8日又召开第二次会议，会议为即将召开植物分类所研究计划委员会议做准备，确定将"如何编纂《河北植物志》"作为议题，并形成如下意见：①参加编写人员：全所各研究人员，在上海前中央研究院植物所治高等植物分类人员，并征求北京各大学校植物分类者参加。②决定召开一次编纂会议，及在此次会议讨论具体编纂问题：式样与内容、组织、分工、审查名词、定期开会讨论工作交流经验、索引、绘图、采集等。分类所第一次工作计划委员会议于2月13日召开，会议将行政小组会议所形成之决定再行议论，实为重复，因为行政小组会议是最终决策组织，只不过讨论的事项更为详细而已。参加会议除行政小组三位成员外，还有唐进、王云章、郝景盛。笔者欲详细记述编纂《河北植物志》决议之形成经过，故将2月13日会议之记录，摘录于此。其序号为笔者编订。

> 一、河北植物志工作会议日期定二月廿七日，会程一日。
>
> 二、植物志内容与式样：有图手册。每属取一种代表图（全图），疑难种附代表特征的图。种的记载长短，以Rehder：Manual of Cult Trees of Shrubs为标准。种名以拉丁名在前，中名在后。中名尽量采取普通名或土名，如无中名，应当造新名。所以属名应先由大家审定，种名后不书参考文献，仅表明号码。该号码即开列书末文献之号码，以便阅读者对照。如每种书有数卷者，可在号码前附ABC等表明之。尽量减少外国文字，

① 吴征镒：怀念陈焕镛先生。中国科学院华南植物研究所编：《陈焕镛纪念文集》，1996。

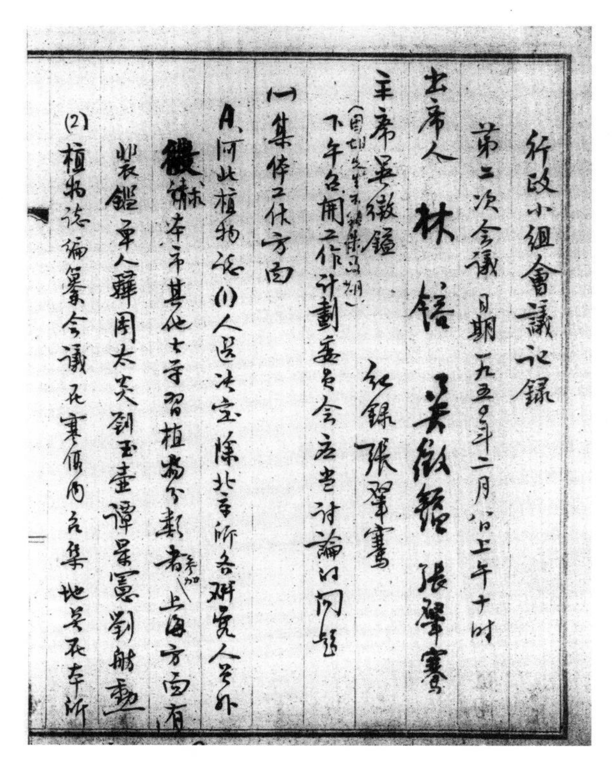
行政小組會議记録
第二次会议 日期 一九五〇年二月八日上午十时
出席人 林镕 吴徵镒 張肇騫
主席 吴徵镒 记錄 張肇騫
下午召開工作計劃委员会应当討論的問題
(一)集体工作方面
A、河北植物志 (1)人選 決定除北京所各研究人員外
徵求本市其他大學習植物分類者參加 上海方面有
裴鑑 单人驊 周太炎 劉玉壺
(2)植物志編纂会议 在寒假內召集 地点在本所

图2-7 第二次行政小组会议记录(中科院植物所档案)

必要时列书末。内容包括特性、分布与自然环境、用途、繁殖法,有关的小故事,总地图。科属种之检索表用 dichotomy key,用阿拉伯字标明。

三、植物志地区范围,河北及邻接地区(包括小五台山、灵山、太行山等)

四、分工:大科及疑难科先分,小而易的科个人分担,视将来工作进度如何,再作变动。

五、绘图:工作者能绘图可自绘,种图,属的代表图由绘图员绘。

六、采集:希与其他机关相配合,以免重复。采集地区,注意原种区、新区域、植物丰富区域,如有疑难种类,可携回栽培。采集方式,尽量训练当地人为原则。①

① 《中国科学院植物分类研究所第一次工作计划委员会会议记录》,1950 年 2 月 13 日,A002-4。

《河北植物志》编纂会议，因与北京农业大学、北京大学、清华大学、北京师范大学就合作事宜需分别进行协商，而费时日，故推迟至 1950 年 3 月 3 日召开。会议在西郊公园内历史研究所会议室举行，由吴征镒主持。参加会议除分类所的胡先骕、汪发缵、唐进、夏纬瑛、夏纬琨、吕烈英、傅书遐、崔友文、林镕、郝景盛、王宗训外，还有北京各大学之教师王富全、马毓泉、董世仁、汪振儒等人。① 会议认定出席会议人员皆为《河北植物志》工作委员会委员，并推定吴征镒、林镕、张肇骞、唐进、汪振儒五人为常务委员，负责推动、联系、计划等工作；会议确定此前分类所工作计划委员会所制定之编写体例，各人所承担的任务予以分工，标本采集也制定出计划。整个工作预计两年完成，而当年任务为总任务之三分之一。具体任务分配如下：

胡先骕：桦木、榛、山毛榉、榆、桑、木樨、鼠李等科；

汪发缵、唐进：单子叶植物各科，禾本科除外；

崔友文：石竹科；

夏纬琨：锦葵科、田麻科；

马毓泉：龙胆科；

夏纬瑛：藜科；

吴征镒：*Corydalis*(罂粟科紫堇族)；

钱崇澍、郝景盛：忍冬科；

郝景盛：杨柳科；

简焯坡：虎耳草科；

吕烈英：瑞香科；

傅书遐：葡萄科；

张肇骞：*Viola*(堇菜科)；

张肇骞、林镕：菊科；

林镕：*Cuscuta*(菟丝子属)；

王富全：玄参科；

王文采：紫草科；

汪振儒、孙衍耿、董世仁：豆科；

① 《河北省植物志工作会议第一次会议记录摘要》，1950 年，中国科学院档案馆 A002－4。

汪振儒、孙衍耿、董世仁、王宗训：禾本科。

编写任务布置妥当，只待同人之努力。是年5月中国科学院创办《科学通报》杂志，在其创刊号上刊载崔友文所写《河北植物志编纂工作进行纪要》报道。至于《河北植物志》此后整体进展，是时自北京师范大学生物系调到分类研究所未久之王文采，首先承担的任务就是为《河北植物志》编写赴野外采集标本，及一些科的编写。其回忆云：

> 1950年3月，我调到植物所时，所里为消弭静生生物调查所和北平研究院植物学研究所的门户之见，已决定集体编写《河北植物志》。为了编写此志，需要采集早春开花的植物标本。当年4月初，我即和真菌学家赵继鼎、标本馆韩树金到房山县上方山采集，采到正在开花的槭叶铁线莲 *Clematis acerifolia*，北京忍冬 *Lonicera pekinensis* 等植物。
>
> 6月，我又和赵继鼎，标本馆的徐连旺到百花山采集①。我们从周口店向西行到达百花山东南坡的史家营，在一个老乡家住下。第二天，在村庄附近的山地采集。第三天早上，我们离开史家营爬向山顶，并越过山顶，到北坡采集至下午，已不可能返回史家营，就在南坡的黄家坨住下。第四天，在北坡、南坡选了几个点采集，近傍晚时回到史家营。等我们回到住地，把前天在史家营一带山地所采的标本夹打开一看，糟糕了，标本出问题了。那时山中多雨，空气湿度大，标本在夹子里捂了近两天，变湿的草纸未能及时撤出，换入干纸，这使多数标本的颜色变黑，少数则开始发霉，标本质量大受影响。工作结束回到所里，我没有想到吴征镒先生马上来看我们采的标本。看到这些标本，他对我们提出了严肃的批评。②

1950年6月出版的《科学通报》第二期刊登《本院最近工作概况》，于《河北植物志》有这样记载："现已完成河北省原产、习见、栽培植物名录一册，包括河北省已知高等植物一千八百余种，已于五月二十日出版。另有术语对照及

---

① 赵继鼎、徐连旺、王文采：《植物分类研究所百花山采集简记》，《科学通报》第一卷第四期，1950年8月。该文记载其采集时间"本年五月二十日到百花山采集植物标本，六月二日返所。"

② 王文采口述、胡宗刚整理：《王文采口述自传》，湖南教育出版社，2009年。

采集手册正在编撰。植物志的插图也已开始绘制。关于解决植物标本的采集与研究所需图书资料也在搜集中。在春季里植物开花时节，该所曾至北京四郊及上方山、南口、十三陵等处采集。最近又分批派员至河北省的百花山、太行山南部、渤海湾采集标本。”[①]年底《一九五零年北京植物学研究所半年工作总结》，有如下记载：“数月以来，河北植物名录已刊印完成，植物志补充采集及绘图已经开始，术语对照，有关经济资料之搜集，及各人分担的工作，均在继续进行之中。”[②]由此可知该项工作展开尚称顺利。

然而，编写进展到1950年底，并未如愿完成计划之三分之一，甚至许多承担者并未着手从事。故在1951年采取新措施，要求每位研究人员按季度作出一年研究进度计划；标本室、资料室、绘图等部门也制定出计划，并于每月月终作一书面工作报告，报告进度。即便如此，在第二年年终，进展还是无多。随即将完成时间推延一年，至1952年底。而在1952年又遇三反运动和知识分子思想改造运动，分类所为开展运动，占用了不少时间，致使所有业务任务皆未按计划完成。1953年继续将《河北植物志》列入计划，一样无实质性进展。是年10月吴征镒在中科院所长会议上，宣布“《河北志》暂缓”[③]。其实，是付之流产，此后无人再为提及。

植物分类研究所在此过渡时期，制定的第一项集体研究计划之所以失败，究其原因，还是新旧体制之间未能糅合贯通。科学研究本是研究者自由意志的体现，具有浓厚的个人色彩。当然在研究中需要通力合作，但此合作精神是在学术权威的领导之下，于无形之中形成。一旦形成，皆为同人自觉遵循。在过去之静生所、平研院植物所皆有这种合作之气氛，其工作未有年度计划，但都按部就班，一步一步朝着既定目标。今不利用过去之权威，而采取行政之方式，结果只能如此。新的领导者则把未完成任务归结为集体与个人的矛盾，未免将科学研究活动简单化。在1950年，虽然采取集体与个人研究并重和统一原则，称“个别工作，亦均与本所编制各类各区植物志之计划相互配合”，从学理上讲，两者并不矛盾，但加入不可调和的人事关系之后，其问题便更趋复杂。

其时，植物分类所列个人研究题目主要有：胡先骕之中国森林树木图志、

① 《科学通报》第1卷第二期，1950年6月。

② 中国科学院植物所档案，A002－02。

③ 《竺可桢全集》第13卷，上海科技教育出版社，2007年，第283页。

郝景盛之察绥植物志、林镕之福建植物研究以及专科专属研究，这些都是延续先前的研究，已有一定的基础或阶段性成果。

胡先骕在新所成立之后第一次人员会议上，在吴征镒提出集体编纂《河北植物志》后，仍然毫不含糊地提出自己将要研究的工作，他说："另有两项与本人有关工作：一中国植物属志，此项工作本人在哈佛时即已着手，将来仍拟完成之；二中国森林树木图志，此项工作本人也已做了多年，且已出了一本，其范围约共二千五百种，将来本人亦拟完成之。但本人亦拟请教专家，惟请谁参加，由本人决定。"[①]对于胡先骕提出两项工作，需做进一步说明。其一《中国有花植物属志》。此系胡先骕于1925年在哈佛大学完成的博士论文，当时以两年之力，充分利用哈佛大学比较齐全的图书、标本等优越的条件，在名师的指导之下，对中国有花植物进行较全面整理，全文打印稿有1 600余页。其时，研究中国植物虽多，但仅是一些零星的研究，未有综述于一整体，胡先骕此项工作具有开创性。书中记述了1950属3 700种中国本土植物，其中包括小部分外来栽培植物。当时已知中国植物有1.5万种，且每年有300种被新发现。胡先骕的研究范围虽有所缩小，但其难度还是可想而知，再加上一些被西方学者研究过的种类，并不十分正确，需要花费大量时间考证，包括重新查对标本，校对其描述，而有些标本在哈佛并非都有收藏；与此同时，还要不断吸收植物分类学的新成果。该稿后未正式出版，作者认为还有待进一步修订和增补，但当时国内对此类著作需求甚切，该稿曾辗转抄录打印数十余次，至今仍收藏于全国各大植物研究机构的图书馆，在中国分类学界不仅广为传播，且一度作为范本。胡先骕在晚年准备完成早年心愿，将此书修订，正式出版。其二《中国森林树木图志》。中国为温带植物分布最为丰富区域，其中之树木，分布于北美不过600余种，中国则达2 800余种。故该志之编撰极为艰巨与繁重，在抗战胜利之后，胡先骕在主持静生所的复员时，与中央林业实验所合作，初拟以二十年之时间，出版二十余册，并于1948年率先编纂完成该《图志》之第二册，载桦木科与榛科百余种。现在他还想主持这项巨大工程，胡先骕当然知道自己此时之政治处境，但在研究上对新权威丝毫没有认同，仍然保持其学界领袖之底气，希望自行组织人员编写。会议对胡先骕的发言未置可否，但从随后的

① 《植物分类学研究所会议记录》，1950年2月2日，中科院档案馆藏植物所档案，A002－05。

其他文件中,还是承认个人研究,故有"集体和个人并重"之说。但实际上,个人工作已处于次要地位,在分类所年终总结中,便没有个人工作的内容。到了1953年,知识分子思想改造运动之后,个人主义受到批判,那么个人研究也就自然受到否定。当检讨集体研究计划为何没有完成时,便让个人主义来承担主要责任。

> 首先,也是最主要的原因之一是思想问题。组内成员在不同程度上存在个人主义、自由散漫作风比较严重,有些高级人员的工作凭个人兴趣出发,对科学研究应该为建设事业服务的认识不足,随便改变计划。①

在如此背景之下,胡先骕两项宏大计划,自然是无从实现,但他也较少投身到集体工作之中,是从事个人研究,还撰写一些教科书之类,此后完成了《植物分类学简编》《经济植物学》《经济植物学手册》等,但这些从未列入研究所计划,也不曾作为研究所的成果,此为其时之特例。

胡先骕没有投入《河北植物志》,其他人也未积极投入,其倡导及领导者吴征镒又投入多少?其时,吴征镒不仅有分类所的行政工作,还承担中科院的一些行政事务。关于这几年,根据他的回忆有这些大事为其办理:1950年4月间随原平研院动物所所长张玺赴青岛,为青岛海洋生物研究所确定所址,同时确定了水生生物研究所的建所轮廓。同年,与朱弘复(即朱宝)随竺可桢副院长组织的科学考察团赴沈阳、长春、哈尔滨等地,参观日、俄、伪留下的各种研究机构,实为以后建立东北分院各所探路。归来不久至8月间,参加第一次全国自然科学工作者会议,与汪志华、曹日昌、黄宗甄等为大会主席梁希教授起草闭幕词。11月又由农业部、高教部借调,组成14人工作团进驻北京农业大学,调查"乐天宇事件"。工作尚未结束,又奉科学院之命与陈焕镛、侯学煜一同参加在印度新德里召开的"南亚地区栽培植物起源"的国际学术讨论会。

1951年,国务院副总理陈云亲自抓橡胶种植业,吴征镒和原任华东农业部长何康都参与其事。旋又由农业部借调陪同苏联捷米里亚采夫农业科学院伊凡诺夫院士赴华北、东北、华中、华东、华南考察,足迹遍及全国农业和农业科

---

①《植物分类地理组1953～1957年五年来工作总结》,中科院档案馆藏植物所档案,A002-119。

图 2－8　前排左一吴征镒、右二陈焕镛、右一侯学煜在印度出席会议时留影。

学研究机构。1953 年，吴征镒还和杨森（当时刚从部队调入植物分类所）一起赴南京接管中山陵园总理纪念植物园，并将华东工作站并入其中，成立南京中山植物园。吴征镒在新中国成立之初，对于中国科学之重组诚于其所言，贡献良多，此尚未详细列举。而其于植物分类所本身则有所欠缺，故而在 1950 年的分类所的工作总结中，就不免有些微词，“吴所长近来因公外出的时间较多，因而对所的照顾较少”。吴征镒行政工作如此繁重，可以推知其研究工作尚付阙如。因而在编写《河北植物志》上，他不仅未起到表率领头作用，即是他所承担的部分，也未曾着手。

集体研究无法完成，个人研究受到压制；人员思想涣散，整体效率低下。这便是植物分类所合组后最初几年之情形。

三、第一次全国性植物分类学专门会议

植物分类研究所开始编辑《河北植物志》未久，1950 年 8 月 18 日，全国自然科学工作者代表会议在北京召开。中国科学院计划局和植物分类研究所，利用京外一些植物分类学家来京参加是会之机，并邀请北京一些高校人员，于

8月26日至9月1日在文津街3号科学院院部，联合召开植物分类学专门会议。出席会议共有38人，京外主要有南京大学的耿以礼、四川大学的方文培、中山大学的蒋英、金陵大学之陈嵘，以及已至哈尔滨农学院的刘慎谔。钱崇澍恰于此时由复旦大学移驾植物分类所，除参加代表大会，也参加是会。会议主题是研究中国植物分类学研究方针及计划，将编纂《中国植物志》这个总的目标交由会议讨论。形成《会议纪要》，有云：

> 会议开始时，先检讨了我国植物分类学部门过去的成绩和缺点，一致肯定由于先进工作者的努力，过去是有成绩的；但因受政治环境及社会制度的影响，在工作中也形成了不少缺点。例如：脱离实际的倾向，宗派主义的作风，大家不能团结互助，不能整个有计划的集体分工合作，为植物分类学奠定稳固的基础，并发挥最大的效力，解决生产教育部门迫切的问题，这些缺点很阻碍了这门科学的发展。
>
> 经将优点、缺点检讨明确后，遂一致确定了今后的任务是按照《共同纲领》和政府政策，配合农、林、工、医业务部门的需要，全国植物分类学工作者集体合作分工进行，努力完成所负的使命。……我们的目的是作全国植物志，今天即使没有足够的条件开展全国植物志的工作，我们也可以结合实际，就各地区现有的条件，分别先做地方的植物志，取得经验，如一科一属的专门研究，经济植物的调查工作和区域植物志研究工作等。先从植物名录、要览、手册开始，采取从上而下，从下而上两方面同时进行，互相结合的方式，以求逐步奠定全国植物志大工作的基础，并争取早日完成这一艰巨的历史任务。
>
> (会议)还拟定长期工作计划，如有系统、有计划、有重点地编定各地区植物名录，植物志、全国植物名录、经济植物手册、文献索引，统一分类学名词术语，学名，有计划的分工合作收集整理资料，并订定了全国性的采集计划，讨论了各地区图书标本的流通使用办法，及全国标本室、工作站、植物园的分布地点等。①

---

① 《中国植物志》筹备会议记录摘要，1950年9月2日，中科院档案馆藏植物所档案，A002－05。

这份《会议纪要》系分类所秘书王宗训整理形成，《科学通报》曾刊载其中部分内容。值得注意的是，这次会议是新中国成立之后，植物学界召开的第一次全国性会议。既然目标已经确定，只是如何组织实施。在此新旧交替之际，要团结旧时代的知识分子为新社会服务，既要对过去研究工作予以评价，也要指出其缺陷，意在表明今日工作更为正确。此时意识尚未渗透到科学研究之中，故《纪要》对民国时期的植物学还是给予肯定，对旧知识分子予以尊重。但一些新词语开始运用，如《会议纪要》中，将从事植物分类学研究人员称之为"植物分类学工作者"。"工作者"一词，颇值得玩味，该名词源于抗战期间，梁希等人在重庆发起中国共产党外围组织"中国科学工作者协会"。此时"工作者"一词已运用于科学教育文化各领域，将学术本有高低等级之分，予以取消，让处于学界高端之人，无自傲之语境，统为工作者。

图2-9 出席第一次植物分类学会议人员合影 左起，前排黎盛臣、汤彦承、关克俭、杨作民、王文采、韩树金、徐连旺、王宗训；二排吕烈英、冯家文、赵继鼎、简焯坡、马毓泉、王富全；三排郑万钧、张肇骞、夏纬瑛、耿以礼、汪振儒、唐进、胡先骕、王振华、方文培、刘慎谔、林镕、郝景盛；四排夏纬琨、蒋英、傅书遐、匡可任、吴征镒、汪发缵。（王文采提供）

在新的语境之中，自有不少人会感到不适，但即便如此，也只能冷暖自知。何况有编纂《中国植物志》这项无比荣光的任务等待去完成，这可是多年来孜孜以求的梦想。再说，这项目标已在植物分类所中得到充分酝酿，参加会议者又多是分类所人员。所以在会议上达成共识，也是预料之中。为集合全国之力量，实施此项巨大工程，8 月 31 日会议还讨论成立一永久性组织，拟定名称为“中国植物志筹备委员会”，建议由中国科学院组织成立。为避免一些人士心理上不必要的顾虑，使全国植物分类工作者团结得更紧密、工作得更好、收效也更大，建议该组织直接隶属于中国科学院。会议还讨论确定常委会名额按地区分配为原则，并选举出名单，提请中科院考虑聘请。其选举结果如下，人名之后数字为得票数：

广东、香港：陈焕镛 28、蒋英 27；

广西：钟济新 19；

云南：蔡希陶 28、秦仁昌 22；

四川：方文培 28；

湖北：钟心煊 20、孙祥钟 19；

江西：陈封怀 26；

福建：何景 23；

江苏：裴鉴 28、单人骅 20、耿以礼 27、郑万钧 27、陈嵘 25；

河北：俞德浚 22、汪振儒 23、钱崇澍 28、吴征镒 28、林镕 27、胡先骕 25、唐进 20、汪发缵 21、郝景盛 19、张肇骞 25；

东北：刘慎谔 27、杨衔晋 19；

西北：王振华 28、孔宪武 24、钟补求 19。①

分析每人所得票数，基本可以确定这是一次以学术成就为标准的民主选举。但也可看出部分人士由于所处政治地位的不同，也影响其得票数。如秦仁昌在云南大学正受到政治追究，所以只有 22 票；胡先骕本是植物学界领袖人物，此时仅得 25 票；而那些荣任所长或工作站主任者，大多获得 28 或 27 票。

出席此次会议的京外人员，在全国从事植物分类学研究的人员中，还只是

---

① 《中国植物志》筹备会座谈记录，中科院档案馆藏植物所档案，A002－05。

一部分，所以与会者一致同意，将这次会议议决案，作为建议性质，分送国内所有与植物分类学相关人员，请求补充修正，使其能逐步成为今后植物分类学工作者的共同纲领。1950 年 10 月 5 日，中国科学院向全国各地发函 120 封，并随函寄去此《会议纪要》，征求意见。

但是，不知何故，此后的结果，并未与会设想者相同。《中国植物志》编辑筹备委员会未曾成立；全国各地虽有一些反馈意见，但也未形成大家共同遵守的"纲领"。然而，会议提出组织框架，却为以后组织实施《中国植物志》编纂奠定基础。

在选举产生《中国植物志》编辑筹备委员会之前，中国科学院还举行了一次重要选举，即"专门委员会"委员的选举，在自然科学中，设置 15 个组，其中有植物分类学组。该委员会之成立，系参照中央研究院评议会建制，但中研院评议会之职能仅是选举院长，现欲扩大其职能，增加参与计划制定等，但选举院长却不是其职能。虽然如此，其后该委员会并没有达到预期之作用，甚至连一次全体会议都不曾召开，仅是遇事咨询而已。至 1955 年学部委员会产生，此专门委员会即自行结束。但是，专门委员会成员选举经过，如同中国植物志筹备委员会产生一样，仍不失前中央研究院时期所形成的民主风尚。《科学通报》所载《本院计划局四个月来工作》，对该委员会委员产生经过记载甚详，摘录如下：

> 专家调查已经进行两次：第一次在一九四九年十二月十二日开始，今年一月底结束。第二次于三月九日开始，四月十五日结束。第一次调查是利用前中央研究院的院士名单为基础，经过审查，选择和补充，决定了投票人三十五名。请他们分别在他们专长或熟悉的学科中推荐数人到二十人的专家名单。收回调查表为三十张。被推荐出来的专家共为二三二人。根据这批专家名单，再经过审查和补充，决定了第二次投票人二〇七名。截至四月十五日总结计算时，收回一八二张。总结两次投票结果，被推荐的专家共计八六五人，我们希望将来在本院组织和各研究所配合的各科专门委员时，可以根据这两次投票的结果，作为专门委员的主要参考。[①]

① 《科学通报》第一卷第一期，1950 年 5 月。

4月15日公布调查结果,植物分类学组参加投票人数21人,被推荐专家人数71人,其中得票超过半数为12人。但是在6月公布的名单中,却有13人,多出1人。其按姓氏笔画排序如下:吴征镒、林镕、胡先骕、耿以礼、陈焕镛、张肇骞、邓叔群、郑万钧、刘慎谔、裴鉴、蒋英、钱崇澍、戴芳澜。[①] 多出1人为吴征镒。王扬宗对专门委员会之选举有这样评论:"专门委员都是1949～1950年专家调查中的得票领先者(尚在海外未归者除外),只有极少例外者,即那些已经在科学院担任一定职务的党员科学家,如恽子强、陈康白、吴征镒等。他们或根本不在专家调查报告的推荐者之列,或排名靠后,惟因工作关系,被聘为专门委员。这一做法,为后来选聘学部委员时仿效。"[②]

有学者云,中科院专门委员会制度的建立与实行,虽未起到应有的作用,但为中科院日后学部的建立和学部委员的选聘打下了必要的基础。其实,未必尽然。在1955年选举出来的学部委员名单中,仅就植物分类学组专门委员而言,即有胡先骕、耿以礼、刘慎谔、裴鉴、蒋英等5人未能进入。此时已时过境迁,选举之标准、选举之方式皆有改变,但吴征镒依然以党员干部身份入选。

植物分类学专门会议与中国科学院专门委员会均未取得应有之作用,说明这些会议和组织不是党的意志体现,其结果不为党所接受,故其作用无从予以落实。而这些会议和组织之所以能够召开和成立,又说明党对科学的领导方式,尚在摸索之中。

四、中国植物学会两次代表会议

1949年7月和1950年7月,在北京大学先后召开两次中国植物学会会议,其时正是中华人民共和国建政之初,以此两次会议可以说明中国科学学术团体由科学家自行管理转变为在中国共产党的领导之下。

中国植物学会成立于1933年,其时国内开展植物学研究已有十余年,研究者日渐增多,为加强彼此之间联系;又"植物学问题至为繁杂,非分工合作,恐难收集腋成裘之效"[③],乃成立中国植物学会。由胡先骕、辛树帜、李继侗、

① 《科学通报》第一卷第二期,1950年6月。

② 王扬宗:从院士到学部委员——中央研究院到中国科学院的体制转变。

③ 《中国植物学杂志》,第一卷第一期,1934年。

张景钺、裴鉴、李良庆、严楚江、钱天鹤、董爽秋、叶雅各、秦仁昌、钱崇澍、陈焕镛、陈嵘、钟心煊、刘慎谔、林镕、张珽、吴韫珍等19人发起，假中国科学社第十八次年会在重庆北碚召开之际，举行成立大会。中国植物学会之成立完全是学者自发、由学者自行组织之科学共同体。成立会议上决定编辑出版中文《中国植物学杂志》和西文《植物学会汇报》，学会挂靠在北平静生生物调查所。之所以如此，实乃该所所长胡先骕不仅是学会发起人，还因其为学界之领袖。此后，在抗日战争爆发之前，该会每年联合中国科学社举办年会，如1934年中国科学社与中国植物学会等六个学术团体在江西庐山莲花谷联合召开年会，会议期间，植物学会曾单独举行会议，宣读论文34篇，盛极一时。在此次年会上选举胡先骕、陈焕镛为正副会长。然抗战军兴，受战乱影响，学会停止活动，刊物停顿。仅在一些会员较为集中的城市如昆明、重庆、成都分别举行过几次会议，并宣读论文。

抗战胜利后，各会员陆续迁回原址，但交通仍未完全恢复，直至1947年中国植物学会才开始恢复，首先于是年暑期成立京津分会，有会员八九十人，选举张景钺、李继侗、殷宏章、罗士苇、刘慎谔等五人为干事。1948年中国科学社延续战前之例，联合各学术团体在清华大学举行年会，植物学会宣读论文14篇。此时胡先骕也在北平，由于其主持的静生所受经费之困，已日渐式微；其本人对国家政治、经济事务更感兴趣，故执掌植物学会之旗，落在北京大学植物系主任张景钺之手，依靠北京大学恢复起来。

1949年夏，人民政府在北京召开全国科学代表大会筹备会，有不少南方植物学家来京与会，张景钺借此机会召集植物学家开会以恢复中国植物学会。会议于7月14日在北京大学理学院礼堂举行，选举出张景钺、乐天宇、胡先骕、汤佩松、高尚荫、徐纬英、马毓泉、钱崇澍、周家帜、罗士苇、张肇骞、简焯坡、吴征镒、曾呈奎、罗宗洛等十五人为理事，互选张景钺、马毓泉、乐天宇、周家帜、张肇骞、简焯坡七人为常务理事，张景钺为理事长，经呈中央人民政府内务部登记获准，至此中国植物学会正式恢复①。随后各地也纷纷成立分会，选举出主席，开展一些活动。至年底统计，广泛发动调查旧会员和征求新会员，中国植物学会已有会员400多人。

---

① 中国植物学会简史，《中国植物学杂志》，第五卷第一期，1950年10月。

中国植物学会恢复之后，即决定设立经济植物标本陈列室，附设于北京大学博物馆，经在京各相关研究机构协助，搜集到相当数量之标本，于 10 月 13 日开放展览。是年寒假期间，还在北京大学举行一次学术演讲会。第二年 6 月，学会成立一编辑委员会，聘请汪振儒为总编辑，由中国科学院资助，恢复出版《中国植物学杂志》，于 9 月出版第五卷第一期，卷数乃是延续抗战之前该刊之卷数，可见其继承性。

然而，这样一个由科学家自发恢复的中国植物学会却没有被政府部门继续认可。1950 年中华全国自然科学专门学会联合会成立①，其职能是代表政府领导各种专业学会。中国植物学会曾推定张景钺、简焯坡为代表，与科联联络。1950 年初，科联颁发“科联会员学会召开第一次会员代表大会办法”，并指出了大会的任务是：①宣布学会正式成立，②通过学会章程；③决定学会任务和工作计划；④选举；⑤其他有关会务的进行事项；并且详细规定了代表名额、产生办法、与旅费等事项。中国植物学会接到科联通知后于 4 月 15 日召开常务理事会，决定代表大会于 7 月 24 日在北京召开。

会议如期在北京大学举行，到会代表 52 人，代表全国 700 多名会员。与会者有全国科联副主席中国科学院副院长吴有训，中央人民政府农业部司长王绶、孙恩麐，林垦部经理司司长黄范孝，华北农业科学研究所副所长戴松恩，北京大学校长马寅初。会议秘书马毓泉曾写有关于会议报道，其云：“会场是布置在北京大学生物楼大讲堂，在讲台上面中央悬挂着直幅毛主席像，两旁有庄严的五星大红国旗；在会场后墙上挂了一横幅红底黄字，非常动人与醒目的大标语：‘加强团结，交流经验；为抗美援朝而奋斗！’在两侧墙上还有许多标语，如米邱林的名言：‘我们不能等待自然给我们的恩赐；我们的任务，是向它索取’。会场各处都点缀着各种美丽的鲜花，这象征我国新植物学的诞生。”会议由中国科学院植物分类所所长钱崇澍致开幕词，在其开幕词中，有甚多篇幅阐明新旧植物学之不同，摘录如次：

---

① 1949 年 5 月，中国科学社、中华自然科学社、中国科学工作者协会和东北自然科学研究会共同发起召开全国自然科学工作者代表会议。1950 年 8 月，中华全国自然科学工作者代表会议在北京正式召开，这次会上成立了中华全国自然科学专门学会联合会(全国科联)和中华全国科学技术普及协会(全国科普)。1958 年 9 月 23 日，全国科联和全国科普联合召开的全国代表大会作出决议，批准两个团体合并，从而建立了我国科技工作者全国性的、统一的组织中国科协。

有人要问：植物学就是植物学有什么新旧之分？新植物学与旧植物学的标准是什么？我想可用两个不同的观点来看这个问题。

第一个是为谁服务的观点。旧植物学是为反动政府服务的，是为帝国主义服务的。在反动政府下，植物学以及其他科学都是点缀门面的东西。人家大学里有植物学一门功课，我们不能没有，于是设了生物系。人家国度里有植物学研究机关，我们不能没有，如是也设立研究机关。虽在大学里，机关里有些植物学工作者认真进行研究工作，但是经费异常支绌，工作无从发展。因为即有了科学，反动政府的愿望已满足了，何必求发展？植物学为帝国主义国家服务，可以从许多地方看出来。在近几十年来，帝国主义国家陆续派出许多人到中国来调查植物，用了许多强暴方法渐自沿海区域深入内地。调查是名，探听中国情形是实。其后中国有了植物学工作者，帝国主义花了些金钱雇佣中国人调查植物，而我们自己也把整批植物标本向外国赠送。这不是为帝国主义国家服务么？

第二个新旧植物学的区别是植物学工作者的态度。以前的植物学工作者受了封建统治与帝国主义侵略的影响，态度是很有问题的，如闹宗派、个人英雄主义等。有些植物学工作者视自己所学的一门为最重要，而轻视从事其他部门的植物学。有些则夜郎自大，以为我所学的，学得最好，为他人所不及；我是这方面的权威，其他工作者皆应服从于我。一切均以我为出发点，有垄断独霸的态度。

现在则不同了。自中华人民共和国成立以来，人民政府重视科学，在中国历史上是空前未有的。人民政府给了我们研究的方向，明确的目标。“共同纲领”第四十一条上说“中华人民共和国的文化教育为新民主主义的，即民族的、科学的、大众的文化教育，人民政府的文化教育工作，应以提高人民文化水平，培养国家建设人才，肃清封建的、买办的、法西斯主义的思想，发展为人民服务的思想，为主要任务”。这也就是我们新植物学工作者的任务。我们植物学工作者照着这指示去做，就能产生我所说的新植物学。今天就是新植物学正式开始的一天，是可以欢欣鼓舞的和庆祝的。①

---

① 钱崇澍的讲话以“在毛泽东旗帜下的中国植物学工作者——中国植物学会第一届全国代表大会开幕词”为题，发表于《中国植物学杂志》1951 年第 3 期。又以“植物学工作者的当前任务”为题，发表在《科学通报》1951 年第 8 期。

钱崇澍如此彻底、轻松地否定了过去，其实，也是在否定其自己及与他一起工作的同仁所付出二十余年艰辛工作，不知所言有几分是出自肺腑。会议期间，植物分类研究所曾在西郊公园大众食堂，盛宴招待与会人员。马毓泉之报道又云：“在沁凉的绿荫下面，芬芳扑鼻的荷花池畔，席间，钱崇澍所长屡次举杯致敬全体代表，为庆贺‘中国新植物学的诞生’、‘中国植物学会正式成立’与‘全国植物学工作者大团结’而干杯。宴后举行茶会，钱所长和吴征镒副所长报告该所组织与研究工作近况。会后参观该所标本室、图书室、资料室、研究室与植物园。”在会议最后的一天选举产生植物学会理事会，钱崇澍、李良庆、王志稼、林镕、张肇骞、俞德浚、罗士苇、吴征镒、方文培、陈邦杰、吴印禅、王云章、汪振儒、辛树帜与马毓泉等十五人当选理事；邓叔群、娄成后、黄宗甄、孙仲逸、孙祥钟、何景与蒋英等七人当选候补理事。在这份名单中，旧植物学家除钱崇澍、李良庆、林镕、辛树帜等四人在列，而胡先骕、刘慎谔、陈焕镛等均排斥在外，就是1949年担任理事长之张景钺亦不在其列，确实体现出新植物学的开始。张景钺为恢复中国植物学会，在1947～1950年间，当贡献最多，由于档案材料匮乏，今不知其对如此迅速转变，作何感想?

其时，新中国诞生未久，各个领域无不标榜其新，学术亦然。经济学家，北大校长马寅初在致欢迎词时也说：新经济学的路线与新植物学是一致的，旧经济学为四大家族与帝国主义服务，物价乱涨，人民痛苦万分。而新经济是为人民大众服务的，与米邱林方向一样能够控制环境，现在政府有控制财政的机构，使全国财政收支平衡，通货平衡，因此物价不再上涨了。希望新植物学与新经济学一起合作，为新中国的建设而努力。从科联颁发“召开第一次会员代表大会办法”，也可见其倡导的便是新科学。要求各学科重新组织成立学会，召开第一届会议，选举理事等。这些举措丝毫没有延续历史之义，无不昭示一切重新开始。由此或可推想钱崇澍之赞扬与唾弃，实是形势之使然。不过这种区隔历史的取向，至为笨拙，造成遗憾和危害可谓层出不穷。

1949年7月中国植物学会重新组建时，新政府对旧植物学尚予肯定，仅一年时间，即转为否定。如此转变，说明新政府经过一年努力，已迅速掌控对科学绝对领导权。与后来急风暴雨式政治运动相比较，此种转变，或不足以道，无需细加分析。其实不然，正是主管方可以随意改变其言论，才导致其后许多事件发生，直至亘古未有之“文革”灾难发生。对1949年前中国植物学先予以肯定，只是利用旧时代知识分子为其服务。1950年3月，北京农业大学李景均

图 2－10　中国植物学会第一次全国代表会议合影(采自《中国植物学杂志》第六卷第一期)

因遭乐天宇打压，愤而出走海外，引起最高领导人重视，亲自批示，致使乐天宇受到批评而被调离。此时或为重视人才，为我所用。随后经过一系列政治运动之后，则有所不同。需要指出的是，其时，钱崇澍以所长名义所作讲话或所写文字，或者不是出自其手，而是由人代笔。只是主管方借重于他，以达到领导植物学界的目的。旧植物学的领袖胡先骕也参加了这次植物学会会议，他有何感想，今不得而知。但从一幅会议人员合影照片看，他仍坐在前排靠近中间的位置。或者可以说，在人们欢呼新植物学的时候，并不能立即将旧植物学彻底否定。还有照片中的人士，大多着新式衣装，只有胡先骕一人依然旧式长衫，似也证明其不变的立场。至于张景钺是否参加此次会议，由于照片不清晰，难以辨识。

此次植物学会还有两件与政治有关的事件，值得在此一述。其一为在会议期间发表中国植物学会第一届全国代表大会给日本植物学工作者的一封公开信。其时朝鲜战争爆发之后，美国与日本媾和，以扩张其在东亚的势力。中国为节制美国，希望日本不要与美国和好。为达到此目的，中国科学界在主管方组织下，纷纷向日本同行发出公开信，希望对方站在中国人民的立场上，维护世界和平。植物学会于7月25日发出此函。其二为会议结束之时,植物学会又向毛泽东以及中国人民解放军、志愿军发出电文致敬。其致毛泽东云:"在您的伟大英明的领导下,我们植物科学的工作者,抛弃了旧社会遗留给我们的包袱,走上了新时代无限光明的大道。我们保证永远跟着你,全心全意,来完成建设独立自由富强康乐的新中国的任务。最后,祝您健康。"[①]自从科代会以后,如此崇高敬礼在各类学术会议上均有表达。

新中国植物学会成立之后,一段时间内各地植物学会均停止活动。至1962年,北京植物学会再次成立,张景钺又担任理事长。年轻的王文采当时也被推举为理事,他说:"其时,北京植物学会挂靠在北京大学,理事长是著名植物形态学家张景钺,有时理事会就在其家中举行。"[②]可见张景钺对学会之事依然热心。

五、植物分类研究所一次所务会议

在记述一些专业性的全国性会议,明悉一些大的背景之后,再来看看植物分类所所内一次小型会议,所议之事为研究所方针、任务,事涉《中国植物志》。这次会议于1952年4月20日前后召开,会议名称是所务会议。自1950年9月钱崇澍从上海来北京,正式亲临所务后,此前所内行政小组会议自行取消,而改由所务会议代替。此次所务会议起因是吴征镒将要陪同苏联专家在国内进行考察[③],需暂时离开一段时间。吴征镒走后,所内工作由谁暂时代理,又如何进行?便是会议议题。此次会议记录甚为详细,颇能见出当时之语境。藉此不仅可知《中国植物志》一次酝酿经过,从中还可获知在新旧过渡时期,研究所内部行政管理不清,人员思想混乱,莫衷一是,尚未形成定力。此摘录如下:

钱崇澍:吴先生走后,思想领导由谁代理?

---

① 《科学通报》,1951年第9期。

② 胡宗刚:《笺草释木六十年——王文采传》,上海交通大学出版社,2004年。

③ 《竺可桢日记》1952年4月22日记载:"吴征镒因要加入Иванов赴南方参观农业试验场,今日即出发赴开封,同行者有遗传馆的胡含及植物生理的金成忠二人。大约于一月半后可自南方回,再去东北。"Иванов中文译为伊万诺夫,系苏联农业科学研究所专家,为农业部聘请之顾问。

吴征镒：这次与 Ivanof 出去，是和本所工作方向有关的，因其觉得野生品种未搜集齐全，至好多育种无很好效果。这次预备到全国各地参观，搜集野生品种，将来由本所与农科所配合来作。六月十日左右仍来北京停 20 天，再去绥远等地。现在大家谈一谈合理化建议，本所的工作方向。又我走后钱先生一人忙不过来，是否找一代理人。另外有人建议成立一临时机构，共同议议。思改学习院派简焯坡来做一些工作，领导仍为钱、林、张、朱、陈等。现我们交换一下本所的方针、任务的意见。

钱崇澍：合理化建议很多，其中较重要者，就是工作计划是否改变。

吴征镒：方针解决后，具体工作就较易解决。现在外人建议，本所已非分类所，而是植物所的规模了。再一是本所内各单位不管将来是整体或分化也好，如何去解决实际。

钱崇澍：早先小组也讨论到，生理已除外，除此之外是否全包括在内，名义是否需要改。

吴征镒：名义问题比较小，还是那个发展的问题。据我看，我们将来还是要更专业化，而非综合的。例如郝先生将来可能往森林研究所发展，但现在郝先生还未接受，还未成型。王云章部分也要独立起来，以便与病理配合。将来植物园、生态是与分类配合的。

钱崇澍：分类方面有人觉得植物志可缓一下，经济植物先做起来。

吴征镒：我们无论分化或综合，全是在科学院之内，而且主要是解决生产建设上的问题。

钱崇澍：我们以往的工作是否还不够切合实际，应把计划更加深，还是要变更计划。

王云章：农作物的分类是很重要的，往这上转也是很好的。但《河北植物志》即将完成，应把这工作完成。又年纪大的人，已作惯了老的一套，请年纪老的人领导年轻人去作。而分类也是重要的，年纪老的人可仍作。

张肇骞：我们的工作当然有许多的方面需要改变，但基本上是相同的。例如高等分类方面，目的是调查植物资源，农作物分类也不应该孤立地看，应该放在总的下面。若植物志出来以后，也可增加能调查资源的干部。采集标本以往是只采标本，而把其他忽略了。而现在为调查资源，则应多注意其他方面。回来后，则可把用途等等全知道了。作经济植物也只变成技术问题了。

吴征镒：主要问题还是在这个地方，我们希望也来一个根本的改变。解放后许多生产建设问题摆在面前，问题是被动还是主动地去做。我们现在不需要否定过去的一切，植物志也是很有用的工作，但是否需要立刻去做？又我们的立场观点改变，方法也就不同。站好了立场，工作就是有用的。做植物志是从地区做起，还是从专科作起？以往工作是否需要完成？全是值得讨论的。今年计划是比去年强了，但还是被动，应当主动列为计划。

林镕：调查植物资源当然是最大的目标，但亦不能因此而放弃过去的一切，老的已经规定的工作还是应当做下去。植物志主要目的是让人查某植物是什么东西。植物志还是应做下去。经济植物应择重要的作，如牧草、树木志，农作物分类也是很不容易，我们来担任也是成问题，应当与他处配合来做。重点放在经济植物调查上去，如森林需要什么，先做什么；园艺需要什么，先做什么，不是做一个很大的综合的大工作。

俞德浚：分类工作是一个配合实际的工作，是无疑的。所以植物志也是重要的，问题是：1. 野外方面对于应用方面未注意；2. 室内有学院式作风，做得支离，或离实际太远，所以问题还是在方法上的问题。这是指的一般分类，而品种方面也是以后要做。所以工作有两个：一是全国植物志，二是品种方面。

张肇骞：河北植物志应做完，但以后是否还要做这样一个东西，值得考虑。我认为例如西北某个科重要就先做他，而非整个搬。

郝景盛：我觉得像早先那样理想的植物志，是永远不能成功的。现国家不需要别的，农的方面是提高单位生产量，林也是如此。植物分类积极方面是帮助农林生产，消极方面也是减少农林损失。如果这两方面全没有，则是对人民没有多大益处的。

……①

大家就怎样编写植物志，泛泛而谈，议论不断，无须再作过多引用，便已明悉其情形。大家之所以轻松讨论，实是不需要立即着手。参加会议的还有崔

① 1952年所务会议记录，中科院档案馆藏植物所档案，A002-21。

鸿宾、李世英，他们也有发言。最后由吴征镒运用其所掌握的唯物辩证法、矛盾论予以总结。他说："植物志是矛盾的普遍性，因时期及区域的不同，矛盾的特殊性就不同，应围绕中心去逐步解决，如仍照以往的做法，则成了主观而行不通。我们只在分类这一行来考虑的，未从全面考虑。"吴征镒又说："现阶段中心环节是思想改造及三反，建设阶段，在合理化建议中，即可解决一些问题。""三反"已进行，思想改造即将全面展开。崔鸿宾说："各项工作在思想改造后可能有些变化，俟思改完成后，再搞业务工作。"这也是其时党的政策，并不是个人看法。至此，大家无所言。一个成立已两年的研究所，其主要研究内容是什么，尚难以确定，未免匪夷所思。究其原因，首先是党将此段时期，确定为过度调整阶段，并不要求进取；但从研究所内容管理看，亦有可以追究之处。其一，所长不力。钱崇澍身为所长，却不能行使职责。前所述在"三反"运动中，钱崇澍要求所长们分工，未能起到应有之效应。此时副所长暂时离开，还要副所长来安排一个助手给所长。吴征镒说："正在三反重要阶段，我走了后恐怕钱先生忙不过来，想找张先生（张肇骞）代理。"张先生说多找几个人，以便遇到事好商量。最后议决，指定张肇骞代理。其二，吴征镒担负具体行政工作，但由于资历浅，没有领导群伦之经验。再由于其思想左倾，紧跟形势，在政治运动与科学家之间，他不仅没有起到屏障作用，有时甚至是运动积极推行者。当主政者推行科学为生产建设服务时，与单纯为科学而科学发生冲突，与先前按学科脉络发展不一致时，吴征镒自然是倾向上面的政策。

六、思想改造运动与研究人员评级

思想改造运动如同中华人民共和国成立之后所开展的其他政治运动一样都是全国性。运动之起因，源于新政府认为，当务之急是按照马列主义毛泽东思想改造旧的价值观念与社会结构，以稳固局势。旧的价值观念是依靠旧时代的知识分子来维系，欲以新的思想取而代之，必须对旧知识分子予以改造。于是，许多高级知识分子按具体情况被迫在不同的会议上作出检讨，必须招供出其过去与国民党、帝国主义、资本主义所有瓜葛，必须认识到这些都是背叛人民的行为，有深重之罪恶，应感谢党和领袖的指导，表示自已将洗心革面，重新做人。即使是党内知识分子，在其申请入党，接受党组织考察时，已将自己之历史全部交代，并被党组织掌控。在以后的运动之中，还是要反复交代，只不过其方式与党外知识分子有所不同。知识分子经过这一番改造，其体面之公众形象，已完全不同。

在植物分类所的文书档案中，未发现有关于1952年三反运动和思想改造运动的材料，不知运动在所内具体展开情形。但在个人档案中，还是保留了一些记录。关于钱崇澍在“三反”运动中情况，有一份材料不知出于何人之手，是这样记载：

> 三反运动开始后，上级指示先开展反官僚主义运动，首长带头发言。钱老响应了这个号召，他做了很深刻的检讨，以后吴所长也做了相当深刻的检讨。在这个影响下，群众畅所欲言，说出一切不合理的事，热烈地进行了数日。群众的发言中包括了不少正确的意见和合理化建议。这个运动结束后，领导与群众之间形成了空前的团结。以后本所全体人员投入反贪污、反浪费的斗争中去。运动中对各方面的检查和思想教育等方面的收获是不小的，这个运动也给第二年的思想改造运动奠定了一个好的基础。在三反运动开始时，我所首长带头检讨是做得比较好的一个，我好像记得在院会中曾提出过，这自然推动其他所的运动。我记得在检讨会上，钱老曾说过他在那几天，天天晚上很难睡下，就一个人坐在灯下，想自己过去的错误。他说完这句话的时候，会上所有同志都感动得落下泪。[①]

并不是所有人的检讨都是这样和风细雨，第二年开展的思想改造运动，或者是运动的深入，或者是面对不同的人，情况就不一样了。在8月间，胡先骕所作之检讨不仅没有得到研究所同仁之同情，反而引起大家的义愤。在运动开始之前的6月间，“中央关于在中国科学院进行思想改造运动的方针问题给华东局宣传部的复示”，对科学院运动方式作出部署：“科学院各研究所进行思想改造学习的方针，和高等学校相同，但方法上应有区别，由于科学院党的力量较弱，不如高等学校有学生群众，故应采取更加慎重的方式。北京科学院

① 中国科学院植物研究所藏钱崇澍档案。

各研究所的思想改造运动已决定一般不用群众斗争的'过关'方式。对大多数研究员只用检讨会形式，由检讨者在副研究员以上人员组成的小组会议上做检讨报告，由别人对他提意见，做到认真严肃，本人接受批评即可，只有十分恶劣顽强抗拒者，才需反复检讨，最后在全院性研究人员代表会或大会上检讨，经低头后仍让他们做工作。"①胡先骕则被列为中科院重点检讨人物，是全院唯一在第三次检讨会上检讨，于9月4日才最后过关的。

胡先骕最初之检讨被认为不深刻，避重就轻，属于"恶劣顽强抗拒者"，所以不得不再检讨。在第二次检讨会前，植物所先召开小组长会议，布置会议发言。会议记录载："钱崇澍、张肇骞、吴征镒、汪发缵、侯学煜、俞德浚等人参加。会议总结第一次检讨会情况，抱着治病救人、严肃认真的精神，帮助胡先骕进行改造，但认为其检讨避重就轻，很不认真。对于第二次检讨作出布置，分配发言名单，以植物所高级人员为主，遗传所、地球所、数学所、昆虫所亦准备发言。"②胡先骕再次检讨时，被认为依旧没有进步，植物所在会前组织人员在会上对其进行批判。此录吴征镒之批判发言，其语言与上所引关于钱崇澍材料已不可同日而语。他说：

> 胡先生自以为是科学家，便可以抗拒改造，这种有恃无恐的狂妄态度，表现在两次检讨里，也表现在听取意见的时候。你以所谓"科学家身份""科学事业"作挡箭牌，掩盖反人民罪行，甚至无耻的以为有功于人民。大家深刻的揭发与严正的批评是必要的、正义的。胡先生的思想主流是封建的买办的法西斯思想，是亲美反苏反共反人民思想。与一般资产阶级，小资产阶级思想不同，是在人民政权之下必须彻底肃清的，对待它必须进行坚决斗争。科学家首先要站稳人民的立场，不能自外于人民，更不能与人民为敌。你以为你是个科学家还想站在反人民立场是绝对做不到的。过去有三种科学家，一种坚持为人民服务的科学家，在解放前后坚持反对蒋美匪帮，坚持科学工作岗位，向恶势力做不屈不挠斗争。今天人民

---

① 中央关于在中国科学院进行思想改造运动的方针问题给华东局宣传部的复示，薛攀皋、季楚卿编《中国科学院史料汇编(1952年)》，中国科学院院史文物资料征集委员会办公室，1994年3月，第54页。

② 胡宗刚：《胡先骕先生年谱长编》，江西教育出版社，2008年，第556页。

要求他们继续发扬为人民服务的精神，深刻批判所受到的资产阶级及小资产阶级的错误思想的影响，发展人民的科学事业；一种是老老实实勤勤恳恳坚持本岗位工作，不和反对势力同流合污，虽有脱离实际脱离政治改良主义等错误思想，但解放后逐渐克服，向人民靠拢，继续前进，这是绝大部分真正科学家，人民欢迎他们，希望他们发挥更大力量；一种是过去投机取巧，利用科学上别人的成就，以科学虚名博得自己政治资本，投向国内外反动派的怀抱，与之同流合污，替他们策划，做他们的代言人。以所谓清高科学家姿态，欺骗人民，向人民进攻，以维护反动统治既得利益。解放后还坚决与人民对立，这是极少数反动的科学家。人民要求他彻底放弃反人民立场，低头认罪，重新做人。胡先生请你严正考虑这个问题，你究竟是哪一种科学家。问题很清楚，或是坚持反动思想，或是决心改造，回到人民的队伍来。这是关键和严肃的考验，我们坚决要你放弃反动思想，先是彻底暴露和行动上站在人民的立场，这是惟一正确的出路。①

在此次会议上，钱崇澍、俞德浚、汪发缵、唐进、林镕、张肇骞、匡可任等都有发言，之所摘录吴征镒的讲话，仍是因为吴征镒思想最为进步，政治理论水平亦高出众人；再者其位重，其言亦重。组织批判会之前，往往党组织先要开会，讨论布置会议如何进行。吴征镒此番讲话，也许并不一定全是其个人观点，而是党支部的要求。在批判会上，并非只有吴征镒一人才这样咄咄逼人，其他人的发言也都义正词严，界限分明，否则不足以表现自己是站在人民的立场。这便是批判会的手法，团结大多数，孤立一小撮，以达到批倒批臭的目的。但是，批判检讨胡先骕并未结束。

9 月 4 日，中科院在院部召开大型检讨会，胡先骕作第三次检讨。关于此次会议，王扬宗写到："会议地点是院部文津街 3 号，即从前他主持的静生所旧址，与会者包括院学习委员会领导和成员与京区各所代表共 80 余人。此次他将众人批判他有法西斯思想、反苏反共反人民等问题都一概包揽下来，但他只讲了一个小时。竺可桢认为他仍然'不老实，不诚恳'。胡自我检讨后，大家踊

① 胡宗刚：《胡先骕先生年谱长编》，江西教育出版社，2008 年。

跃发言批评，有20多人对他进行了揭发和批判。会议从下午三点开到深夜十一点半，开了八个半小时。”①散会后，吴征镒嘱王文采送胡先骕回其石驸马大街(现名新文化街)寓所，胡先骕一路无语，②可以想见其心情之沉重。

在思想改造运动之中，“胡先骕情绪很波动，植物研究所的高级研究技术人员多是他的学生，或者是过去在他领导之下的工作人员，都给他提了很多意见，他认为是‘众叛亲离’，在运动之后思想不稳。后来党支书刘大年同志与胡谈过一次话，很起作用”③。刘大年系党内历史学家，时任中科院院部党支部书记，院思想改造运动即由其主持。

思想改造运动在1952年8、9月间进行，紧随其后是给知识分子定级评薪。胡先骕被评为三级研究员，再次受到羞辱。先看植物分类所评级结果及其后来两次调整情况简表：

20世纪50年代植物所部分研究人员工资级别表

	1952年定级		1953年调整			1956年调整		
姓名	年龄	级别	级别	工资	工资分	级别	工资	工资分
钱崇澍	69	特	特	264.61	1 070	1	345	880
张肇骞	51	2	2	225.05	910	2	287.5	760
林　镕	49	2	2	225.05	910	1	345.0	880
吴征镒	36	3	3	207.73	840	2	287.5	760
胡先骕	58	3	1	244.83	990	1	345	880
唐　进	51	3	3	207.73	840	2	287.5	760
郝景盛	47	3	3	207.73	840			
汪发缵	51	3	3	207.73	840	2	287.5	760
俞德浚	44	4	4	190.42	770	3	241.5	700

① 王扬宗：中国科学院的思想改造运动(1951～1952)，《院史资料与研究》，2014年第1期(总第139期)。

② 王文采口述、胡宗刚整理：《王文采口述自传》，湖南教育出版社，2009年，第40页。

③ 中科院植物所党支部：《党在贯彻团结科学家政策上的经验教训》，1954年，A002-44。

(续表)

	1952 年定级		1953 年调整			1956 年调整		
姓名	年龄	级别	级别	工资	工资分	级别	工资	工资分
钟补求	45	4	4	190.42	770	3	241.5	700
王伏雄	38	4	4	190.42	770	3	241.5	700
侯学煜	39	4	4	190.42	770	4	207	650
匡可任	39	7	6	160.75	650			500
傅书遐	36	10	9	116.23	470	6	149.5	370
王文采	26	12	12	79.14	320	8	106.0	290

此前所述在1950年酝酿成立《中国植物志》筹备委员会时，通过投票选举产生委员，已是失意的胡先骕虽然未得最高票数，尚列名其中，可见当时民主尚存。到了1952年，通过思想改造运动，胡先骕已受到群起攻之。所以在定级时，主其事者，以政治取代学术，轻易将其定为三级研究员，有失公允。孰知，一个人的政治地位，可以随其失势，而迅速消失；但一个人的学术地位不是轻易就能获得，也不是轻易能否定。胡先骕受此待遇，不仅其本人不服，就是他人也为其鸣不平：

在52年底评薪，将胡评为三级，并排队把他排在他的学生和学孙的后面，胡甚为不满，他觉得自己过去一直在作领导，很讲派头，他屡次谈过植物所的所长他不做，让给别人来做，是宽宏大量。这次评薪将他压低还排在徒子徒孙的后面，自己的面子不好看，下不了台。在排队对比时，胡忍不住气曾提出责问："裴鉴(华东工作站主任)怎能和我比，还排在我的前面?"(张肇骞副所长、汪发缵等都是胡的学生，而都排在胡的前面。)胡大为不悦。在评薪之后，与胡相识的各科学家都说将胡的级别压得太低了。如戴芳澜先生曾向党员讲过："胡的工薪评得低了，是不合适的。"林镕、张肇骞、汪发缵也向党员提过此事。在党员征求意见时，张肇骞曾讲过，在评薪时，他觉得是有些偏差，因不了解党的政策而不敢提出。党员在征求胡的意见时，他谈到评薪的问题说："我自作研究工作以来，从未拿过三等薪水，都是头等，为什么把我的学术水平降低？我不晓得是什么道理。”他对吴征镒副所长访苏所写的报告[1]，关于中国植物学发展史的文章，他不满意，他说科学社等都是我创办的，为什么说是钱崇澍所长创办的呢？”他说：“历史总是历史，不能随便改。”从他所反映的一些问题来看，他是对党员有些意见的。[2]

胡先骕定为三级研究员，能得到普遍的同情，或为主其事者未曾预料，所以在第二年职称调整时，将胡先骕提升为一级研究员。从上列表，还有一特殊现象也值得一述。被定为四级以上者，均为研究员职称。此时中科院依然按照民国时期所形成的传统，凡有国外留学背景者，才被定为四级以上，唯独吴征镒除外，属于特例。不仅如此，民国时期在各机关任何职称，转入中科院后依然担任相同职称。简焯坡在北平研究院植物学研究所是副研究员，入中科院时也为副研究员；王文采在北京师范大学的职务是助教，入中科院也为助理研究员；唯吴征镒在清华大学时是讲师，入中科院则为研究员，且定级时为三级研究员，连升几级，此中审批详情有所不知。

1952 年中科院开展的思想改造运动，尚称不上革命运动之疾风暴雨，其后运动之惨烈远胜于此；但是运动过后，整个知识分子阶层已与过去完全不同。此后在已改名为中国科学院植物研究所里，再未有人公开提出个人研究的需要；而是跟随时代，随集体朝前走。当编写《中国主要植物图说》计划确定之后，大家踊跃投入，而汪发缵最为积极，主动承担组织任务。

七、《中国植物科属检索表》

思想改造运动中将此前的科学视为“为反对政府服务”，知识分子所持纯技术观念、为科学而科学、个人主义、宗派思想、亲美崇美等思想受到批判，其

① 吴征镒访苏报告后整理成《中国植物学历史发展的过程和现状》一文，刊于《科学通报》1953 年第 2 期。其中有云：“在 1922 年和 1924 年在胡先骕和钱崇澍的领导下，先后建立了中国科学社生物研究所植物部和静生生物调查所，这两个研究机构都是私人的学社和学会发起。”静生所成立于 1928 年，而不是文中所言 1924 年。这两个研究所之植物部，均为胡先骕所创建。

② 中科院植物所党支部：《党在贯彻团结科学家政策上的经验教训》，1954 年，A002 - 44。

目的是树立起党所倡导的“人民的科学”,强调理论联系实际,科学为生产服务等。在记述《中国主要植物图说》之前,植物分类研究所还主持完成《中国植物科属检索表》。此项工作早在1950年8月在科学院召开植物分类专门会议和1951年7月中国植物学会召开第一次全国代表大会,先后提出,并请植物分类所主持。1951年10月,植物分类研究所以“植字第776号公函”分寄全国各地植物分类学家,邀请合作,得到热烈响应,并于1952年上半年陆续寄来稿件。而分类所因1952年进行“三反”运动及思想改造运动,该项工作陷入停顿。至1953年列入植物分类所工作计划,由所领导亲自掌握,并指定傅书遐负责。各工作同志经过了思想改造,对集体工作的重要性有了初步认识,都努力完成自己所担任的部分,因此该项工作得以顺利完成。参加此项工作凡39人,所内有钱崇澍、林镕、张肇骞、吴征镒、胡先骕、郝景盛、汪发缵、唐进、俞德浚、钟补求、匡可任、崔友文、傅书遐、王文采、黄成就、刘瑛、吕烈英、汤彦承、冯家文、崔鸿宾。分类所以外的有广州中山大学植物研究所陈焕镛、张宏达、何椿年,北京中央林业部林业科学研究所陈嵘,广州华南农学院蒋英,南京大学耿以礼、耿伯介,南京华东农业科学研究所曾勉,南京华东药学专科学校孙雄才,广州华南师范学院徐祥浩,桂林雁山广西农学院经济植物研究所陈少卿,北京大学马毓泉,南京中国科学院植物所华东工作站裴鉴、单人骅、周太炎、刘玉壶,江西牯岭中国科学院植物所庐山工作站陈封怀。

检索表是识别和鉴定植物的常用之工具,其编制原理是基于对植物形态特征的对比,按照划分不同等级,选择一一对应明显不同的特征,将植物分为两类,然后在每类中再根据其他相对应的特征作同样的划分,如此下去,直至最后分出科、属、种。《中国植物科属检索表》只是科、属级,没有包括种级,但一样为植物分类学研究,农、林部门及高等学校有关教学所需要。其编制工作并不复杂,故在植物分类所制定各项集体工作计划中,率先完成。尽管该项工作仅为读者提供科、属级的检索表,远不能解决植物定名的问题。但仍然不失为50年来中国植物调查研究的第一次总结,为编写《中国植物志》打下一个良好之基础,对野外调查的工作提供初步定名的参考书,也满足了教学工作的需要。

《中国植物科属检索表》先连载于《植物分类学报》,自1953年12月出版第二卷第三期至1954年5月出版的第二卷第四期,钱崇澍为此撰写编后记,对此项集体工作成绩除表示鼓呼外,自然又是以现在提倡者对过去植物学工

图 2-11　钱崇澍工作照(中科院植物所档案)

作作一番检讨。他说:

> 这种形式的检索表,事实上是各方面所早经需要的。而在我国植物分类学的研究进行最早,人数亦最多,何以从前没有这类刊物之出现?回答都很简单,就是以前的植物学研究是与实际脱节的;第二个原因是以前的植物学工作者着重于个人研究,对于群众的需要熟视无睹,且满足于离群索居,关起门来独自工作,虽有些工作是少数几个人合作的。故三十年来在植物学范围内,还没有一部著作,是经大家共同来做,以供广大的需要。中国植物志的编纂,早就有人拟议大家来合作,但在反动政府时代,没有集体工作的条件,始终没有进行。人民革命胜利之后,人民自己掌握了政权,由于社会的革新的转变,时代的熏陶,我们的观点转变了,我们的确从旧的樊笼中解放出来了,集体合作的条件也已具备而成为完全可能了。这个可能就表示在科属检索表的成功上。这检索表是由大多数植物分类工作者集体合作而成,这在植物学范围内是一个创举,不问这工作内容的优劣如何,但就这工作的方式和规模而言,是值得我们兴奋的。①

① 钱崇澍:《中国植物科属检索表》后记,《植物分类学报》第二卷第四期,1954 年。

至于该项工作的缺点，在钱崇澍之编后记中也作说明，未免有著作者客套之语，但《一九五三年高等植物分类组总结》所言则更加切实，录之如下：

> 1. 事前关于工作内容格式规划不够，所以内容如地区、中名、分布、种数名词等，规格多有不一致，当然有一部分作者因为注意不够，已规定好的格式也没有遵守；2. 各工作参加者对于交稿完成期，因有临时工作或出差，影响工作的完成期，同时也就影响了印刷厂或编译局的工作。3. 工作内容的水准不一致，有的是多年的工作总结，有的由书上编辑而成，因此在水准上极不一致，且初稿完成集体审查讨论不够，仅由胡先骕、吴征镒两位同志初步审查了一遍，发现问题很多，因为付印迫切，不能做详细的修改。①

如此严肃对待工作，在以后的各类工作总结中并不多见。而所言之缺点，是集体研究所无法克服之弊端。既便有如此之多缺点，该检索表还是应用广泛，1955 年出版单行本，至 1957 年即脱销。20 多年之后，1979 年予以修订，并增加了苔藓植物部分，以及一些常用术语的解释，改名为《中国高等植物科属检索表》，由科学出版社出版。

八、《中国主要植物图说》

经过 1952 年的思想改造运动之后，1953 年植物分类研究所已有了很大改观。首先，研究所在植物分类学之外所开展诸如植物生态学、植物形态学、植物细胞学等学科逐渐壮大，研究所已属于植物学综合性研究所，故改名为中国科学院植物研究所。在所内按学科成立多个研究组，分类学为其中之一，虽然仍是重点，但已不是主体。其次，经过思想改造，知识分子思想经过一次“洗澡”，已从自由散漫、无组织、无纪律的状况，转移到服从组织制定的工作计划，步入集体研究时期。

那么，集体研究计划如何制定，颇费思量。当时，党和政府对科学研究指

① 一九五三年高等植物分类组总结，中科院植物所档案。

导方向是为生产服务。先前制定的编写《河北植物志》与筹备编写《中国植物志》，皆与农、林、牧业生产需求相距甚远，故将这些工作暂停。而简易的植物志在生产实践中，又非常必要。其时，每年都有从各地学校、场所派人来植物分类所短期学习，以掌握植物原始材料的分类和辨识知识；也有将植物标本寄到植物所，委托鉴定学名；还有在野外调查时，需要立即知道种名。凡此种种，皆说明迫切需要一部学习植物分类、鉴别植物种类、了解习性、判断经济价值等日常工具书作为指导。此前虽有类似之图籍，但不是偏于某一地区的植物，就是仅记载木本植物，有些还夹杂一些原产日本植物，有的没有图，而且收罗的种类也有限，难以满足需要。因此在完成《中国植物科属检索表》之后，遂决定编写《中国主要植物图说》。其组织编纂形式仍然是集体进行，以植物所为主，邀请所外专家参加。所不同的是，此前是以植物所名义组织，此则以新成立的高等植物分类组担任，负责人为汪发缵、唐进，一改过去由所长主持的惯例。汪发缵（1899～1985），字奕武，安徽祁门人。1923年就学于南京东南大学，受业于秉志、胡先骕，1926年毕业之后回家乡中学任教，1928年冬，受胡先骕之邀赴北平，参与静生所工作。抗日战争之后，任北平研究院植物所研究员，1949年任中国科学院植物研究所研究员。唐进（1900～1984），字英如，江苏吴江人，1926年就学于北京农业大学农专部，1928年初，被召至南京任中国科学社生物研究所植物部助理员，1928年8月，协助胡先骕创建静生所植物部。其在静生所服务时间甚长，抗战后复员时，仍回所工作，1949年后任中国

图 2-12　汪发缵（中科院植物所档案）

图 2-13　唐进（中科院植物所档案）

科学院植物研究所研究员。在静生所期间，汪发缵和唐进合作进行单子叶植物研究，1934年始联名发表论文，1935年两人又同受中华教育文化基金董事会之资助，一起休假赴欧洲访学，主要在英国邱园进行单子叶植物研究。他们一起研究，一起联名发表论文，学界以汪唐并称。

此在科学为生产服务号召之下，首先选择《豆科图说》编写。因为豆科植物与农、林、牧、园艺等关系最为密切。1953年已开始学习苏联的先进经验，其中有在中国建立草田轮作制；治理黄河，保持水土也是当时的主要工作，豆科植物是这些工作的主要材料之一。其他如食用植物、蜜源植物、除虫植物和工业原料植物等，也都有不少豆科植物。

汪发缵在政治上，因曾加入国民党，所以新政府成立之后，为洗刷自己，政治思想表现进步，工作热情高涨。1950年首先加入民盟组织，1953年研究所成立工会，又担任工会主席，此又与唐进联袂主持植物分类组。此时不仅领导编写《豆科图说》，而且还放弃他们所擅长之单子叶植物，而亲自参与并不熟悉的豆科撰写。首先编辑豆科植物名录，再由参加人员分别担任研究编写工作。其中含羞草亚科、云实亚科和一部分蝶形花亚科凡324种，在编制计划时，本拟请中山大学植物研究所担任，但没有及时联系，不料中大植物所已有自己的工作计划，结果仅有侯宽昭一人参加。未能如愿，只好由汪、唐自己担任。植物所所长室的正副所长，学术能力都很强，承担蝶形花科的第一、二、三、五、七族，共233种，但是他们的行政工作繁重，加之有生病、出差和出国等原因，竟使他们没有工夫做研究工作，仅完成了很有限的数量，未完成的部分由保定河北农学院孙醒东及王文采、刘瑛等分担。至1953年底完成400种，包括记载属种检索表，每种介绍其分布和一些种的经济用途，每属每种基本上附有一图。并曾将豆科干角力枝属样稿分寄院外一些农林基层机构，征求意见。收到回信一致认为这项工作符合实际需要，也合乎一般要求；同时收到一些宝贵意见，虚心听取，以使《豆科图

图2-14　《中国主要植物图说——豆科》书影

说》更能合乎实际需要。至 1954 年 6 月该科编写完成，共收录 791 种，包括栽培、野生和有经济价值的种类，分隶 120 属，书中有科、亚科、种、变种的记载，并有亚科、分属和分种检索表，有图 704 幅。其中自绘 368 幅，转载他书 294 幅，翻拍照片 42 幅。翻拍照片来自秦仁昌在国外所拍植物标本照片。参加编写人员还有匡可任、吴征镒、胡先骕、黄成就、张肇骞、崔鸿宾、傅书遐、杨汉碧、郑斯绪、戴伦凯，参加绘图有朱蕴芳、张荣厚、冯晋庸、刘春荣、蒋杏墙等。《豆科图说》于 1955 年 12 月由科学出版社出版。

《豆科图说》编写完成，初步将全所植物分类人员组织起来，为完成更大规模的植物分类学研究任务作了一次尝试。无论如何，此次尝试还是取得一定成绩。但主持其事者，自知其中问题不少，故在书之"前言"讲到：

> 我们是初次编纂"中国主要植物图说"，没有经验，在编纂过程中，几乎是各搞各的，没有集会过一次来交流工作经验，取长补短，改进工作，统一工作方式，而使大家有一个都能同意的图说规格。就整个工作来说，自始至终都是匆匆忙忙，赶任务，所以本书内容遗漏的地方必定很多。

可知所谓集体研究，只是各自领其任务，各自编写，并未有互相柔和、渗透的过程，与过去个人研究并没有实质区别，且还出现新问题。在 1955 年植物分类组的工作总结中，便道出编写工作中出现的问题。

> 只有年度计划和季度计划的轮廓，只有工作者分担的数量轮廓，却没有集体计划中应有的个人季度计划和月度计划，因此使工作在执行中或松或紧，有劳有逸，陷工作于忙乱。在工作中，还有许多其他缺点，如个别同志热情不高，没有检查，没有开过会交流经验。和植物园联系不好，个别同志有自由散漫作风，个别同志有一些学院式作风，个别同志有任务观点作风，劳逸不均，生产不均衡，结合整理标本，后来没有继续，个别同志在后来有一部分工作偏于重量不重质，个别同志没有参考《苏联植物志》等先进书籍，编制计划主观片面，贪多冒进。①

① 高等植物分类室 1955 年上半年工作总结（初稿），中科院档案馆藏植物所档案，A002－47。

反复阅读这段文字可知，所言工作缺乏计划性只是一方面，其中还能感知到复杂的人事关系，只是没有言说，亦不便言说。为了编写其他《图说》，该《总结》提出改进方法，罗列如下：

（1）切戒贪多冒进，要在一定基础上逐步提高。

（2）在编制计划之前，多了解客观情况，极力避免主观主义。

（3）勤于检查和交流经验，随时改进办法。

（4）必须有个人的季度计划和月度计划，以备易于检查。

（5）扩大和加强院外联系和组织，使得图说工作得以顺利完成。对于院外植物分类工作情况的了解和分类工作者的分布情况的调查，应首先予以及时和适当的注意。

（6）从重点科和重点属先开始做起。

（7）专科专属有基础的先进行编写。

（8）加强培养干部，使在一定时期以后得以参加工作。

在《王文采口述自传》中，对《豆科图说》出版之后，汪唐所遭遇之情形有这样回忆：

> 豆科图说出版后，这时却出现了一个情况，钟补求先生和匡可任先生，他们俩也都参加了编写，匡先生做锦鸡儿属 *Caragana*，钟先生担任槐属 *Sophora*。这时，植物所领导真菌部分研究的王云章先生自陆谟克堂206室已搬走，我和傅书遐、刘瑛、郑斯绪，还有钟先生和他的三个学生李安仁、杨汉碧、金存礼，我们这么多人在一个大房间办公。有一天，快下班了，我和郑斯绪还没走，钟先生拿书来，给我们俩看，专门挑汪先生和唐先生他们俩的错。匡先生脾气不好，总是大骂，上至科学院院长郭沫若，下至收发室的老包，无一幸免。那时候，他们和汪唐关系不知怎么搞得那么僵，有时候匡先生就在办公室大骂，汪唐的办公室和他是隔壁，是可以听见的，但是就是不做声。汪先生、唐先生从来没有反驳过，那时候我都觉得……不久，陈焕镛先生在华南植物所也对《豆科图说》提出批评；耿伯介先生在《植物分类学报》发表一文，也对《豆科图说》的一些问题提出批评。这样一来，汪、唐两位先生编写《图说》的热情受到影响。恰巧这时秦仁昌先生自云南大学调到植物所，接替他们主持分

类室工作。①

在编制《主要图说》编写计划时，将其中禾本科的编写交由南京大学生物系耿以礼主持。耿以礼（1897～1975），字仲彬，江苏江宁人。1926 年毕业于东南大学生物系，后任中国科学社生物研究所助理员及中央大学生物系助教，1927 年开始从事中国禾本科植物分类学研究，1933 年于美国华盛顿大学获得博士学位。其博士学位论文为“中国禾本植物志”，载有 160 余属，约 700 种。回国之后耿以礼一直任教于中央大学，1949 年后中央大学改名为南京大学。植物分类所成立之时，蓄意全面研究中国植物，即聘耿以礼为兼职研究员，在华东工作站从事禾本科研究，并派汤彦承及华东工作站陈守良跟随其后。《禾本科图说》开编之后，又有中科院华南植物研究所贾良智、南京大学生物系耿伯介、中科院西北农业生物研究所郭本兆、四川大学生物系刘亮等加入。大家集中于南京华东工作站，耿以礼每周来此一次，一起参与编写。又有冯钟元、冯晋庸、蒋杏墙、史渭清和仲世奇从事绘图，经两年零四个月，于 1956 年 8 月继“豆科”之后，完成“禾本科”的编写。在南京近三年编纂期间，汤彦承深得领导信任，委以协助耿以礼进行组织工作，并在排印前逐字逐句校阅全稿。该书可谓是对中国近 30 年来禾本科研究工作的初步总结，收录竹类及禾草共 201 属 774 种，其中包括引种栽培有经济价值的外来种类 12 属 45 种。该书收录的数量占中国已经记录的禾本植物百分之八十以上，该书出版之后，为农林牧、建筑工程、轻工业及教学方面发挥较大作用，并多次重印。

图 2－15　《中国主要植物图说——禾本科》书影

植物研究所之于《禾本科图说》，不仅在人员、经费上给予支持，而且在标本、文献方面也尽可能满足研究所需，除了将国内所有皆集中于南京中山植物园，对国外材料也尽可能为之收集。当时与中国有密切联系的

① 王文采口述、胡宗刚整理：《王文采口述自传》，湖南教育出版社，2009 年，第 53 页。

仅有以苏联为首的一些社会主义国家,1957年当《图说》初稿完成,处于修订之中,耿以礼想获得苏联的材料,通过中山植物园转请植物研究所向苏联方面联系,其函如下:

植物研究所所长室鉴:

近悉苏联植物研究所能帮助我们解决在研究上所缺乏的标本与文献,现将我们在研究中最感缺乏的书名与标本另开清单附上,所需之标本最好能借模式标本,如不能则希望得到模式标本照片并附模式标本少许小穗,或经过禾本科专家研究考证的该种标本;同时希望附有该种的原文记载。所需文献能够购到原书最好,否则即请摄影或打印。以上要求是否合适,敬请复示并予以协助。

此致

敬礼

中国科学院植物研究所南京中山植物园

1957年9月4日①

其时,植物研究所派有郑斯绪等在苏联留学,为《中国植物志》编写培养人才。钱崇澍接到中山植物园来函后,于1957年9月19日批示:"可先与郑斯绪接洽,由他向标本室洽商办理。"随即所长室秘书致函郑斯绪,请其就近办理。今不知此事最终办得如何,但植物研究所给耿以礼提供了相当多的便利却是可以肯定,故在《禾本科图说》的前言中,耿以礼有云:

本图说工作系在中国科学院植物研究所和南京大学生物系领导同志的督促与协助下,以及参加编辑工作的青年同志在两年四阅月的时间内,继续不懈地辛勤,终于1956年8月完成其编纂工作。在编写过程中所需要的图书与标本,凡国内图书馆和标本室之所有者,均随时运到而集中于南京中山植物园,以供参考。因而能在此简短的时间内完成这一编纂工作,实令礼至感幸运。回忆在解放前,不仅个人知识据为私有,且同行必

① 南京中山植物园致中科院植物所,1957年9月4日,中科院植物所档案。

> 妒，互相猜疑。凡图书与标本之珍藏于另一图书馆和另一标本室者，如欲借阅，殊非易事，设无人情，难免碰壁。故如欲在当时完成这一图书的编纂，即十年或二十年之久，亦恐无济于事。由此一端亦足证明社会主义社会之优越，实远非资本主义社会之所能及其万一也。①

1958年5月25日钱崇澍为《禾本科图说》作一短序，给予赞扬。其时《中国植物志》已在大跃进声浪之中，开始编纂。故其言云："'全国植物志'正在加紧进行，这类著作正可为植物志的基础，如能采取相似形式，则在编纂植物志时事半功倍收多快之效。"不知何故，《禾本科图说》延至1959年8月始由科学出版社出版。

图2-16　苏联专家访问中科院植物所　左起钟补求、唐进、侯学煜，右1吴征镒、右3秦仁昌、右4钱崇澍(中科院植物所档案)

《禾本科图说》编写没有如《豆科图说》编写出现那么多问题，实是在一位权威专家主持下进行，其他皆为跟随者，听从专家的安排。2009年10月25日年已九十高龄之陈守良先生在其寓所接受笔者采访时云：当初钱崇澍选拔其与汤彦承追随耿以礼，即要求他们不为名、不为利，只是跟随学习，并作了承

① 耿以礼主编：《中国主要植物图说·禾本科》序，科学出版社，1959年。

诺。随后加入编写之人，亦以他们为榜样，只顾积极工作，不计个人得失。《禾本科图说》出版之后，有1万多元稿费，在其时，相当可观。但每个年轻人仅拿到百余元，也无怨言。其后，“文革”时期，耿以礼落难，有人劝陈守良出来就此稿酬之事，揭批耿以礼。但是，陈守良说：她没有理由出来，因为不为名、不为利是其当初的承诺。可见，其为人之忠厚。其实，《禾本科图说》的编写，还是延续过去旧有之方式，才获得成功；而《豆科图说》采取的是不成熟的新的组织形式，所以导致其失败。至于汪唐常被匡可任、钟补求等揪住不放，大肆奚落，其深层原因还在于汪发缵、唐进出身于静生所，匡可任、钟补求出身于平研院植物所，两所合并多年之后，还有裂痕。

《中国主要植物图说》除出版了集体编写的《豆科图说》和《禾本科图说》之外，还出版了傅书遐一人编写的《蕨类植物门》。该书1955年4月开始编写，1956年10月完成，1957年12月出版。收录426种，其中有插图345幅。其排列根据秦仁昌1954年发表的新系统，并得到秦仁昌的指导。至于其他科属虽然完成了不少稿件，因主持者汪发缵受到来自学术内的多方批评，遂使整个工作遂陷入停顿。不久，秦仁昌正式自云南大学调到中科院植物所，接替汪发缵、唐进分类组主任一职，再无人重提续编《图说》之事。秦仁昌（1898～1986），字子农，江苏武进人。1914年入江苏省第一甲种农业学校，1919年入金陵大学，1923年任东南大学助教。1926年，秦仁昌开始蕨类植物研究，1930年往丹麦入京城大学留学，后往英、法、瑞典等国访学。1932年回国，入静生所任标本室主任，1934年任庐山森林植物园第一任园主任。抗战胜利之后，任教于云南大学。1955年当选中科院学部委员，1956年调入中科院植物所。秦仁昌在正式调入植物所前一年，即已借聘来植物所，从事蕨类植物志工作。在秦仁昌离开云南时，其家室亦随之来京，并将家具之类不易搬运之物品处理掉，意在无论如何不再返回云南。需要指出的是，秦仁昌尚在云南大学之时，1954年8月出席云南省第一届人民代表大会，并当选为第一届全国人民代表大会会议代表，其后曾多次当选全国人大代表，并在大会发言。前已指出，1950年秦仁昌曾受到政治追究，几年之间，反差何以如此之大，惜未见史料记载。

1949年后，在科学领域，事业的维持与发展，只有依靠国家之支持；国家亦需要科学，以提高其工农业生产，国防建设，两者可以密切结合。所以，鼎革之后，许多科学家对新政府大力发展科学，备感鼓舞。在植物研究所也是如此，钱崇澍曾多次与其在四川北碚维持中国科学社生物研究所的窘境相比较，其感激之情确实发自肺腑。但是，科学事业只能由科学家来主持，政府不能代替科学家，即使政府官员有科学背景，也不能取代科学家。学术有学术规则，行政权力不得干预。然而1949年成立的新政府，为发展科学，不仅仅是出资方，还是领导者，以其主张之方式，朝其确定之目标。如此一来，必然产生矛盾，即领导者成为行政官僚与被领导者为科学家之间的矛盾。但一直以来国家总是具有强大的力量，而科学家只是处于被领导、被改造的地位，故此项矛盾被长期淹没，更没有发生冲突。但是，以行政力量纠集人员从事集体研究，必然导致人的积极性下降，"大锅饭"盛行。在植物研究所开始实行集体研究之时，即已发生这类现象。其后，此类现象依旧存在，只是人们被不断的政治运动触及灵魂，这些现象也就不足挂齿。当政治运动结束之时，科学研究失去规范已久，而名利观念开始盛行，即有不愿作艰苦之研究，而愿获得一己之名利，只有投机之一途。此类现象在《中国植物志》编纂过程中，亦甚为突出。在追述其编纂历史之时，此类事件值得关注。

在《中国主要植物图说》编著之同时，国内其他研究机构也开始编辑其所在地之植物志，有《东北木本植物志》《东北草本植物志》(第一、二卷)《广东植物志》《海南植物志》《江苏南部种子植物手册》等，限于体例，在此不作详细介绍。

九、姜纪五任中共植物所党支部书记

在思想改造运动期间，中国科学院原有党组织已感力量较弱，在运动末期，中共中央决定加强科学院党的力量。1952年9月，选派秦力生出任党组成员、院办公厅主任，主持院部的日常工作。12月中央又选派张稼夫任院党组书记、副院长。第二年1月郁文到院，任院党组成员，办公厅副主任，分管人事和党务工作。职业革命家领导中科院所形成了新格局，王扬宗有这样分析：

> 张稼夫、秦力生、郁文等专职党员干部来院和领导全院工作，是科学院领导体制的一大转变。他们是职业革命家出身，有丰富的党务经验，但缺乏学术背景，甚至大都没有学术研究经历。如秦力生常说，他是个初中生被党派到科学院工作。他们到院后，虽然院级行政领导变化不大，但院党组成员形成了以专职党员干部为主的局面，厅局级也以党员干部为主主持工作。随后，在五十年代中后期，研究所也配备了专职党的第一把手

兼副所长，成为研究所的实际负责人，院所两级都建立了党的基础组织并不断发扬壮大，终于形成了从院到所的党的一元化领导体制。①

以部队转业军人替代原先由恽子强、丁瓒、曹日昌等成员组成的中科院的党组织。在中科院下属之植物所也作相应调正，以姜纪五替代吴征镒。姜纪五(1903～1975)，河北元氏人，1925年直隶省立保定第二师范毕业，同时参加领导学生运动，并加入中国共产党，此后为革命理想出生入死，辗转各地。1954年11月调入中科院，任植物所党支部书记、副所长。

图2-17　姜纪五(中科院植物所档案)

姜纪五来所之前，已有转业军人杨森来所任办公室主任。姜纪五来所之后，即形成以军转干部为主要领导，他们皆无学术研究经历，但对于知识分子甚为尊重。姜纪五之于所长钱崇澍，在所务会上曾言："民主党派也要有职有权，不能人家有职没有权，这个不行"。以后，凡是应该由所长签字决定的事，都要经钱崇澍同意后才能执行。② 杨森对待老专家，如有事总是自己到专家办公室去谈，而不是请人来其办公室。对于此前运动中，党员干部与老专家之间紧张关系有所纠正。上节所引1954年中科院植物所党支部文件《党在贯彻团结科学家政策上的经验教训》，关于胡先骕评级文字，就可印证。此再录其中一段：

植物研究所自50年即有党员一名，吴征镒同志在作团结科学家的工作。自53年初继续不断增加党的力量，到现在共有党员11名。在这四年来，党员对团结科学家是起到一定的作用(尤其是吴征镒同志的作用较大)，但是检查起来，党员在团结科学家的政策上，还有很多的缺点和错误。

植物研究所的老科学家高级研究人员较多，他们对党员多少是有些意见，今就在过去的几次政治运动中，平时工作上的帮助、日常生活身体

① 王扬宗：中国科学院的思想改造运动(1951～1952)，《院史资料与研究》，2014年底1期。
② 马克平主编：《中国科学院植物研究所所志》，高等教育出版社，2008年，671页。

的照顾，和接近的言语态度，以及在对科学家的正确认识上，工作方式上来详细检查一下，是有偏差错误的，是有违反党的政策的地方。现仅从所本部的高级研究技术人员中选出胡先骕、郝景盛、夏纬琨、匡可任四名作为检查总结经验教训的重点，其他的事实附加一起检查总结，郝、夏对个别党员的意见很大，胡对党对他的政策有些意见，匡是一个突出的古怪的科学家，四个人的个性特点都不同。①

该份文件在余下的文字中列举这四位科学家在政治运动中，植物所党员对他们团结、帮助、教育的经过情形和经验教训，此不俱录。所举这些事实，意在说明植物所党员干部在执行党的知识分子政策有偏差。植物所党组织为了调动这些知识分子的积极性，和缓矛盾，针对各人还制定相应改善方法。由于这些措施之实施，姜纪五与植物所知识分子甚为融洽，获拥有较高声望，此后还吸引一些知识分子入党，《植物研究所所志》这样综述姜纪五与知识分子之关系：

在大力培养年轻科研干部，扩大科研工作队伍方面，他也做出了很大贡献。先后把十多名中、高级知识分子和统战对象介绍入党。这些同志事业心强，业务熟悉，积极要求进步。但他们中有的“出身不好”，有的“历史复杂”，有的甚至和国民党中央的一些核心人物有所谓“某种关系”，因此有人劝他别冒这个风险，但他坚决地说：“为了国家利益、党的事业，我不怕担风险！”后来的实践证明，这十多名中、高级知识分子入党后，都被充实到各级领导岗位，他们不但充分发挥了自身的业务特长，还团结带动了大批知识分子同心协力，为开拓中国的植物学研究作出了重要贡献。为适应工作需要，由外行变内行，他刻苦钻研业务，并孜孜不倦地学习外文，使俄语和英语水平均达到中级班水平。由于他干一行，爱一行，专一行，工作成效显著，曾多次受到科学院领导的表扬。

当然，知识分子被改造的命运不可改变，当新的政治运动来时，姜纪五仍然是党的路线方针政策的坚定执行者。

① 中科院植物所党支部：《党在贯彻团结科学家政策上的经验教训》，1954年，A002-44。

八年初编（1958～1965）

一、改造之后的植物分类学家

在1957年反右运动高潮中，为维护中国科学事业健康发展，中科院党组书记张劲夫甘愿承担政治风险，向毛泽东主席进言：中国向科学进军，要靠科学家。9月8日中共中央发出《关于自然科学方面反右派斗争的指示》，指出：在高级自然科学家中，有一部分人，此次有一些反党反社会主义言行，但一向埋头于科学研究工作，并有较高的科学成就，我们今后还要用他们的专长进行科学工作，对于这一部分人，不可轻易划为右派。按照这一指示，中科院在反右运动中，其老科学家受到保护。[①] 张劲夫系1956年5月入主中国科学院，任党组书记，兼副院长。

此时中科院植物所党领导小组组长、副所长姜纪五执行科学院保护科学家之政策，在所内反右动员大会上，他讲："你们有什么怨向我提，有什么苦向我诉。"会后他又找到有过激言论的科学家分别谈话，告诫他们"有意见可以向我提，可别向党进攻！"[②]植物所因而仅有几位年轻人被打成右派，即便如胡先骕这样一向被视为反动之人，也得幸免。在植物所内专家也得到尊重，党的团结知识分子政策得到执行。但在大的背景之下，张劲夫、姜纪五也无法改变知识分子被改造、被利用的命运。

1958年整风运动中，中共中央宣传部发布通知，要求对全国文教系统之专家撰写小传，指出"鉴于过去对高级知识分子的了解存在着不全面、不系统和材料分散的缺点，因此，必须抓紧这次整风运动的有利时机，认真搜集一些资

---

① 樊洪业主编：《中国科学院编年史1949～1999》，上海科技教育出版社，1999年，84—85页。

② 马克平主编：《中国科学院植物研究所所志》，高等教育出版社，2008年，671页。

图3-1 钱崇澍八十寿庆，姜纪五向其夫妇敬酒（中科院植物所档案）

料，为文教系统各方面专家写出能反映其本人实际情况的小传，作为今后进一步了解他们的基础及使用、改造他们的参考。”[①]中科院植物研究所在执行这一通知中，对所内之专家均要求撰写小传，并提出改造计划，即如何利用这些专家。此摘录一些关于植物分类学家的文字，或可对了解其日后参与编写《中国植物志》之政治处境有所帮助。

对钱崇澍评价：对党一贯是拥护，相信党的领导，依靠党，积极响应政府的号召，在思改三反五反镇反等政治运动中，能起带头作用，认真检查自己，进行自我改造。历史上没有发现有什么问题，但近年来因年老有病，在政治上没有进一步的要求。重旧交情，所以对某些问题认识模糊，界限不清。立场中向偏左。

自一九一六年起便从事植物学的研究。中国植物分类、植物生理、植物生态的研究论文都是从他开始的，在学术上有些成绩，资格很老，是植物学界老前辈三老之一，威望较高，业务水平中上。工作上表现积极，常带病坚持工作，但因年老有胃病，曾一度有退休思想，不愿做所长。在工作中缺乏信心自卑，一方面因有病，一方面因忙于业务行政，故近年来研究工作做得不多。[②]

对胡先骕评价：解放后，对内对党的政策不满，对外崇美反苏，思想改造运动时受到批判，加之党在各项事业上政策的胜利，胡也感到大势所趋，对蒋介石也只能是“恨铁不成钢”。因此，此后以第三者立场自居。常

① 转引自：中国科学院通知高级研究、技术人员写小传，(58)党组人字663号，A002-132。

② 侯学煜、钱崇澍、胡先骕改造计划，1958年，A002-132。

谈："不在其位，不谋其政，过去我是领导，现在我是被领导。"对党的各项政策没有公开反对，但是不满抵触情绪言论经常流露，牢骚满腹。在交心运动时说，生产大跃进，认为共产党领导有办法，这样大的中国要我来搞，也没有办法，现在我才衷心地佩服共产党。

整风反右时在所内没有什么活动。1957年6月18日应江西农学院院长黄野萝（右派分子）之邀去讲学，与黄一同发出了"王沚川（前江西兽医专科学校校长）死得冤枉，死得不明不白，这次要把他的问题搞清楚，要给王立碑纪念，并要在碑上把王吊死之前后经过写出来，以示平反"。对储安平"党天下"受评判，表示说："整风为什么转了风，为什么不是言者无罪了呢？"等等。对肃反、知识分子改造、三反五反等，都很有抵触，双反交心对其许多反动的政治立场观点及关系都未谈及。在所中搞大跃进时，提出许多条件，水平规格论，表现出保守观潮态度，对大字报极其怕。在讨论会上，对许多不正确的意见不敢公开反对和坚持。在献礼时也想些办法和拿一些知识和研究成果来表示自己是积极工作拥护党，给自己挂上一笔进步账。在讨论公社时，产生各种错误的曲解，什么我是专家吃小灶，我爱人是家庭主妇吃大灶，老伴吃不同的，我不安心的。什么公社成立之后，母爱没有了。

胡还存在着严重的资产阶级特权思想和作风，在反右运动前，群众对他贴了许多大字报。当同志要他来上班时，他说："我老了思想落后，改造不过来了。我现在不要求别的，只要像秉志一样，把我放在一边，我不和任何人发生关系，安静做一些工作，也是党需要的。"由这一系列看来胡在政治排队上是老右派。在业务上，胡是一个植物分类学家，古植物学、植物地理学家，最近专攻桦木科、山茶科、安息香科。1951年曾发表过一个多元系统，对第三纪植物研究获得一定成就。在学术观点上，公开承认他是摩尔根学派，认为李森科是由政治力量抬起来的，科学研究上粗糙，没有什么。对瓦维洛夫非常佩服。胡虽知识渊博，广阅博览，但是学术作风则极为恶劣，追名求利，抢新种新属发表，科学态度极不严肃，自己公开承认其许多工作是粗制滥造。直到最近还争稿费，对党的科学研究必须为生产服务，以任务带学科的方针，没有表示反对。党提出要搞经济植物志，他认为他早就提出过要搞经济植物，写了《经济植物手册》，其这种做法并不是体会了党的这一正确方针而做的。他这一部著作是脱离实际搞出来的，并不能解决生产上的问题。他现在积极做植物志的工作，同时仍然热心发表新种。

总的方针因胡已年高，思想一贯反动，但学术上有一些成就，因叫他在政治上不容乱说乱动，抓住一切可能对他进行工作，能改变多少算多少。在业务上，要他按党的要求工作，调动他的科学知识这一积极因素，为社会主义建设服务。具体办法：(1)争取他参加政治学习(因胡每天只上班2～3小时)，参观有教育意义的展览会，听报告，使他顽固的反动思想不断受到新事物的冲击。(2)通过其学生与他经常的交谈联系，了解他的思想情况。同时也使他多接受一些新思想。(3)在业务上，这两年要他经常如期完成经济植物志他负担的部分，带好学生，把他的对社会主义建设有用的知识传授给学生。(4)端正他的学术态度，如不改变，可用大字报等方式批评并开会争论。(5)打掉他的资产阶级特权作风和思想，不容他对别人吹胡子瞪眼睛。如不服就斗他一下，使他老老实实，夹着尾巴，以平等劳动者的身份工作。①

对秦仁昌评价：解放初，秦仁昌在昆明被捕入狱，释放后他写了一副对联，上联是："两次入狱，只是为了追求真理"，下联是："一身勤劳，只是为了改进农业"贴在窗上，以表示抗拒政府对他的教育与改造。

图3-2　秦仁昌(中科院植物所档案)

在云南大学教学室，经常在教职员中挑拨离间破坏团结，还经常在讲课时宣传反动的"马尔萨斯人口论"和日本的反动学说"松树亡国论"，说：苏联的科学家没有什么，他们要向我们学习，等等。因而惹起了云大教职员们反对。云大有一位教授在一次评薪会上说："秦仁昌是农学院的盲肠，要割掉。"由此可见秦仁昌在解放后在云大教学这一段的表现是很坏的。肃反初期云大曾对秦的历史问题及解放后的表现进行了为期五天的揭

① 侯学煜、钱崇澍、胡先骕改造计划，1958年，A002－132。

发和批判,所揭发出来的每一个问题都激起了全校师生的极大愤慨。即说当时曾有人张贴标语,上面写道"打倒秦仁昌"。在这种情况下秦仁昌对自己的问题也作了一份长达一万一千字的书面交代,但极不深刻,对一些重要环节仍回避应付。经过这次揭发和批判后,虽未彻底解决问题,但在执行上级交给他的任务时还是比较好的,没有表示什么反感情绪。

来所后工作表现较积极,大鸣大放和双反运动时正值秦去苏联,回来后又参加人代会,又去新疆出差,所以没能正式参加,暴露思想不够。八届六中全会文件学习时表现较认真,讨论时发言也积极。

秦仁昌在业务上专长林学、分类学、地植物学等。在蕨类植物方面有一些成就。曾提出过一个秦氏蕨类植物系统,被国际上一些学者们引用过,曾被邀为第九届国际植物学会荣誉主席(后因该会有国民党代表,故未出席)。在业务上肯钻研,时间抓得紧,能够如期拿出一定的研究成果。对党的科学研究工作没有公开反对过,一般能够执行,有问题逐一和党支部研究,并曾提出过入党要求。

四年来秦仁昌总的表现是:为人圆滑世故,不暴露真实思想,善于见风转舵,讨论问题时发言颇谨慎。对秦仁昌在政治上不能信任,但还应采用适当的方法,充分利用他在来所后的积极表现,以便更好地发挥他在业务上的专长,为社会主义建设调动出他应有的力量,为国家培养更多的干部。[①]

对林镕评价:解放后,在党的组织关怀和教育下,政治觉悟和思想逐步提高,能靠拢组织,接受党的领导,对党对政府是拥护的,并能响应政府的号召,政治学习重视,于 1951 年加入民盟,1956 年加入共产党,工作上一向积极负责,作风正派,对人比较诚恳,同志间团结好。缺点是斗争性较差,处事不大胆,明哲保身的态度未尽克服。

图 3-3　林镕(中科院植物所档案)

整风当中参加整风核心小组工作,能够认真参加研究讨论党的整风运动当中的各项

① 秦仁昌、王伏雄改造计划及历史审查,1958 年,A002-132。

政策指示，能正确地提出自己的意见；在反右当中立场鲜明，能打破情面旧交情在大会上报章上严厉批判童第周等反社会主义的科学纲领，对知识界有较大的影响，起了一定的作用。

业务专长：高等植物分类学、真菌学，基础知识比较广博，精通菊科，在国内分类学家中有较高名望。最近几年因忙于业务行政工作，研究工作方面作得少了一些。①

对汪发缵评价：解放后初期对共产党不了解，仍抱怀疑态度，在历次运动表面上虽较积极，但思想深处有很不正确的看法，认为抗美援朝是要把中国拖进世界大战的漩涡，三反五反对干部是小题大做，对工商业是一种排挤和打击，镇压反革命是报复行为。思想改造后，比较积极参加社会工作，担任过工会主席工作，但由于工作能力有限，工作并没做好。

整风反右运动后，思想仍属糊涂，因而对缺点改进不大，如对自己的研究生右派分子胡昌序却不表示态度，并在其停止工作检查期间，还和他谈论论文题目等。表现出立场不稳，思想糊涂。

对高等植物分类学中单子叶植物部分较有研究，尤其是对百合科和兰科较熟悉，与唐进一起发表过关于兰科、百合科之研究论文十余篇。解放后除了领导和担任一部分"中国主要植物图说"（豆科）的编辑工作外，没有其他著作。植物学知识不广，只偏重于自己有研究的几个科，对双子叶植物就很不熟悉，平时看书不多，业务工作能力不强，常想依赖别人，钻研精神不够，遇到困难就停下不做，工作中亦缺乏方法。由于十几年来对研究工作抓得不紧，心里没底，业务水平不高，为人自私狭隘，封建感情很重。②

对钟补求评价：1950年回国后，曾因他姐姐在土改时被斗，心里很感不满。后来自己参加了土改，认识到了地主恶霸的面目后，才有转变。1952年参加了西藏调查队工作，因此没有参加思改。在西藏工作期间，由于自由散漫，组织纪律性很差，到处打猎，违反了民族政策。对工作不够负责，骑在马上不采标本，只顾寻找禽兽，以致摔伤，造成很多麻烦和不好影响。

---

① 林镕、夏纬瑛、汪发缵小传，1958年，A002－132。
② 林镕、夏纬瑛、汪发缵小传，1958年，A002－132。

图3-4　钟补求(中科院植物所档案)

在历次运动中不积极,对政治不感兴趣(在最近学习八届六中全会的文件时,测验成绩很差)。1952年加入九三学社,对社会的活动并不积极参加。整风开始时,对领导、对政府的不满发展到最高峰,先后在报纸上发表了两篇文章,对政府的一些措施不满,如对建标本馆要排队等发了很多牢骚,也发表了一些右派言论。同情右派分子黄成就,同时还认为多数右派分子是有才能的,认识很糊涂。

自从发表了"马先蒿的一个新系统",得到科学院二等奖后,表现出极其自高自大,追求名利,想当学部委员,不能如愿以偿后,抵触情绪很锐利,常打击别人,抬高自己,认为自己学术地位应该很高,而目前没有被重视,对党和政府很不满,最后发展到一度怠工不上班,到处发脾气。钟治学态度较严谨,对别人要求也很高,再加上有义气,曾提出"应该在学术方面也整一下风,把没有真才实学的人整下去。"他对双反时没有整一下学术作风有很大不满,从工作出发考虑是次要的,主要是想整一下他不满意的人。①

图3-5　匡可任(中科院植物所档案)

对匡可任评价:匡为人专横暴躁,个性古怪,一贯不过问政治,不参加任何社会活动,只是读书和研究。有一定程度的正义感,一向不满现状。解放前对反动政府科学研究上的恶劣作风以及人事间虚伪腐朽的关系等十分厌恶,由于处于被压挤的地位,及受吴征镒、简焯坡的影响而迫切希望解放。解放后由于个人主义的发展,觉得事事不能如愿,党的知识分子政策提出后觉得自己不可一世,经常大喊大骂,怠工不上班,谩骂领导和国家,认为国家机关不上轨道,所领导的科学前途黯淡,在走下坡路。

① 钟补求、匡可任、唐进改造计划小传,1958年,A002-132。

> 在业务上，匡为植物分类学家，专长术语学，胡桃科、葫芦科等，外语基础好。熟悉贵州地区植物。工作态度严格认真，但工作能力是个人兴趣，常要求过高脱离实际，强调水平与条件，因此在其脑中虽有一定的知识，但做出成绩很少。①

之所以大段引用这些档案材料，只是藉之可以大致明悉在社会发生根本转变之后，科学家们确切之际遇。虽各有不同，乃是为了适应新社会，各自采取策略之不同而已。他们之间只有轻重之差，而无本质之别。胡先骕乃真名士，在1949年他便说：我已赢得身前身后的名，只求继续植物分类学的研究。无所求者，才能无所畏。胡先骕还保持过去的风格，不愿跟随潮流，以获得短暂之认可。钱崇澍、林镕之性格本就是谨小慎微，至少在表面上，很快与新社会达成和谐。秦仁昌、汪发缵等由于历史问题，不能获得新社会的信任，在强大政治面前，无处逃避，只能继续努力，处处表现积极。匡可任、钟补求则又是另一番情形，他们有种种不满，以所谓"自由主义"方式表达出来，从而希望改善处境。这些植物分类学家无论如何，其内心之痛苦皆极为深刻；只有那些新的权贵或者新成长起来的年轻人受到宠爱。中国社会如此更替，历史学家陈寅恪也许有更深感受，他说："值此道德标准社会风习纷乱变易之时，此转移升降之士大夫阶级之人，有贤不肖拙巧之分别，而其贤者拙者，常感受苦痛，终于消灭而后已。其不肖者巧者，则多享受欢乐，往往富贵荣显，身泰名遂。其故何也？由于善于利用或不善于利用此两种以上不同之标准及习俗，以应付此环境而已。"②陈寅恪出此言在上世纪50年代，以之印证当时之植物分类学家或无不可。但是，到了60年代继续革命的"文革"时期，则其荣且贵者，一样也遭遇厄运，不断起用新人打旧人，如此循环往复，在中国历史上也未曾有过，即是历史学家如陈寅恪也未曾料及。限于本书体例，对中国知识分子在上世纪后半叶之命运，在此不作深入分析，仅以说明植物分类学家在编写《中国植物志》工作时的政治身份，是挥之不去之阴影，一直相随。

1949年之后，知识分子属于团结、教育、改造、利用的对象。因此之故，高级知识分子在工资水平、生活待遇、工作条件等都高出一般水准，而且还有一

① 钟补求、匡可任、唐进改造计划小传，1958年，A002-132。

② 陈寅恪：《元白诗笺证稿》，上海古籍出版社，1978年，82页。

定程度的自由主义,如发表不满言论,不到研究所坐班;但是对其家庭出身,过去之经历则进行一次又一次批判。植物所研究所对于如何掌握这种"又斗争、又团结"的知识分子政策,颇感困难。"56年号召向科学进军,强调照顾科学家;57年反右先后一个阶段,对他们照顾不同,强调改造的一面,最近又强调团结多一些,因此对掌握又团结又斗争,感到没底。"[①]由于政策左右摇摆,致使对待知识分子有时过于迁就,有时又因照顾不曾落实,受到批评。

二、《中国植物志》编纂在"大跃进"中起步

1958年在全国完成社会主义改造、反右运动之后,政府对社会的控制能力达到空前地步。党的领导人认为中国可以率先进入共产主义社会,故而实行人民公社体制。为了将经济建设搞上去,实行"大跃进",以赶英超美。在实施过程中,下层官员以博得上司称许为取向,争先恐后向上报告执行中央指令,以致虚报数字;再加上地方对中央的服从,造成全民族狂热。六亿五千万人被动员起来,努力建设道路、工厂、城市、堤堰、水坝,造林、垦荒。对外宣传最多还是土法炼铁、粮食亩产节节飙升。在一派喧闹之中,中国科学院于1958年2月13日在北京召开研究所所长会议,"科学工作能跃进,科学工作必须跃进",是与会科学家和科学领导者的共同语言。会议举行了三天。郭沫若院长在开幕会上作了题为"科学界的精神总动员"的报告。他号召科学工作者拿出吃奶的气力来,促进科学大跃进。会议结束时,中国科学院副院长、党组书记张劲夫作了发言,他希望各研究机构发动全体工作人员研究和讨论,准备在今后把各方面的意见都集中起来,据以制定科学工作跃进的具体行动纲领,进一步整顿作风,改造思想,建立一支又红又专的科学队伍。科学工作者要做到思想见面,把心交给同志,把心交给组织,消除内耗,加强团结。要继续贯彻"百家争鸣"方针,批判资产阶级学术思想。[②]

随即科学界也失去理性,各研究所掀起轰轰烈烈的大跃进,纷纷提出跃进计划。植物研究所的跃进计划主要内容之一,即以十年时间完成《中国植物

---

① 中科院植物所致中科院党委统战部,1962年3月6日,中科院植物所档案。

② 《争取科学工作的大跃进——记中国科学院研究所所长会议》,《科学通报》,1958年第6期。

志》的编写。此项计划于 1958 年 4 月底植物研究所高等植物分类组制定规划会议上提出，并得到热烈响应，一些年轻人对此项决议之通过特别兴奋，还打着锣鼓在所内报喜一番。5 月 12 日《人民日报》发表题为《中国植物分类学工作者大丰收》报道，其云：

> 在这次整风运动中，植物研究所的植物分类学工作者批判了个人主义思想，同时在全国各项工作大跃进浪潮的推动下，大家感到像中国植物志那样重要的工作难道不能跃进？于是便进行摸底工作——看看到底有没有条件立即开展编著工作。他们在思想跃进以后，认为条件是有的，困难是可以克服的，解放八年以来进行的大量调查研究工作，已经积累了一定数量的资料；有些古老的标本和有关书籍，苏联有关方面已答应尽量协助；青年人可以通过编著植物志的工作得到培养，科学队伍也可以迅速成长。经过仔细的计算以后，大家认为只要拿出革命干劲，一面开始编写、一面继续调查工作、一面培养干部，三者齐头并进，完全有可能在十年内完成这一巨大任务。①

一项异想天开之设想，被当作大丰收来报道，是因为此前没有人敢于这样说，现在有人提出来，便是大丰收。1950 年成立植物分类研究所时，只是将《中国植物志》的编写作为研究工作方向，所能做的只是为实现这一目标按部就班地作积极准备。

早在 1956 年，在国务院领导之下，由中国科学院学部组织 300 多位各学科专家，参与制定国家科学发展 12 年远景规划草案。此次规划之制定，符合学术民主原则，故体现出远见卓识，对每一项规划内容，包含一份相当明细的执行时间表。规划共定出 57 项任务，其中第 56 项基本理论问题的研究项目下，生物学方面虽然曾提到《中国植物志》和《中国动物志》编纂，但还是认为《中国植物志》需要 12 年的准备，才能开始。后又将 12 年延长到 20 年。如此计划，乃是与苏联植物分类学研究能力比较之后而得出。

---

①《中国植物分类学工作者大丰收——几十年的事十年办到，中国植物志明年国庆节开始出版》，《人民日报》，1958 年 5 月 12 日。

> 苏联约有高等植物一万六千种，参加作植物志的植物分类学家前后约有80人，标本、图书齐全，已经作了20多年了，到现在还没作完，最后的菊科还没出来。再看我国，高等植物约有三万种，比苏联多了一倍光景；目前植物分类学家不过三四十人，比苏联少了一半左右；标本、图书条件比起苏联来又差得多，粗算起来我们作完中国植物志怎么说也得大约60年的时间。况且中国植物志既是植物学中的一部经典性巨著，同时又是赶上国际水平的标志，当然标准就不能低，它所包括的种类也应尽可能地齐全。除此以外，有很多老先生思想上还存在着很多的问题。他们认为自己是某某科的专家，研究了几十年了，在没有十分把握的时候"杀手锏"是不能轻易拿出来的。就这样，在标准、条件、个人威望等重重障碍之下，中国植物志就成为可望而不可及的了。①

应该说如此考量还是切合实际，作脚踏实地的筹备乃是必要。但是"大跃进"到来，这样评估却遭到激进的年轻人质疑，被目之为墨守成规的学院式方法，是发展社会主义的绊脚石。政治运动，往往都是依靠和鼓动年轻人的无知和无畏而发动起来，并以他们引导社会，形成社会潮流。其他十二年远景规划项目，也因政治运动不断，大多没有严格遵守执行。

既然《中国植物志》编纂之号角已经吹响，如何组织实施，在分类组的规划会议上，"着重研究了汪发缵、唐进两位老先生的工作方法，大家认为两位老先生几十年一直在一起工作的精诚合作的精神是无可非议，也是值得学习，但在今天仍然是两位老先生一起一种一种地研究就显得太保守了。汪、唐两先生提出在十年内包作单子叶植物（禾本科除外），准备基本上五年培养干部，五年开展工作。通过大家热烈的争论，一致认为应当汪先生自己作百合科，唐先生作兰科，分带两班学生，另外让较独立工作的学生作莎草科，等这三科完成之后学生们就能独立工作了，师生再一起转作单子叶植物其他各科，这样在短时间内既训练了干部，也完成了任务。通过具体事实的分析，大家明确了，要工作跃进，工作方式方法也非跃进不可。"②这样改进工作方式，确实可以提高工作效率，在十年内或者可以完成单子叶植物的编写。须知汪发缵、唐进治单子

① 崔鸿宾、汤彦承：《十年内完成中国植物志》，《科学通报》，1958年第10期。

② 同上。

叶植物分类已有二十余年的积累,他们已是这方面的专家。但就整个中国植物分类而言,尚有许多科无人问津,无学术积累,更无这方面的专家,十年之内怎能完成?当时却未有人这样反问。也许在时代潮流之下,谁愿作绊脚石呢?即便有清醒认识者,也只能在会上表现出信心不强,或者含糊其辞,但多数人还是积极投身到大跃进之中。分类组规划会议的结果当然是通过了十年完成编纂任务,许多老科学家也有积极表现,并提出在1959年10月1日之前率先出版五卷,以向开国十周年献礼。

> 大家在丢掉了各色各样资产阶级的包袱,破除了“难”的迷信之后,思想豁然开朗。因此,在规划会议上秦仁昌先生毅然提出:‘除今年参加新疆考察外,我还可以作出中国植物志蕨类植物第一部分(蕨类植物为植物志第一卷,共分为四部分,分四本出版),在明年十月一日前出版,作为开国十周年的献礼!’秦先生的决定引起全场热烈的掌声。胡先骕先生立即响应,要在明年国庆前出版桦木科(包括榛科),匡可任先生也提出明年完成杨梅科、胡桃科,和胡先生的桦木科合为一卷出版,钟补求先生提出了完成玄参科的马先蒿属,吴征镒先生提出了完成唇形科的一部分,汪发缵先生和唐进先生提出完成莎草科等,这些都将于明年国庆节出版,为开国十周年的献礼。①

1958年6月中国植物学会扩大理事会在植物研究所召开,会上通过植物研究所提出编写计划。会后出席会议之分类学家向全国发出十年完成中国植物志的倡议书,在倡议书上签名的有:关克俭、刘慎谔、匡可任、吴印禅、吴征镒、汪发缵、陈邦杰、陈焕镛、郑万钧、林镕、张宏达、张肇骞、单人骅、周太炎、侯宽昭、胡先骕、俞德浚、耿以礼、秦仁昌、唐进、裴鉴、蒋英、钱崇澍、钟补求、简焯坡等。

1959年2月24~25日中国科学院生物学部召开生物区系和分类学座谈会,会议听取裴丽生秘书长、童第周主任等人的发言。会后植物研究所分类室根据会议精神,召开多次会议讨论,如何落实编写计划,至少是目下已承诺交

① 崔鸿宾、汤彦承:《十年内完成中国植物志》,《科学通报》,1958年第10期。

稿之五卷，如何完成。会议之后形成了一份《植物分类学的发展和今后任务》，跃进声浪节节升高，将十年完成，又提前到八到十年完成，有云：

> 从 1959 年开始，中国植物分类学工作者根据党提倡的敢想、敢干的精神，在中国植物分类学发展史上将展开极其光荣的一页，这就是过去不敢想的《中国植物志》的编写已被提到工作日程上来了。……大家也充分估计到，由于中国分类学工作者少，植物种类非常复杂，许多专科专属的研究工作极为薄弱，有的尚未开始，《中国植物志》的完成将是个十分艰巨的任务，但在党的领导下，再加上冲天干劲，困难总是要被克服的。所有这些极其富有科学和实践意义的工作，都将进一步证明党所提出的科学为生产服务，通过任务带学科的英明决策，是推动我国科学迅速前进的巨大力量。①

假若如其所云八至十年完成植物志，可以证明是英明决策，但事实是植物志最终完成不是八至十年，而是四十五年，其又证明了什么？其实，两者之间，并无必然因果关系。其时，中科院副院长张劲夫对中科院的跃进计划还是较为清醒，在列举各研究所包括植物所《中国植物志》在内的跃进创议和决心后，他说："尽管只是作为计划提出，但精神是好的，而且有些是过去不敢想不敢提不敢做的事，现在敢想敢提敢做了。经过群众讨论，异常兴奋，认为这才是上游的思想，这才是鼓足了干劲。"②这些跃进项目在张劲夫看来，仍然是一项项计划而已，植物研究所大可不必敲锣打鼓报喜，《人民日报》也无需高喊"大丰收"。其实，这项突如其来之冲动，还不能称之为计划，没有预定之进程、没有质量之标准、没有学术领导之核心、还没有组织实施之管理机构。这一切，都有待于边干、边建立。但建立一套管理体系，仍然需要酝酿、磋商，需要时间。好在其时全国一盘棋，没有部门单位利益；知识分子已相当忠诚老实，无多少个人考虑。无论如何，匆忙组织，其凌乱与不周则不可避免。

---

① 《植物分类学十年规划纲要（草案）及其发展方向和今后任务》A002－123。

② 张劲夫：《解放思想，在科学事业中坚决贯彻党的社会主义建设总路线》，《人民日报》，1958 年 6 月 7 日。

三、秦仁昌率先完成第二卷蕨类植物

“大跃进”开始之后，植物研究所各研究组改名为研究室，植物分类组改为植物分类研究室，秦仁昌仍任室主任。1959年5月9日姜纪五副所长转达中国科学院所长会议精神，其中有三个主要文件，由于档案不够完整，无处查出此三份文件的具体内容，但从一份《讨论贯彻所长会议精神情况汇报》记载，可以获悉此次所长会议再一次布置了向国庆十周年献礼任务。当献礼任务落实下来时，因时间紧迫，还是有一些反弹意见。

> 分类室的研究员对国庆节出版植物志十册（引者按：原文如此，至于先前计划是五册如何演变成十册，则不清楚）的原定计划，普遍叫嚷时间有问题。秦仁昌说：现在万事齐备，只欠东风——时间。讨论中牢骚甚多，大有推翻原计划之势。其中钟补求牢骚特多，埋怨领导上过去多年未重视分类学，现在时间紧迫，又忙着催；又说出差回来后整天开会。意思无时间工作。
>
> 正在大叫时间成问题的时候，会后人事科征求老先生意见，是否参加劳动（引者按：当时知识分子每年需要参加一个月的体力劳动）。汪发缵却登记从5月18日到6月17日劳动一个月。下次会上当别人提出现在首先赶植物志，劳动问题可以放一放。汪说：我很需要劳动锻炼。汪在这件事上表现了他很不老实。
>
> 经过反复研究，老先生们最后通过6月5日前交稿，十一出版4—5册植物志，向国庆献礼。不然，国际影响也不好。计划落实后，分类室的同志张贴大字报，表示态度要以实际行动支持老科学家们的工作。资料室、细胞室马上各抽调一个干部支援分类室。老先生们也开始抓紧了，发牢骚最多的钟补求，星期日还来所加班，唐进由每日上班两小时改为六小时。[①]

---

① 《贯彻所长会议精神情况汇报(2)》，A002－155。

也许这才能反映在“大跃进”中,科学家们真实情况。落实到实际编写时,才有问题出现,仅靠鼓吹是无济于事。但是政治运动渗透到科学研究后,科学家能在关键时刻拿出成果以迎合政治需要,即是突出政治表现,又可实现自我价值;对从旧社会过来之知识分子,还是藉此表示认识,改变处境,获得政治资本良好时机。以学术成果实现自我价值,本无非议,这也是科学发展的动力所在;但是应当纳入正常的学术评价体系,而不是学术之外的政治。在经过几次政治运动,政治的力量日益强盛,代替了学术自身的评价体系,知识分子底气已荡然无存,如何生存,只有趋炎附势,才是最佳策略。编纂《中国植物志》有其学术自身的需求,此时只有附丽于政治才有光彩。

但是,从这份材料也可看出植物研究所的专家并非全部是唯唯诺诺,刚刚经过反右运动,他们还是敢提意见。研究室的讨论会是由研究室党支部组织召开,其党员都是建所之后加入,在年轻专业人员中培养出来,此时已走上中层领导岗位。但是他们的业务能力尚有欠缺,编写植物志还是要依靠专家,而专家们都是他们的老师,因而这样的会议气氛比较轻松。以几个月的时间编写几本书,无论如何时间都是问题。汪发缵要求参加劳动则具讽刺意味。其时对知识分子要求每年参加一个月的体力劳动,以劳动改造思想。植物所的劳动安排在其北郊农场进行。汪发缵素来表现积极,此时以子之矛、攻子之盾的方法,可见其幽默。

无论如何,计划总要落实下去。讨论结果,老先生们最终还是承担起献礼任务,确定七月中旬完稿,“十一”出版4～5卷;否则国际影响也不好。如此一来颇有谈判意味,双方都有所让步,最终达成一致。老先生们与研究室党员干部讨价还价,并不是有所保守,实在是无法完成其计划数。敢于承担者,也都是有学术积累。即便这样,最终也仅有秦仁昌一人完成任务。王文采是被指派协助秦仁昌工作的年轻人之一,对此他有这样回忆:

> 1959年分类室领导派我帮助秦老进行《中国植物志》第二卷蕨类的编写,我担任的是莲座蕨科和里白科几个属植物的描述工作。那时,已从植物所调到武汉植物园的傅书遐先生也参加一些属的编写工作。
>
> ……
>
> 编写植物志,需要长期的积累,《中国植物志》每一科都很复杂,着急是没有用的。分类学有不好搞的地方,一是文献能否收全,再是标本能否

> 收全。即使这些条件具备，不少分类群比较难搞，这些困难不是在短时间内可以解决。像秦老能够写出第二卷，汪、唐写出第十一卷，那是多少年的积累。
>
> 秦仁昌先生非常努力，他后来跟我讲过，他那时候都是工作到夜里两、三点钟。在1959年当年他完成并出版了《中国植物志》第二卷蕨类，也是《中国植物志》出版的第一册，其他人都没有完成。汪发缵、唐进两位先生也非常努力，直到1961年才出版第十一卷莎草科。①

秦仁昌编写《中国植物志》第二卷如期由科学出版社出版。在"十一"国庆大游行的那一天，"中国科学院植物研究所分类室的年轻人推着《中国植物志》的巨大模型，从西外大街向位于文津街3号的中国科学院院部集合，到天安门广场向建国十周年献礼。"②

第二卷出版后不久，林镕写有书评文章，对全书作出公允之评价。即赞许秦仁昌对蕨类植物研究所取得成就，也指出因时间匆忙，书中一些欠缺；并且还指出书的写作形式表现了科学为生产服务的观点：

> 例如，本书中的目、科、属、种各级检索表是作为帮助鉴定植物种类的一个重要手段，所以力求在写法上做到通俗化。特别是本书中提出了从形态和生境这两个不同角度出发的分科检索表，可使用书人在鉴定某一种植物时不用或少用显微镜的帮助，也能较易确定这一种植物所隶属的科，以及较易鉴定科以下的属和种。又例如，在许多蕨类植物中，种的鉴定往往是根据植物的微观特征的。为了便于一般科学工作者的掌握，本书的分种检索表在大多数情况下，都是根据仅用轻便的扩大镜或仅凭肉眼就可观察到的形态特征来写成的。相信本书在生产、教学和科学研究上都可得到广泛的应用。③

① 王文采口述、胡宗刚整理：《王文采口述自传》，湖南教育出版社，2009年，第58页、第113页。

② 夏振岱：《中国植物志》编研纪事，本书附录。

③ 林镕：植物分类学的跃进硕果——评《中国植物志》第二卷，《人民日报》，1959年12月19日。

林镕的书评文章发表在1959年12月19日《人民日报》。之所以特为指明第二卷中通俗之处,系为配合当时科学为生产服务的号召。其实,科学成果能得到广泛应用,也是科学家所乐于见到。但是,科学的主要目的不是直接为生产服务,秦仁昌是如此,林镕的评述也是如此,这是他们那个时代的科学家早年在从事研究时就已形成的观念。

四、组建《中国植物志》编辑委员会

在跃进之声甚嚣尘上之时,植物研究所分类研究室不失时机提出编纂《中国植物志》,且立即付之行动。随即中国科学院在制定1959年科学技术研究规划,列出42个重要项目,《中国植物志》作为第41项中的一项。按早先筹备时期之计划,需要组织成立全国性学术领导机构,以便集合全国之力量来完成。为此,植物研究所大约在1959年6月间向中国科学院党组提出组织《中国植物志》编辑委员会报告,其函全文如次:

党组:

在八至十年内完成《中国植物志》编写工作,在本年二月十七日召开的全国植物工作会议上已列入正式规划。为了向祖国建国十年献礼,《中国植物志》的编写工作现正在紧张进行,争取能在七月中付印,九月底出版几卷。但在编写过程中,有些问题如系统排列、卷册编排、封面设计、主编人选、编委会组成等,必须迅速决定。为此领导小组于六月十三日上午召开扩大会议,除领导小组全体成员出席外,还吸收了在所编写裸子植物志的郑万钧同志,简焯坡同志和新从苏联进修回国的研究实习员郑斯绪同志参加,对以上诸问题作了讨论,有如下意见,请党组批示。

一、《中国植物志》是中国植物学一部经典性巨著,需组织全国分类工作者的力量,在一个相当长的时期内完成,应当有长远规划,全面安排。以便陆续编纂出版。自从去年六月全国植物学扩大理事会提出大搞植物志工作之后,虽也曾倡议组织植物志编委会,对不少问题提出初步意见,如编写规格等已提供各处参考,但因委员会成员庞杂,未经领导批准,分工不清,责任不明,工作难以推动。而今后问题还会不断出现,因此须尽快于今年八月前正式组成中国植物志编辑委员会,讨论决定有关问题。

二、编委会建议由分类工作者中的水平较高或资望较好，并配备一定的党员骨干组成，有些资格老，有一定学术水平，政治上是右（未斗的）或中右，但在国内外有一定影响的，也酌量吸收一些。根据以上标准，初步考虑拟推荐：钱崇澍（中左，植物所），陈焕镛（华南植物所）、秦仁昌（中左，植物所）、林镕（党员，植物所）、张肇骞（党员，华南植物所）、胡先骕（右，未划，植物所）、耿以礼（右，未划，南京大学）、刘慎谔（东北林土所）、郑万钧（党员，南京林学院）、裴鉴（党员，南京植物园）、吴征镒（党员，昆明植物所）、陈封怀（武汉植物园）、钟补求（中中，植物所）等十三人组成编委会，钱崇澍、陈焕镛为主编。

为了便于集中领导，开会方便，建议由钱崇澍、陈焕镛、秦仁昌、林镕、钟补求五人组织常委会，下设办公室，吸收一些青年团员，研究实习员三至五人参加日常工作。

会议上也曾考虑到扩大编委人选数目，增设副主编和常会设秘书长的问题，大家一致认为前两问题会因人事安排而造成复杂情况，以不再增加为好；增设秘书长主要是对秦仁昌的安排问题，可以在编委会成立之后加以酝酿考虑。

三、所有编委、常委、主编人选名单，建议由党组审查决定，经过一定立法程序由院函聘，最好能在八月底以前正式开展工作。

四、编写《中国植物志》是发展中国植物科学的百年大计，植物学界甚为重视，如党组认为兹事体大，须多方长期酝酿，然后正式作出决定，建议在过渡期间聘任钱、陈等十三人组成中国植物志筹备委员会，争取尽早开展工作，解决工作中急需解决的问题。

以上意见希审批

植物所领导小组①

此函主要是推荐组成编委会人选，在所推荐的 13 人之中，虽然标明每人在 1957 年反右之后，按中共中央宣传部要求，给高级知识分子确定政治等级，但是并未按此政治等级作为推荐依据，而是以学术造诣来衡量，胡先骕、耿以

① 中科院植物所领导小组：《关于植物志编委会组成人员的报告》，中科院档案馆藏植物所档案，A002－140。

礼这些已在右派名单之人，也赫然在列。而那些表现积极、有投机嫌疑的人士，并未列入其中。《中国植物志》在编写之初，虽受政治干预，并没有成为一场纯粹的政治秀，其学术性也并没有因此而降低。1959 年 9 月 7 日经中国科学院常委会第九次会议批准成立《中国植物志》编辑委员会，其名单如下：

主编：陈焕镛(中国科学院华南植物研究所)
　　　钱崇澍(中国科学院植物研究所)

编委：孔宪武(兰州师范学院)
　　　方文培(四川大学)
　　　匡可任(中国科学院植物研究所)
　　　刘慎谔(中国科学院林业土壤研究所)
　　　汪发缵(中国科学院植物研究所)
　　　吴征镒(中国科学院昆明植物研究所)
　　　林　镕(中国科学院植物研究所)
　　　郑万钧(南京林学院)
　　　胡先骕(中国科学院植物研究所)
　　　陈封怀(中国科学院武汉植物园)
　　　陈　嵘(中国林业科学研究院)
　　　俞德浚(中国科学院植物研究所)
　　　姜纪五(中国科学院植物研究所)
　　　耿以礼(南京大学)
　　　秦仁昌(中国科学院植物研究所)
　　　唐　进(中国科学院植物研究所)
　　　张肇骞(中国科学院华南植物研究所)
　　　钟补求(中国科学院植物研究所)
　　　裴　鉴(中国科学院南京植物研究所)
　　　蒋　英(华南农学院)
　　　简焯坡(中国科学院联络局)

秘书：秦仁昌

中国科学院批准的委员最终有 23 人，比植物所推荐的增加 10 人。至于增加人选是如何确定，则不得而知，也许是植物所又作进一步推荐。在所增加的人员之中，学术之人还是占多数，只有姜纪五一人是非专业人士，可能基于姜纪五是植物研究所党小组组长、副所长，代表党的领导。此外还有简焯坡，其本是专业出身，此时在中科院院部担任联络局副局长，可能是其本人愿意在行政工作之余，还从事一些研究工作。其后在公布《中国植物志》任务表中，简焯坡承担有虎耳草科、杜仲科、悬铃木科等。至于这份名单的排列顺序，基于何种理由，费尽思量也无从判断，所以笔者归之于任意排列，而不明显主次之分，可谓是排名不分先后也。

在编委会成立之前，秦仁昌在承担第二卷编写任务的同时，即已承担编委会日常事务。此有1959年8月18日秦仁昌致张肇骞一函，即是以编委会秘书身份与中科院华南植物所协调编写事宜。其时，张肇骞已自中科院植物所调往华南植物所，任副所长。函文如下：

肇骞兄：

三个月来，此间为编写中国植物志，十分紧张而热闹。郑万钧、方文培、裴鉴诸人都在此工作，何景也将来京。现在蕨类第一册、莎草科第一册、裸子植物第一册、玄参科第一册、马鞭草科、槭树科等植物志或已在排印，或将脱稿，至迟在九月中均可写完。林先生搞菊科也很紧张，唇形科要在明春脱稿。直至现在为止，我们对华南情况不明，在国庆前或年底前能完成那些科的植物志，请示知为盼。

王铸豪同志来京工作一月，对蕨类植物志的完成起了不小作用，他在这方面也有兴趣，再加培养，可以独立工作。我希望他能每年到北京工作2～3月，一方面协助编写蕨类植物志（五册，五年完成），一方面得到培养。每年何时来京，可根据您处工作需要决定。如承同意，请列入明年年度工作计划。

壳斗科和樟科植物志工作，最好在北京进行，因这两科标本较多（每科约有十五六橱），借出较为困难，也易折断，请考虑能否派有关人员驻京工作，并争取在明年完稿。由于这两科植物对国家建设及植被工作关系都很大，我们应该争取早日写出植物志，以应各方之需。

关于植物学会年会事，当根据来信在最近召开一次理事会，讨论决定后，再与告知。

附带地提一下，关于标本借出问题。现在正在编写植物志的许多同志反映说，华南所今年未能将有关几科的标本及时借出，以供参考，颇有意见。可能人手少,任务重,无力顾此。希望注意一下,以体现全国大协作的精神,还是有必要的。

我的工作相当繁重,现承各方协助,半年来已完成85%,再鼓一下劲,估计在九月初可以全部完成。未知您今年何时可以来京小住,完成第二册菊科植物志。苏联植物志菊科已出版,对我们工作大有帮助。

匆此奉告,并致

敬礼

弟　秦仁昌上　8、18[①]

由此函或可知悉秦仁昌在中国植物志编写初始阶段,为重要组织者。按照《中国科学院中国植物志编委会秘书组办事细则(草案)》,其秘书职责有:草拟《中国植物志》编写规划、年度计划及有关植物志的各种文件,提交编委会讨论;向编委会提交年度编写工作总结报告,联系了解编写人员之编写计划执行情况。[②] 秦仁昌从中所起作用甚大,殆为无疑。2009年笔者拜谒陈守良先生,其云:1958年来京参与编志,几乎每天皆可看见秦仁昌往主编钱崇澍、陈焕镛办公室商讨植物志编写规格等事。秦仁昌进门之时,首先毕恭毕敬招呼先生之后,才开始谈工作。老辈学人尊师重道之精神,给陈守良留下深刻印象。

编委会成立之后,秘书组成员由植物研究所指派,有郑斯绪、戴伦凯、陈艺林、傅立国、范淑秀等几位青年研究人员兼顾。秘书组在秘书领导下处理标本、图书、资料的借调;组织编写、绘图及采集工作;负责接待、安排来京编写人员;负责与出版社联系,办理付印、出版事宜等。随着编纂工作全面展开,日常公文往来、业务行政和组织工作日趋繁多。至1962年4月7日,编委会致函植物所领导小组,并请转中科院党组,"希望党组同意在本年度,在植物所精简下来的人员中,拨调二、三人协助主编专门处理本会日常会务工作。"[③]姜纪五同意此项建议,并立即向上呈请。批准专职人员2人,其行政领导由植物研究

---

① 中国科学院华南植物园档案。

② 《中国科学院中国植物志编委会秘书组办事细则(草案)》,1959年,中国科学院植物研究所藏《中国植物志》编委会档案(以下简称"编委会档案")。

③ 《申报解决参加植物志编写高研的副食补助》,A002-211。

所代管，并下达所需经费。

五、《中国植物志》编委会第一次会议

1959年9月7日确定《中国植物志》编辑委员会成员之后，9月下旬华南植物所所长、《中国植物志》主编陈焕镛即来北京领导工作。陈焕镛（1890～1971），字文龙，号韶冲，自幼即由其父之美国友人携往美国就学，终入哈佛大学，得硕士学位后归国。自1922年起与秉志、胡先骕、钱崇澍一起在南京开创中国现代生物学的研究事业。陈焕镛任教于金陵大学、东南大学，后往广州任教于中山大学，并创办中山大学农林植物研究所，自任所长达20多年之久。1953年该所改隶于中国科学院，易名为华南植物研究所，仍任所长。陈焕镛来京不久，曾先后两次召开在京编委座谈，一致认为应该迅速召开全体编委会，制定该会组织条例、编审条例、编写规格及《中国植物志》编写计划和近三年的具体编写计划，以利编写工作迅速进行。于是11月11至14日在北京召开第一次全体会议，参加会议的有编委19人，及其他植物研究所、北京地区高校生物系代表及植物所分类学研究人员共40余人列席会议。13日召开大会，由陈焕镛主持，钱崇澍致开幕词，他说："我们从事近代植物学的研究，已经有40多

图3-6　陈焕镛在签名，其后为俞德浚（中科院植物所档案）

年的历史了,多数老植物学家从事植物分类学研究的不少,作了二三十年分类学工作,本来植物志可以很早开始编写,然而过去由于种种原因未能实现,一直到大跃进高潮中才敢提出。"①钱崇澍所言,有自我批评之意,以起步过晚而愧疚。中科院副院长竺可桢出席会议并讲话,他说:"植物分类比旁的学科,在解放以前,还算是相当有成绩的。三四十年来还有几十位老科学家尽了毕生之力,做采集和分类工作。"对于过去之植物学,竺可桢作出肯定,而不是如先前一度因紧跟形势而妄自菲薄。竺可桢还说:"据现在所拟编辑计划,全书将有八十卷,平均每年要完成十卷,才能八年出齐。今年的试验阶段,只出五卷,因此这任务是非常艰巨的,不但要群策群力,而且一定要按照党的两条腿走路的方针,即是一方面要老科学家驾轻就熟地来领导,还得要有新的生力军陆续加入进来,老年和青年共同协作,再加上各大学、植物园、植物所的协作,才能成功。"②竺可桢还表扬植物分类学家的跃进精神。当天《竺可桢日记》记有:"上午九点至植物所(在动物园内),参加第一次《植物志》编委会议,到钱雨农、陈焕镛、刘慎谔、林镕、陈嵘、汪发缵、俞德浚、裴鉴、郑万钧、孔宪武、方文培、陈封怀、孙雄才、钟补求、匡可任及姜纪五、简焯坡、关克俭等和青年周铉、郑斯绪(方从列宁城回)等,我代表院讲了话。……今天未能到会者胡先骕(病)、吴征镒等人。十一时照相回。"③

会议共进行三天半,主要讨论、修改并通过林镕和秦仁昌分别所作"中国科学院《中国植物志》编辑委员会组织条例"、"《中国植物志》编审规程"、"《中国植物志》编写规格"、"《中国植物志》编辑规划及1960～1962年编写计划"等。此中以组织条例最为重要,全录如下。至于其他文件则作概述。

中国科学院《中国植物志》编辑委员会组织条例

1. 中国科学院《中国植物志》编辑委员会(以下简称本会)为中国科学院的一个组织,由院委托植物研究所领导本会职权范围内的业务。

---

① 《中国植物志》编辑委员会第一次全体会议纪实,《植物学会通讯》,第3期,1960年1月10日。

② 竺可桢副院长在《中国植物志》编辑委员会第一次全体会议上的讲话摘要,《植物学会通讯》,第3期,1960年1月10日。

③ 《竺可桢全集》第15卷,上海科技教育出版社,2008年,第496页。

图3－7 《中国植物志》编辑委员会第一次会议合影。(采集《陈焕镛纪念文集》)

2. 本会的任务，计划从1959年起在八至十年内完成《中国植物志》(种子植物及蕨类植物)的编写和出版工作。

3. 职权：

① 统一制定中国植物志编辑规划、编写计划、出版计划和调查计划；

② 组织力量进行编写工作，确定植物志各卷、科、属的编辑人选和编写人选；

③ 审查和督促编写计划的贯彻执行；

④ 制定植物志编审规程、编写格式等；

⑤ 审查植物志稿件；

⑥ 组织各有关机关的力量，有步骤地进行重点地区和空白地区或地区性的调查采集工作，如有必要，可给予经费上的补助；

⑦ 负责向国内外有关单位借调标本和图书；

⑧ 同有关高等学校协商安排参加编写工作的教师的编写工作计划；

⑨ 其它有关植物志编辑事项。

4. 组织：本会设委员23人，其中主编2人，秘书1人，并设常务委员会，委员7人，均由中国科学院聘任。在本会全体会议休会期间，常务委员会的代行本会职权。为便于推动日常工作，本会设秘书组，其组成人员根据需要，由植物所指派。

5. 会期：本会订每年召开全体会议一次，听取工作总结，制定下年度工作计划，常务委员会会期不定，视需要可以随时召集。

6. 经费：根据工作需要编造预算，经费由植物研究所核转报院批准并由植物所代管经费。

7. 本会会址设于北京中国科学院植物研究所。

8. 本条例经编委会全体会议通过报院批准实施，修改亦同。

会议对编纂植物志，从选题、编写、检查到交付出版的全过程都作出规范要求，并制定管理办法。简要归纳如下五个步骤，藉此可知一卷植物志编纂的具体过程。

（1）提交任务书：由编纂者制定研究任务书，包括题目名称、负责人、参加人、研究依据、历年进度及具体措施等。研究任务书经《中国植物志》编辑委员会同意后执行。

（2）资料收集、种类收集：题目确定之后，收集模式标本产在中国的种类，中国有分布的记录的种类和可能分布于中国邻近区域所产的名录。文献收集：按照种类名录，收集各种植物的原始记载和有关记述。标本收集：掌握编纂者所在机构及中科院植物所标本收藏情况。

（3）资料整理：包括标本鉴定、文献分析。

（4）编写：科、属、种的描述，检索表的编制，属、种的系统排列。代表种类的绘图。新分类群的拉丁文描述，誊清稿件。

（5）编辑委员会进行审查：在各阶段检查的基础上进行全面审查。其内容有种类齐全、鉴定正确、系统排列、文字简明。根据审查意见进行修改，送至出版社出版。

会议所作计划是在1960年完成10卷，至1962年完成30卷。这样的速度在世界各国植物志的编写史上未曾有过。即便如此，尚不满足，编委会认为“如果将高校教师力量组织起来，还可以超过30卷。”①如此计划显然是不可能

① 《中国植物志》编委会致中科院常务委员会函，1959年12月10日，A002－140。

实现，是编委会没有正确估计，还是此时仍在“大跃进”之中，人们已失去正确认识？

在此次会议上，与会委员踊跃承担其所擅长的科、属的编写，并一致指出编委会应更好地广泛组织全国一切植物分类学工作者，尤其是各综合性大学、农、林、医学院与之有关的系、科、教研室的教师参加这一巨大的科学著作的编写。

第一次编委会会议之后，组织参加编写的机构有 31 个，来自中科院系统的研究所和产业部门的研究机构共 12 个，综合性大学生物系及农林学院有关系科 19 个，共计 120 余人，其中具有一定造诣的专家 30 余人。在这样的人力情况下，并不能将编纂工作全面展开，而只能有所选择。如何选择？确定的原则是：首先选择与生产有密切关联的科属，其次是选择有一定研究基础的科属。战线不能拉得过长，而是集中精力，力争每年多有几卷问世。

《中国植物志》之被子植物目、科排列，采用 1936 年 Engleer 系统第 11 版。此乃编委会基于该系统在各大标本室及已出版的书籍中，应用广泛，为学界所熟悉。并不是认为该系统有多么合理，只不过作为编排的方法而已。对于系统中不合理之处，编委会认为，作者可在目、科下加注以说明，但不需要在书中探讨此理论问题。

编写任务之分配，先是下达给编委会成员，各编委再根据其所掌握全国各研究机构或大学植物分类学人员基本情况，通过面谈或信函与之联系，最后与编委会反复商讨而确定。其后各科实际编写人员，时有变化，为了落实和调整编写人员，编委会与编写人员所在单位协调处理等，编委会工作即显得相当重要。在初期，秘书秦仁昌为此用力最多。1960 年其与各有关单位接洽频繁。在档案中，保存了几通关于此事之来往书札，录之于此，以见一般情形。

1960 年 6 月 20 日，中国科学院西北生物土壤研究所致函植物志编委会：

> 关于植物所林所长同我所崔友文先生曾提议我所担任中国植物志部分编写工作事，经我们研究后，同意抽出部分先生承担以下科（甚或参与其中部分工作）的编写工作，今特函请商榷，希速函示。
>
> 附：我所先生愿承担的科目一份：
>
> 崔友文：石竹科、木樨科

王作宾：牻牛儿苗科、虎耳草科(Ribes 属)

傅坤俊：景天科、伞形科

郭本兆：灯心草科、禾本科、十字花科

编委会权衡整体情况，同意西北生物土壤所承担石竹科、牻牛儿苗科、虎耳草科(*Ribes* 属[①])的编写。因为其他各科皆已安排人选主持，而邀请该所参与编写。

1960 年 8 月 11 日，植物志编委会致广东林学院函：

(60)植志字第 0492 号函谅已收到。中国植物志的编写工作是一项国家重要科学任务，计划自 1959 年起，8～10 年内全部完成，此项任务的完成需靠全国各有关单位及全国植物学工作者共同协作，方能实现。经由中国植物志编委扩大会议决定，中国植物志夹竹桃科、萝藦科、番荔枝科等三科的编写工作由您校蒋英先生担任，从 1960 年起开始收集资料等，63～64 年内完成出版。任务十分繁重，请将此部分编写工作列入贵校各年计划，并给予时间保证，并建议蒋先生每年抽一半时间，或每周三天时间利用华南植物研究所的标本和图书，进行此项工作，并在适当时来京解决疑难问题。事关全国植物志的编写任务的完成，恳请大力协助，即准见告为荷。

1960 年 10 月 26 日，植物志编委会致函武汉植物园：

据你园陈封怀同志反映，近你园催他回武汉。在了解他此次来京完成《中国植物志》的工作情况后，我们认为(他)目前不能很快离京。查《中国植物志·菊科》第一卷原定由你园、华南植物所和科学院植物所三家合作，并应于一九五九年冬季定稿付印，但去年陈封怀同志因有其他任务未能完成其承担的工作，影响了出版计划。今年年底以前第一卷菊科一定要定稿付印，目前工作十分紧张，不能停手。前次你园寄出的一部分菊科

① 即茶藨子属。

> 标本，因中途受阻，迟至本月初才到京，现正在进行整理，以便早日完成菊科第一卷的编写。今年你园还承担与南京和北京两植物所合作编写毛茛科植物志第一卷，计划要求今年底完成初稿。你园承担的飞燕草和乌头两属，工作量很大，现正在进行标本鉴定和文献工作，争取尽可能快地完成初稿，以免影响合作。鉴于以上情况，陈封怀同志在年底前恐还不能完成以上各项工作。为了完成我会今年出版计划，必须于年底前首先完成所承担的菊科第一卷的任务后，才能离京。特函请你园同意，大力支援这一国家科学任务为荷。①

经过近两年的工作，《中国植物志》编写进展完全没有如计划那样出版20～30卷册，完稿的仅有第十一卷莎草科和第六十七卷玄参科，且未能及时出版。稿交出版社后，据说是因为印刷厂缺乏纸张，不能及时付印。其实未必尽然，与编委会和出版社关系有关，将在下文中记述。

六、《中国经济植物志》

1958年在展开《中国植物志》编纂之同时，由于国民经济建设需要利用野生植物，而在“大跃进”中其需要则更显迫切。1958年4月，国务院发布《关于利用和收集我国野生植物原料的指示》，全国各地迅速组织了以植物研究单位和商业部门为主，包括有关大专院校和轻工业部门共3万多人，“入山探宝取宝”的群众运动，进行大规模的资源普查和成分分析，采集标本约20万份。1958年12月10～17日，中科院召集各植物研究单位工作会议，决定在1958年调查基础之上，组织一次更为普遍深入的普查工作，各研究机构担任所在地区普查及编写该省区经济植物志的技术指导工作。随即中国科学院和中华人民共和国商业部联合呈文国务院，“关于1959年开展野生植物资源普查利用和编写经济植物志工作的报告”。报告认为此次植物资源调查工作，给编写全国经济植物志打下良好基础。拟定在各省区普查、汇编的基础上，选出分布广、经济价值高的2 000种植物，编写成《中国经济植物志》。

① 有关撰写“中国植物志”的来往函件，中科院档案馆藏植物所档案，A002－168。

1959年2月7日,国务院批准了这份报告,并转发各省区和有关单位参照执行。据此,是年2月至10月植物所抽调100余人组成7个普查队,完成在河南、河北、山西、贵州、云南、甘肃、青海和新疆的重点普查,采集植物标本约6.8万号。

1960年2月进入《经济植物志》编写阶段,根据国务院指示,中科院与商业部成立"中国经济植物志编写联合办公室",办公室由姜纪五(植物所副所长)、林镕(植物所副所长)、秦仁昌(植物所植物分类室主任)、史立德(土产废品局局长)、吴建华(土产局副局长)等五人组成。组织了包括轻工业、纺织工业、化工、医学、林业等部门,及中科院所属昆明植物所、华南植物所、广西植物所、中山植物园、武汉植物园、林业土壤所、西北生物土壤所、植物所等单位共计70余人参加,集中于北京甘家口商业部招待所编写,2月13日开始工作,至4月25日基本完成。

编写联合办公室下设秘书、编辑和审查三个工作组。编辑组下设标本鉴定、纤维、淀粉和糖、油脂和橡胶、芳香和树脂树胶、药用土农药、鞣料和其他加工、标本样品、图书资料等小组。工作开始之前,办公室即预先制定了工作日程计划,拟定了筛选种类原则,编写规格和各论的样例,并准备了一定的物质条件。经过73天,不分昼夜、不分星期和假日,最后完成上下两卷本《中国经济植物志》。该书收有经济价值较高或有利用前景的原料植物2 411种。每类原料都有总论和各论两部分,包括本类原料的经济意义、使用情况,以及植物之正名、土名、原料名、学名、形态特征、生长环境、产地、用途、理化性质、采集处理和加工方法等。大部分植物附有插图,便于识别。

图3-8 《中国经济植物志》书影

参加此书编写京外人员,来京旅费皆由其所在单位承担,所有人员住宿费由商业部招待,一切必要开支总计预算为7 180元(见下表)。所列项目中,没有宴请、旅游、纪念品之类,可见其时人们工作之诚恳。

中国经济植物志编写开支预算

开支项目	预算金额	说　明
差旅费	1 000.00	聘请上海轻工业部来京工作的4位工程师旅费和市内旅费
办公费	2 000.00	其中以50人计算，办公费1 500元，稿纸、绘图纸、汽油500元
运什费	200.00	指火车站运标本之费用
伙食补助	3 780.00	70×0.60×30天×3月=3 780元
招待费	200.00	招待外埠来京工作同志的文娱活动
合计	7 180.00	

《中国经济植物志》是少有的几项集体研究的成果，“是在党的建设社会主义总路线光辉照耀下，在党的领导下开展共产主义大协作的结果，也是群众路线在科学上又一次胜利”，但在编写过程中还是有集体工作无法避免的问题。在土产废品局和植物研究所合写汇报材料中，对此项工作遇见的问题是这样总结：

> 在编写过程中也出现少数科学工作者不惯于轰轰烈烈的群众运动的编写方式，而醉心于过去冷冷清清少数人编写的方式，而少数青年工作者和商业工作者有自卑畏难情绪，不愿与科学工作者在一起编写，因而发生科学工作者之间与商业工作者之间结合得不够紧密等问题，党组织及时发现，及时进行了解放思想，混合编组等措施，保证了编写工作的顺利进行。①

问题之所以能够克服，实是工作时间短暂，遇见问题稍加处理即可，还在于受到“大跃进”激情感染，党的号召力确实发生作用。但是，应当指出的是专家与群众之间的矛盾，是因为群众自卑。诚然如此，恰能说明是专家在主导编写，只有这样才能保证编写质量。倘若如其后，当专家遭到批判，群众主导一切，便难以想象有如此之成绩。

① 《中国经济植物志》编写工作总结，中科院档案馆藏植物所档案，A002－168。

1960年6月曾将《中国经济植物志》打印100册，分送国务院及有关单位进行审查，后送科学出版社出版。在编辑出版之时，联合办公室要求该书实行内部发行，其致函科学出版社云：由于“很多种植物的化验数据、使用情况、加工方法等，反映我国广大人民公社及该类工业的技术水平，经中国科学院植物研究所与商业部土产废品局负责同志商讨，拟将该志作为内部发行，以免为资本主义国家得去，泄漏机密。”[①]此种主张实是商业部姚依林意见，姜纪五未征得参加编写植物所人员意见即表示赞同，而编写人员则主张公开发行。此前植物研究所还表示放弃稿酬，以降低书价，便于该书发行更广。科学出版社则认为：“内部发行并不保密，任何人只要持有单位介绍信即可购买。来信所提由党支部开介绍信购买一事，我社无法规定，亦无法控制。内部发行的书籍，我社不能担负保密的责任。”[②]该书最终还是内部发行，致使流通不广，未能发挥应有效用。王文采参与其事，2007年他不无感慨地说：“在1961年交由科学出版社出版。但根据商业部的意见，决定此书内部发行，因此，此书在书店里买不到，而未能被各方面充分利用，是一大缺憾。”[③]此后，该书未曾重印，或以为尚有再版之必要。

编写工作结束之后，大量植物标本，归中科院植物所标本馆收藏，为日后编纂《中国植物志》提供了丰富的材料。

《中国经济植物志》属集体编写，书之署名为中华人民共和国商业部土产废品局、中国科学院植物研究所主编。其实，编写主要由中科院植物所承担。该所党委书记、副所长姜纪五为主要领导者，其具体负责人是王宗训和朱太平。王文采于2007年说：“1959年全国野生植物普查结束后，1960年有关人员近百人携带有关资料在北京集中，商业部组织有纺织、食品等方面的专家，在植物方面也邀请一些专家，由植物所王宗训、朱太平两先生主持，费时一个月，完成了《中国经济植物志》全稿。在此书开始编辑时，植物所领导让我负责书中的植物分类部分的编写工作。”2006年吴征镒撰写《九十自述》，于此书有云：“1961年在姜纪五同志的领导下，北京植物所与国家商业部合作，开展了1958～1959年的全国性的经济植物大普查，国务院并发表了全国进行“小秋

① 《中国经济植物志》编辑联合办公室致科学出版社函，1960年9月8日。

② 科学出版社复《中国经济植物志》编辑联合办公室函，1960年9月17日。

③ 王文采口述、胡宗刚整理：《王文采口述自传》，湖南教育出版社，2009年。

收”的指导性文件。在此基础上集体写作了两卷本的《中国经济植物志》，此书原由内部发行，以后逐渐公开。从业务上讲，我是该书的主编。”①科学出版社出版《吴征镒文集》，在“吴征镒论著目录”中，将《中国经济植物志》列为吴征镒主编。其时，吴征镒已调往昆明植物所任所长，负责云南植物普查工作。但在北京集中编写阶段，植物所曾去函昆明植物所，要求吴征镒来京参加编写，不知何故，吴征镒并未前来参与其事。

关于吴征镒调往云南昆明之原由，也有辨析之必要。其《九十自述》如是言：

> 1958年是“大跃进”、“大炼钢铁”的一年，也是我一生的最大转折点，是这一个“一波三折”的转折点。是年初的一天，忽然周总理办公室的罗青长同志到我在中关村时和汤佩松为邻的宿舍来找我，他说，总理要到广东新会视察野生经济植物利用和废物利用等问题，要我作随身工作人员，接着由总理办公室童小鹏主任接见和安排。此行约一月，亲见新会县委书记党向民同志在这两方面的出色工作以及葵扇工厂、葵筋牙签就是在总理视察时的指示下作废物利用制成的。此行听了总理大报告，和他在来回的专用船上的亲切讲话，最使人感动的是他只身只由我和罗青长陪同，视察江门新由波兰援建的糖厂。年终在云南继续考察后，回到北京时姜纪五同志已调植物所任书记和副所长，他热心于亲自抓植物资源组的工作。我已年逾不惑，亟思寻一安身立命的场所，有所创树，才对得起这一“学部委员”头衔。②

本章开始之时，记述姜纪五来植物研究所任职在1954年，而吴征镒却言在1958年，将他们曾共事之四年略去，是否是其年老记忆有误？不得而知。不过在此四年，吴征镒颇不适意。姜纪五来所之后，代替了吴征镒先前之领导地位，并对吴征镒此前之工作，多有批评，“1954年植物所党支部工作总结”有云：

① 《吴征镒文集》，科学出版社，2006年。

② 同上。

植物研究所自50年即有党员一名吴征镒同志在作团结科学家的工作，在这四年来，党员对团结科学家是起了一定的作用，尤其是吴征镒同志的作用较大，但是检查起来，党员在团结科学家的政策上，还是有很多缺点和错误。植物研究所的老科学家高级研究技术人员较多，他们对党员多少有些意见，今就在过去的几次政治运动中，平时工作上的帮助，日常生活的照顾和接近时的言语态度，以及在对科学家的正确认识上、工作方式方法上来详细检查一下，是有偏差错误的，是有违反党的政策的地方。①

也许这是导致吴征镒有“一波三折”，转赴云南，一心向学之转变原因之一。吴征镒到达昆明之后，以其在中国植物学界的影响力，迅速吸引人才，壮大队伍，使之成为西南植物学研究之重镇。1959年昆明工作站发展为昆明植物研究所，由科学院云南分院领导。该所在承担《中国植物志》编写任务的同时，还在吴征镒率领之下，开展《云南植物名录》《云南植物志》等编写。1962年

图3-9　吴征镒(二排右一)在昆明陪同北京来客游西山留影。三排右一为俞德浚、右二为林镕、二排左一为姜纪五。(中科院植物所档案)

① 1954年植物所党支部工作总结，中科院档案馆藏植物所档案，A002-44。

10月中国科学院云南分院结束，所属昆明植物所及西双版纳植物园改为植物研究所分所，而该所财务、器材、干部管理等则在科学院有关局直接办理，仍有其独立性。

还需要指出的是，昆明植物所在《中国植物志》编纂之始，并不十分热衷。编委会第一次会议，吴征镒未曾出席。其后，1961年4月27日编委会致函昆明植物所，有云："我会前曾函请将您所1960年承担的'中国植物志'各科编写任务计划完成情况及1961年工作计划安排告知，以便总结过去工作。今已数月仍未见复，请早日函告为盼。《中国植物志》编写任务十分繁重而又复杂，故呼请各植物科学研究单位，必须积极承担这一光荣任务，力求完成又多又好。昆明所的人力和物力都很雄厚，希望在完成1961年中国植物志编写任务中取得突出成绩。"①其时，恰逢俞德浚出差昆明，编委会还委托其乘便协助了解昆明植物所编写情况，并催促吴征镒所长早日将计划安排寄出。对于所长吴征镒本人，秦仁昌也曾有意见："许多专家没有发挥他们的作用，昆明所吴所长（对）植物志工作，没有做什么。"②

七、一九六〇年

1960年，"大跃进"热潮退去，植物研究所根据其所承担植物志任务和实际编写情况，对是年编写计划作出调整：上半年完成一卷，下半年完成一卷。其结果还是未能按计划进行，至1961年1月31日才基本完成一卷。《1960年分类室工作总结》对植物志完成情况作如下说明：

> 在植物志方面完成蕨类志第三卷，榛科、桦木科、榆科（部分）、蔷薇科第一卷（部分）、茄科（部分）、玄参科第二卷（部分）、菊科（第一、二卷部分）、莎草科第二卷（部分），约一千四百种，86万字，（榛科、桦木科不计在内）。

---

① 中国植物志编委会致昆明植物所，催早日安排1961年编写工作，1961年4月27日，中科院植物所档案。

② 植物所党总支办公室致中科院党委宣传部，老科学家秦仁昌对科学工作上的一些反映意见，1961年2月23日。

对未完成任务原因,该“总结”这样认为:

> 有某些同志由于主观上对完成计划的重要性不够重视,平时未能抓紧一切可以利用的时间和合理安排自己的时间,正如匡可任先生在总结中谈到,由于自己主观努力不够,没有把国家的工作计划当作法律看待,对自己喜爱的工作大搞(未列入计划的),占用了完成任务的时间。又如汪发缵先生说:由于对合理安排好时间重视不够,非但没有好好利用零碎时间,反而将完整时间而本可以做植物志的时间打碎了,去鉴定门市标本。由此可见即使在不能按期完成工作计划的情况下,如果尽量抓紧,肯定能做出更多的工作,这一点是值得我们引以为戒的一个教训。

我们再来看看一些小组情况,《秦仁昌组一九六〇年工作总结》中对未完成的原因,有详细说明,摘录如下:

> 1. 原计划规定3～4卷共有800种,当时对新材料不断增加估计不足,现仅第三卷就达740多种,其中新种即有400多种,而且系统分类上也有不少问题,为了保证质量和完成一定数量的思想指导下,集中力量攻克第三卷,因此到60年基本完成植物志第三卷(主要是图版很多)。在种数上基本上完成计划要求,但卷数未完成。
>
> 2. 60年末列入计划的运动和突击任务较多。如技术革命、技术革新、粮食代用、北京食用和有毒植物等等。不过应当指出这些都是必须的,因为植物志是一个长期性的工作,我们应根据形势的发展分别轻重缓急,改变一下原计划。比如只有搞好群众性技术革命和技术革新,才能更好推动全所工作,只有大搞粮食代用支援农业,才能促进科学文化的发展。
>
> 3. 原计划规定参加编写人员共五人,除我所外,尚有华南所王铸豪,为期三个月;武汉植物园傅书遐,为期二个月,华东师大裘佩熹,为期二个月。但实际上所外人员除王铸豪参加一个半月外,其余都因本单位有任务未能来京,只有华南所进修生吴兆洪参加了一段时间,而邢公侠身体不好,工作亦少做了两个月。这些人力上未能按原计划安排,也是未完成任务的主要原因。

4. 许多属在科学上的问题较多，所花时间也较多，如蹄盖蕨属的分类问题和新种的检索表就花了三个月的时间，这都是事先未能估计到的。①

这份出自秦仁昌之手的总结，所写得体，处置周全，可见其精明。在纷繁工作之中，既没有沉湎于自己的研究而不问变化多端之世事。其时，只专不红，是要遭到批评或批判；也没有一味紧跟形势，而耽搁学术研究。秦仁昌在蕨类植物分类学中之所以能取得如许成就，就在于其无论处于何种情况，皆不曾放弃以学术为主的取向。

在蕨类组人员中，只有秦仁昌在1960年参与了全程工作。这一年，秦仁昌的研究可谓是丰收的一年，在第三卷《中国植物志》编写之中，秦仁昌对蹄盖蕨科的系统予以修订。过去蹄盖蕨甚为混乱，属的界限不明，分合频繁。通过对中国较丰富种类的研究，建立假蹄盖蕨属 *Athriopsis*、假冷蕨属 *Pseudocystopteris*、轴果蕨属 *Rhachidosorus*、网蕨属 *Dictyodroma* 四个新属，恢复过去四个老属：蛾眉蕨属 *Lunathyrium*、毛轴线盖蕨属 *Monomelangium*、双线蕨属 *Micrortegia*、角蕨属 *Cornopteris*。在这些研究之中，发现许多属以中国为分布中心，如蹄盖蕨属、蛾眉蕨属、冷蕨属；发现新种400多种，如蹄盖蕨属过去只有60～70种，这次增加达300多种，蛾眉蕨属过去只有9种，增加到30多种，凤尾蕨属过去60多种，增加到100多种，凤了蕨属过去8～9种，增加到80多种。这些研究成果的获得，对蕨类植物系统学和植物地理分布等提供了丰富的材料，也为世界蕨类植物研究开辟了广阔前景。有如此业绩面世，秦仁昌能不自负，故其总结写得不卑不亢，在那种年代甚为少见。

秦仁昌在编写植物志以外的工作可分为三类：一与蕨类植物研究有关。在这一年，西北大学讲师谢寅堂为编写《秦岭植物志》蕨类部分，来京跟随秦仁昌达半年之久，接受其指导，并愉快完成任务。此项工作的意义，不仅为高等院校培养师资，在学术上还为西北地区植物地理学提出许多新论证，更有力地论证秦岭是中国温带和亚热带植物分区的南北天然分界线。此类工作，秦仁昌还承担有：《海南植物志》蕨类部分的审稿，《中国经济植物志》标本鉴定及

① 《秦仁昌组一九六〇年工作总结》，中科院档案馆藏植物所档案，A002-165。

审稿、校稿,并对此前参加新疆综合考察队植物组的总结进行修改和审查。鉴定所内外蕨类标本6 000余号。对所外送来请予鉴定的标本,秦仁昌通常都及时、迅速予以回复,因为这些都是事关生产单位生产,或高校教学。解决生产和教学上的问题,符合科研为生产服务、为工农兵服务。这些标本的鉴定不仅迅速及时,而且是免费服务。这一类工作,有些是年初计划外,但还是属于学术之内,秦仁昌也乐于承担。

而另一类工作,则属于临时政治任务。如"叶蛋白文献整理和翻译",花费时一月。1958年"大跃进",毛泽东提出"粮食多了怎么办?"的问题,转眼间中国却出现饥荒。1960年11月14日,中共中央发出"立即开展大规模采集和制造代食品运动的紧急通知",中国科学院迅速投入到运动之中,植物研究所承担一项临时任务,在野生植物中寻找代用食品。从树叶中提取蛋白质,便是秦仁昌的任务。他认为过去中国对叶蛋白的提取和利用知之甚少,要寻找更多、更好的粮食代用品,必须先了解国外所做的工作,故必须翻阅外国文献,并翻译一些重要文章。此外还参与《北京食用植物》和《北京有毒植物》两本小册子编写,书中主要介绍可食用植物的食用部位与食用方法,及不能食用的植物。此两册系植物所以三天时间编写而成,很快印刷出版。其时,各省、市、自治区也编出类似之书,印数都在万册以上,下发到公社、大队,以解燃眉之急。第二年3月又将两书合为《北京食用植物与有毒植物》。还有一类工作便是纯粹的政治运动。这一年开展的运动有安全保密运动、技术革新、在研究室内开展小整风运动。这些运动还都是和风细雨,皆未有触及人的灵魂,但至少浪费掉不少时间。其次这些运动的开展,来得突然,不可预料,自然影响原定计划的实行。植物所的科学家们对计划还是相当的尊重,所以在总结1960年工作时提出:"在制定计划时要留有余地,以便参加突击任务和政治运动,而不至于影响完成年度计划。"①

汪发缵和唐进合编《中国植物志》莎草科,分两卷进行,上卷已交稿,下卷原计划在1960年9月完成。到年底尚未完成,对于未能按计划完成的原因,汪发缵在《1960年莎草科植物志总结》中,作这样讲述:

① 1960年分类室工作总结,中科院档案馆藏植物所档案,A002-165。

在客观上莎草科植物志下卷编写工作自去年6月才开始，前半年工作先是莎草科上卷整稿、校稿和整理莎草科标本，后来参加了各种政治运动，从6月至12月期间，由于参加搞代食工作，查阅资料、审稿亦占去了一些时间。汪发缵身体健康欠佳(每年冬季患慢性气喘性气管炎，不能平卧，而是坐在床上待旦)，亦影响了工作进度。加之汪发缵在7月23日至9月6日之间，参加民盟中央召开的扩大会议；在11月参加民盟中央所组织的《毛选》第四卷的学习；而在12月、1月完全脱离了工作，使工作完成受到影响。

除了上述客观原因之外，还检查出如下主观原因：

没有树立起对"计划即法律"的思想，没有对工作计划给予足够的重视。这样对自己所拟定的计划就缺乏保证完成计划的具体措施，同时在执行计划期间，又缺乏检查总结，时间抓得不紧，干劲不足，以致前松后紧，前松后松，终于使计划不能完成。例如：在业务时间看《参考消息》，而置中心工作于不顾；又如鉴定所内外门市标本，占用了应该编写植物志的完整时间，这样做把完整时间打乱了，而零碎时间却又没有被利用起来，消极怠工，必然不能完成工作。

没有从工农劳动人民那里吸取力量的思想。工农是怎样对待他们的工作呢？他们对于工作计划干劲一鼓再鼓，上游一争再争，他们为了完成和超额完成我国国民经济计划，日日夜夜争分夺秒，中国工业生产才有今日的辉煌成就。拿我与工农群众对比，显然是两种工作态度，两个世界，两个人生观，两个前途。一个是走向欣欣向荣，一个是日趋腐朽没落。我想到这里，真是惭愧万分。我受党的教育十一年，得到这样的结局，这真是值得我深思反省的。

再就我自己前后的工作加以对比，先是因为要赶着"七一"献礼，我在6月一个月中如期完成 *Indocarex* 24种(考虑的有30种)的工作计划，而在以后的9月7日至10月里，只完成 *Kobresia* 属15种左右，这说明虽有计划，但时间抓得不紧，计划是完成不了的。又如唐进同志体弱多病，为了让他用很少的时间发挥他更多的力量，替人民做更多的贡献，我们让他做植物志的鉴定工作和检索表工作等等，一些次要工作都由我来做，这样唐同志在1960年完成 *Rhomboidales* 30种的工作。而我的健康情况和工作时间比唐同志强得多，而我后来的工作量只有 *Kobresia* 15种左右，比唐同志少,这证明时间抓得紧与不紧,在思想上对计划重视与不重视是大有区别的,尤其因为没有检查和总结,我没有把前一段工作量与后一段工作量加以比较,也没有以我的工作量和唐进的工作量比较,就不能及时发现问题,找出毛病,甚而使思想麻痹,成为思想上的懒汉而不自觉;并且鉴于我的身体,从最近二三年以来,也是不够好的,面临着中国植物志的重大任务,形势逼人,必须要求我发挥主观能动性,摆脱被动,争取主动,而把一点一滴的精力都要用在刀刃上,而不要用在刀背上。因此我对工作的计划性,对完成工作的措施和抓紧时间,安排缓急是一件刻不容缓的事情,我必须针对自己的毛病,提出有效的措施,经常警惕旧病复发。

如上面所述,若把我们的工作和工农劳动人民比,又拿我所受到的待遇和工农劳动人民比是很不相称的,两者结合在一起对比,我是少劳多得,而他们是多劳少得。从这里说明了一点,我以这样的态度对待工作和人民的科学事业正反映着我的剥削阶级思想是很严重的,是值得我经常警惕的。

陈艺林在对我提意见时说了"汪先生对学习抓得紧,对工作计划就抓得不紧",大意如此。我想了一想,他的话又触到我的思想痛处,本来政治和业务是不能分家的,我却把他们分成不相关的两件事,为政治而政治,政治脱离业务,这固然是书生本色,原无足怪,实这足以大惊大怪,因为它又是资产阶级思想的表现之一,重业务轻政治,已经是不对了,何况业务脱离政治,我今后应该特别警惕。我不仅要端正我的业务的思想和态度,尤其要端正政治学习的态度,必须使政治领导业务,业务体现政治这一精神贯穿在二者之间,即政治与业务为命,相长相成。[①]

汪发缵处境如此尴尬,也许是当时大多数中国知识分子都需面对的。如何看待自己,需先作自我批评,甚至不惜作践自己。这或许是久经运动之后,大多数人学会使用的一种方式,以求保护自己。这是一份总结,却如同一份深刻检讨,值得吟味。从此份总结,我们还可知悉汪发缵与唐进之间的友情,令人称赞。

---

① 《1960年莎草科植物志总结》,中科院档案馆藏植物所档案,A002－165。

以秦仁昌、汪发缵两人在1960年度工作境况，或可见出一般情形。

八、出版受阻

科学出版社1959年出版第二卷蕨类植物之后，编委会于翌年3月又将第十一卷莎草科第一册、第六十八卷玄参科第一册和四十五卷槭树科，交科学出版社出版。一年之后，槭树科因书稿作者要求再作修改，而其他两卷仍未见出版，但编委会不能空等，乃致函科学出版社，催促出版。其函云：

> 我会自59年至60年间，先后交您社《中国植物志》稿件三卷（蕨类、莎草科、玄参科），但自59年10月出版中国植物志第二卷后，至今尚未见到其他二卷的出版。80卷的中国植物志要在8～10年之内完成，这件大事，早为全世界植物学界所关心，但自第二卷出版之后，将近两年不见继续出版，国外方面不免有种种猜测怀疑，这在国际上发生一定的政治影响。为了维护国际信誉起见，希望您社在制定出版计划时，对中国植物志的出版每年应保持一定的卷数，使它的出版成为正常化，同时希望把我会交您社的二卷植物志稿争取今年出版。①

在业务交往之中，此为正常之公函，但从中亦可见编委会在急切等待之中对出版社略有微词。然而出版社不能接受编委会丝毫不满，其复函先大谈稿件的质量问题，再回答出版计划：

> 我社自接受植物志的出版任务以来，即列为我社的重点书，并配备一定人力，以期该书能在保证质量的基础上尽快出版。自1959年以来，我社先后收到中国植物志第二卷、第十一卷、第四十五卷及第六十七卷稿件四部，其中第二卷于1959年7月份收到，当年9月间即正式出版，从出版时间上来看是及时的，亦满足了一部分读者的需要。但自该书出版后，外界对该书内容有些反映，我社在进行书刊质量检查过程中亦发现该书确

① 中国植物志编委会致科学出版社：催促植物志的出版问题，1961年7月21日，中科院植物所档案。

实存在不少问题。特别是书内中文叙述与拉丁文叙述数字不符情况比较突出,例如第126页,对厚毛里白新种的描述中,在中文记载有"植株高约2米",而拉丁文记载为"高约50厘米",相差达4倍;在地理分布方面有些地方由于地理概念不明确而出现了将一些国家的某一地区与其国家并列(如第114页将琉球与日本并列),或仍沿用旧地名(如第138页将苏拉威西岛仍称为西里伯)等情况很多处。我们考虑到《中国植物志》既系一部代表国家水平的重要文献,似应以保证该书质量为重,上述这些问题的存在,多少影响了该书的学术价值,同时亦势必将因此而多少影响我国科学事业在国际间的信誉。

至于《中国植物志》的其他三卷稿件,我们鉴于第二卷中存在一些问题,本着保证书稿质量的精神,曾要求你会交来的稿件在事前作慎重的审订,达到事先定稿的地步,但在我们整稿过程中仍发现不少问题。例如第十一卷,在排印以后,作者在校样中作了大量修改,因为改版过多,以致不能付印;第四十五卷亦属同样情况,作者甚至对于改稿所采用的系统格式作了整个改动,以至无法改版。你会今年七月四日来函提出要求原版作废,重新排印,所需费用由你会负担;第六十七卷自1960年初收稿后,亦因内容方面存在一些问题,多次退请作者修改。综上所述,《中国植物志》的其他三卷,由于稿件本身质量存在问题,因而不得不影响到他的按期出版。目前该三卷稿件的处理情况是:第十一卷莎草科8月份即可付印,预计年内可以正式出版。第六十七卷玄参科虽交稿已一年,但该卷有关索引及部分检索表于最近方可补齐,预计9月份亦可发排,至于第四十五卷槭树科作者至今尚未将修改稿寄来,一俟修改稿收到后,尽先处理。

八十卷的《中国植物志》要在8～10年之内完成,不论从编辑或是出版方面来说,都是一件艰巨而又光荣的任务。为了把这部巨著出得很好,除了我社今后在制订出版计划时,根据交稿情况及考虑到各学科的发展情况作适当的安排外,同时,希望编委会对今后交来稿件能加强编前编辑力量的组织工作及编后的审订工作,稿件达到清稿定稿,质量有所保证,双方共同努力来完成《中国植物志》的出版工作。①

① 科学出版社:函复中国植物志的出版问题由,1961年8月28日。中科院植物所档案。

其后，第十一卷如出版社所言，在当年11月出版，而第六十七卷，后改为六十八卷则延至1963年8月才出版。出版社函件中所言第四十五卷槭树科，修改稿交稿日期一再延迟，至于其原由，将此在下章中叙述。此段时间，编委会也未向出版社提交新的稿件。但编委会与出版社的矛盾则越结越深，1963年6月开展"五反"运动，中科院植物所老先生们座谈，对出版社提了不少意见。秦仁昌、胡先骕、陈焕镛、匡可任、姜恕等都有发言。此时，《植物分类学报》复刊，继续由出版社出版。秦仁昌说："出版社干涉学报编辑部的职权，越俎代庖。主编签了字发稿不执行，他说拉下来就拉下来。他们在技术上不注意，却在学术上指手划脚，他们把自己的职权究竟多大忘记了。"陈焕镛说："二个月前，出版社一同志找我，说《中国植物志》封面要改，过去拉丁文封面写中国科学院出版，现在要改为科学出版社出版。我们都想不出拉丁文拼法，大家意见照旧。他们打电话说领导说非改不可，并拟了个莫名其妙的名字，我没有办法只好亲自去院找竺老。最近他们来人说，植物志的拉丁文封面要取消，因为其他书都没有。"但是，陈焕镛对编委会工作亦有自我批评："编委会与出版社有意见，该怎么解决？科学出版部门与研究部门不能思想一致，将来困难麻烦更多。我们应尽量考虑他们的困难，不能完全怪出版社，稿子一次改、二次改、三次改、四次改，很不应该，我们应该改进。"[①]这份会议记录被整理，送至中科院"五反"办公室并转出版社。其后情形，不知如何？如同彼此分歧，不知起始一样。此仅就所见档案，记录其间之一段。

九、《中国植物志》编委会第二次会议

1959年9月第一次编委会之后，至1961年上半年，已过去近两年时间，但整个编志进程并不理想。固然是编写工作量非常之大，牵涉协作单位非常之多，且研究人员水平不一，认识亦不尽一致，加之各单位图书、标本的不全，大多协作单位又未将所承担的编写任务正式列入计划，致使若干计划落空。编委会组织工作也未有预计的顺利，编写人员本拟集中于北京编写，以利用植物所的标本和图书；而植物所的房舍紧张，不敷应用；且有些人员承担了本单位

① 中科院植物所老科学家座谈会记录，1963年6月22日，中科院档案馆藏植物所档案，A200-246。

的任务,而不能抽身来京,也使若干计划落空。原计划是一年出版十卷,现在几年过去仅有一卷出版,为此,编委会颇感压力,一面要求科学出版社,设法将已交稿之书尽快付印,以正视听;另一方面要求召开第二次编辑委员会议,总结经验,加强协作,并提请中科院给予更大的支持。

为此,1961 年 8 月 10 日《中国植物志》编委会向中科院呈函,请求批准召开编委会第二次会议。拟定会议议程有:①三年来工作总结;②编写规格的修订;③编写计划的安排,写作力量的组织;④编写工作经验交流等。

第二次会议于 1961 年 9 月间在北京举行,出席会议除 23 名委员外,还邀请各有关大专院校及植物研究机关的代表 20 余人参加,其中有中国科学院植物研究所王文采、关克俭,南京药学院孙雄才,北京师范大学乔曾鉴,杭州大学吴长春,中国林业科学院吴中伦,厦门大学何景,南京师范学院陈邦杰,华东师范大学郑勉,中山大学张宏达,中国科学院西北生物土壤研究所崔友文,东北林学院杨衔晋,北京医学院诚静容等。

图 3-10　1961 年中国植物志编委会第二会议合影:前排左起石铸、张佃名、傅立国、张芝玉、戴伦凯、杨汉碧、李沛琼、陆玲娣、梁松筠、谷粹芝、陶君蓉、黎兴江、曹子余、吴鹏程、汤彦承、江万福、金存礼;二排左起钟补求、崔友文、裴鉴、关克俭、林镕、秦仁昌、张肇骞、陈封怀、胡先骕、陈焕镛、钱崇澍、陈嵘、刘慎谔、耿以礼、方文培、唐进、郑万钧、陈邦杰、姜纪五、孔宪武;三排左起:陈心启、陈介、吴兆洪、李安仁、陈艺林、俞德浚、李树刚、诚静蓉、匡可任、乔曾鉴、张宏达、吴征镒、马毓泉、吴长春、汪发缵、王宗训、冯晋庸、张荣厚、刘春荣、郑斯绪、马成功。

会议期间，安排三个学术报告。①林镕："苏联及东欧各国植物分类学发展情况。②秦仁昌：中国植物志编写中有关种的概念。③吴征镒：中国植物区系分区。工作会议增加一些学术内容，实是争取机会，以提高整体编写水平，可见编委会用心之良苦。

会议结束之时，举行晚宴，群情依旧亢奋，不知是谁提议，作诗言志，遂在餐桌上，即兴唱和，随即写在香烟盒上。此录几首如下：

祖国资源世所稀，卅千草木尽珍奇。
欣看十载成书后，长使美帝把头低。（林镕）

植物繁多比巴西，八十钜帙世所奇。
十载完成齐努力，决与美帝争高低。（俞德浚、吴征镒）

人生七十非古稀，六十与龄何足提。
八秩九旬亦年少，须与彭祖比高低。（钟补求、耿以礼）

西颐群贤集，英雄气凛然。
指顾决长策，青老尽欢颜。（姜纪五）

在编委会成员当中，作诗造诣最深者，当推胡先骕，不知其是否出席是晚之欢聚，但未见到他的诗句。不过在其1961年所作《水杉歌》长韵之中，有"琅函宝笈正问世，东风伫看压西风"之句，亦为《中国植物志》之出版而欢欣。

但是，此次会议对编写进程并未有明显推进。1961年底在大饥荒时期，市场物资供应紧张，外地来京高级研究人员的生活受到影响，植物研究所行政领导百般设法，并向中科院屡次请求，仍无法解决。1962年初，北京正常供应一再压缩，植物志编委会只好劝阻外地人员暂勿来京。如中科院东北林业土壤研究所副所长刘慎谔，担任部分蔷薇科的编写，研究员王战承担杨柳科，副研究员王薇参加菊科编写，自1961年底至1962年初，公私来函七八次，要求来京作短期研究，以便定稿。根据实际情况，编委会只得多次复函劝阻。社会经济恶化对编纂工作无疑也有甚多影响。

在北京主持编写工作的主编陈焕镛，偶尔回到广州，于1962年1月2日在华南植物所一次讲话中，对跃进速度虽然还是赞同，但对整个计划却作出如下解释。他说：

> 开始我们说人少，写《中国植物志》起码要30年。不行，打对折，15年，还是不行，等不及。我们的事业天天发展，不能等待，于是再来一个跃进，8年内完成，现在已过去了两年。剩下的时间有限，究竟我们如何去完成它？已经将近1962年了。植物志只出了一卷，可是按进度应该每年10卷，究竟我们对国家任务如何看待。是不是以很严肃的态度认真考虑问题，问问自己吧，质问自己，质问领导！
>
> ……
>
> 请大家注意这一任务的艰巨性，不能粗心大意，粗制滥造，做出来的东西要经得起考验，速度放慢了会不会影响计划完成呢？不会的。因为我们有计划、有步骤地培养干部，扩大队伍，以后大批干部参加，经验丰富，速度可以快。①

陈焕镛在北京主持《中国植物志》一直到“文革”爆发，前后有6年之久。至于其在北京情形如何，林有润有这样回忆：“我在北京植物所常常看到当时年过七旬的陈老和中青年人一样，每天从不迟到早退，出入于植物所北楼大门。为了编好《中国植物志》，也为了提高全体编志人员编著《中国植物志》的质量，统一编写规格和不出现地名错误等问题，他和年轻助手一道每天工作达八小时，有时也‘挑灯夜战’审稿，因而北楼二楼他的办公室有时灯光也亮到晚上九点，他才在秘书的陪同下回家。他的学生还反映他平时在家都是日以继夜、废寝忘食地工作。”②这属于泛泛文字。但在档案之中，关于陈焕镛的文件并不多。中科院植物所曾有人曾抱怨，陈焕镛在北京只是忙于其主编的《海南植物志》工作。也许是《中国植物志》过于庞杂，虽为主编之一，以当时所形成的领导机制，主编也有无能为力之处。此时，专注于自己工作，不失为明智选择。至于其本人在《中国植物志》中所承担的木兰科、樟科、茜草科等，也未有

---

① 陈焕镛所长在中科院华南植物研究所全体人员大会上的发言，《陈焕镛纪念文集》，1996年，第278—290页。

② 林有润：缅怀先人业绩，发展学科研究与学会工作，《陈焕镛纪念文集》，1996年，第328页。

良好进展。这些科的编写之完成，还要等到十多年后，重新组织人员，才得完成，但与陈焕镛已没有多少关联。

十、与国外学术交流

植物分类学不同于物理学、化学具有普遍性，而是具有较多地域色彩。近代中国引进现代植物学，不仅引进理论和研究方法，还在于以这些理论和方法研究中国的植物，使该学科本土化。由于中国植物学起步晚，在此之前许多外国人来中国进行了植物调查采集，将采集到的标本运到国外，收藏于国外各大植物标本馆，供外国学者研究，故有大量中国植物被外国学者鉴定命名。一直到上世纪1910年代末期，中国人才开始研究植物学，钱崇澍第一个发表新种。在《中国植物志》开始编纂之时，中国植物经外国学者定名已有一万余种，且都是以外文发表在外国的学报上；经国人定名仅有数千种。因此，在中国研究中国植物分类，非要到外国的植物标本馆查阅标本，参考外国的学术资料，与外国学者交流不可。而当时的世界处于冷战之中，中国政府采取向苏联"一边倒"的外交政策，使得学术交流起先仅限于苏联等社会主义国家。植物学家出国访问主要有：1951年，应印度遗传育种学会邀请，中国科学院派出以陈焕镛、吴征镒、侯学煜和时在印度勒克瑙大学指导研究的徐仁组成的代表团赴会。1952年2月吴征镒参加中科院组织的访苏代表团，在苏联参观访问近三月。1957年秦仁昌、侯学煜参加全苏植物学会第二次代表大会。秦仁昌自苏联回来，出席全国人大会议，在大会发言中，言及与西方学术交流的重要。他说："最近几年来，苏联共产党、政府、科学机构和科学家们都十分重视参加国际学术活动和加强同外国科学家之间的私人接触，交流学术经验。我们十分惊奇地在苏联科学家的研究室和他们家里看到我们在中国还没有看到的自1953年以来的许多日本、印度、英、美、法等国科学家送给他们的许多在学报上见不到的专著。世界各国的科学都在突飞猛进，新理论、新技术不断出现，要赶上国际科学先进水平，而不首先掌握国际有关的科学研究情报，是不可想象的。"①秦仁昌以其所见，说明苏联科学家与西方的联系，希望中国也应与

① 秦仁昌：谈在苏联进行学术访问的感想的书面发言，《人民日报》，1957年7月8日。

图 3－11　1952 年吴征镒(前排右 1)在苏联考察参观(中科院植物所档案)

图 3－12　1957 年秦仁昌(右)、侯学煜(中)出席苏联第二次植物学代表大会。(中科院植物所档案)

西方有相应的联系,这也是向苏联老大哥学习的内容,但其呼吁没有引起反响。

苏联也曾多次派专家来华作科学考察或学术交流,如 1958 年 9 月受中科院邀请苏联科学院柯马洛夫植物研究所所长、植物形态及胚胎学家 П. А. 巴拉诺夫通讯院士,地植物学组组长 Е. М. 拉甫连科通讯院士,古植物学组组长兼列宁格勒大学生物系植物系统学家 А. Г. 塔赫他间候补院士来华访问。后两位除在中国各地参观访问外，还在北京大学各举行大约历时十天的讲座，听众来自中国各地有百余人。巴拉诺夫在中国境内参观旅行为期约两月，所经地方有北京、武汉、庐山、南京、上海、杭州、广州、昆明和滇南等，共计 30 多个植物学研究机构、植物园、高等学校及人民公社等，对中国植物学各领域多有建言。巴拉诺夫兴趣广泛，访问期间，详细记录其所闻，拟写一本游记。① 只是不久中苏交恶，此书是否最终完成，不得而知。

植物标本交换工作始于 1955 年，系在苏联科学院柯马洛夫植物研究所建议下，并寄来标本之后才开始进行。此前植物所组织调查队，并未配备专门标本采集员，因而所得标本份数很少，多则 5 份，少则 1 份，仅供自己研究，而未有与人交换之准备。此后，增加几名见习员，通过短期训练，专门采集标本，以作交换之用。所交换的国家除苏联外，还有捷克斯洛伐克、保加利亚、波兰、匈牙利等，也限于几个社会主义国家。

1959 年提出交换花粉标本项目未执行外，其他都有交换，得到蒙古标本一套，中国模式标本约 500 余种。苏联科学院柯马洛夫植物研究所获悉中国将要编写植物志，所长巴拉诺夫通讯院士和植物分类、地理研究室主任西世金通讯院士来电表示祝贺和支持。其时，中科院植物所派往苏联在该所之留学生或实习生，分类学有郑斯绪、汤彦承等，即在该所收集玄参科（马先蒿属）、莎草科、禾本科等资料，拍摄中国模式标本及植物分类文献的缩微胶片 2 万余张，汤彦承回国之后，还加入此莎草科编写，促进甚大。秦仁昌编纂《中国植物志》第二卷出版，巴拉诺夫也来电祝贺。《中国植物志》编委会第一次编委会议期间，也复电巴拉诺夫表示感谢。

在与社会主义国家建立标本交换关系的同时，中科院植物所也陆续收到其他一些如日本、英国、埃及、瑞典等国寄来少量标本。随着中苏交恶，毛泽东 1958 年 6 月说："要关起门来，自力更生地建设社会主义。"此后之中国，在世界政治舞台上，几乎是一个孤立的、自我封闭的国度。外交上如此，自然影响到学术交流。与苏联的一些学术交往也随即中断。与此同时，与欧美等资本主义国家的学术交往则要进行更加严密审查，方能进行。

---

① 钱崇澍：苏联列宁格勒柯马洛夫植物研究所巴拉诺夫所长在中国各地参观访问记略，《植物学报》第 8 卷第 1 期，1959 年。

1960年2月因编纂《中国植物志》之需要，编委会曾向中科院外事局报告，要求与先前一些有学术交往的国家建立标本交换关系，认为这些交换在植物分类学上属于一种学术活动，也是国际间惯例，藉此可以增加研究材料，争取在数年之内使我们的标本储藏量达到国际水平。但是，这样的请求没有得到批准。无法进行标本交换，对研究工作带来许多不便，如日本植物学家寄来较多日本蕨类植物标本，并准备将全部日本蕨类植物标本寄来，却因有来无往，对方也就不再寄了。1960年大英自然历史博物馆寄来305份采自西藏的蔷薇科和马先蒿属标本，要求交换若干木兰科标本。考虑大英自然历史博物馆所藏植物标本极为丰富，与其建立交换关系，对编纂《中国植物志》及建立世界性标本馆有利，乃回赠了同等数量的蔷薇科、马先蒿属及若干木兰科的标本。然而，这样的交流甚少。1966年4月中科院生物学部颁发《中国科学院植物标本对外交换暂行办法》，将此项工作归口到植物研究所，由植物所汇总国内各植物研究机构具体要求，报学部审查，再由中科院对外联络局报请有关领导批准后，交植物研究所执行。但不久“文革”开始，此项繁琐办法，也未得实行。

在与世界几乎隔绝之中，还是有一些西方或华裔学者主动联系，或通报研究信息，或赠予研究文献，或要求来华访问。中方对此的反应都非常谨慎，只有很少人士获得批准来华。1963年10月新加坡植物园主任，英国蕨类植物学家霍尔托姆(R. E. Holttum)要求来华访问，并拜见秦仁昌。不知其通过怎样渠道，得到中国政府允许，但其来华名义需要改为秦仁昌个人邀请。霍尔托姆在京期间，参观了植物研究所，并作了英国皇家植物园概况和马来亚半岛的植物的报告。

图3-13 1963年秦仁昌与英国蕨类植物学家霍尔托姆(R. E. Holttum)在北京颐和园合影。(张宪春提供)

美国哈佛大学阿诺德树木园华裔植物学家胡秀英，在其1946年出国之前

图3-14　美籍华裔植物学家胡秀英(采自香港商务印书馆出版《秀苑撷英——胡秀英教授论文集》。

即与钱崇澍、胡先骕、陈焕镛、汪发缵等多有学术交往。新中国成立后，依旧主动与中科院植物所保持联系，寄送或代购文献，沟通中美两国植物学家的联系。1953年哈佛大学有 *Flora of China*(中国植物志)计划，胡秀英于1955年首先出版了其中之Malvaceae(锦葵科)。此对国内同行刺激很大，认为中国植物志怎能让美国人编辑出版。胡秀英本想与国内同行合作，继续编写其他各科志。其时，当然是没有合作基础。后来国内在提出编写《中国植物志》，所列诸多理由中，即有此条。此后胡秀英来函，屡屡遭到中科院植物所的冷遇，有时甚至拒绝，但胡秀英依旧书信不断。其时，阿诺德树木园与中国植物学界交往中断已久，该园或以为通过胡秀英联系更加便利。1956年梅尔(E. Merrill)去世，即是胡秀英来函告知这一消息。

胡秀英来函之所以常遭拒绝，是因为自1956年起，中国基层各类机构若与国外联系，发出信函，需要送请上级机关审查同意，方可付邮。至于个人信件，亦要通过单位，经过审批，报上级批准，否则易遭退回或没收。至于审查的内容，主要是有无里通外国，泄露国家机密，违反"一个中国"的立场之类。审查手续繁琐，且费时日。中国科学院植物研究所办理对外联系，首先由具体从事外事工作的人员审查，报请分管副所长批准，再报中国科学院外事局审核。如以外文书写的来往信件，还要翻译成中文，因为有些审查者不懂外文。此项制度实施之后，科学家们不是恭敬遵守，便是省得麻烦，不与联系。但也有一些例外，便是下文所记者。

胡先骕向国外投稿

胡先骕与国外学术界一直保持比较密切联系，来往信函较多，如向国外刊物投稿、给国外同行寄送书籍、提供标本等。审查制度实施之时，胡先骕当然照章办理。但是，办理次数多了之后，因他不常到所坐班，为节省麻烦，也就没有经过这些手续，而由他自己径直寄出，而国外来件也是直接寄到其寓所。植

图 3－15　胡先骕(中)在石驸马大街寓所接待匈牙利科学家(樊洪业提供)

物所之所以任由胡先骕自行处理,还在于尊重胡先骕的学术声望。

1962 年胡先骕写出《中国山茶属与连蕊属新种新变种(一)》一文,并请植物所绘图员冯晋庸绘制两幅彩色图版,即向国际山茶学会所属刊物投稿。由于邮件中有两张图版,被海关扣下退回,胡先骕只好再请植物所代他设法付邮。植物所分管副所长林镕以为该文最好在国内先发表,然后再改写成通俗文章投向国外。其时学界认为,在国内发表高水平论文,是国家的骄傲。胡先骕当然遵照执行,该文于 1965 年发表在《植物分类学报》第十卷第二期上。刊出之后,植物所如诺将改写之文章提请科学院联络局批准外投。

但是,1965 年国内处于"要准备打仗"的战备状态,掀起了一场保密运动。中国科学院制定"中国科学院科学研究人员对外通讯联系的几点规定",要求对个人与外通讯联系一律进行审查,其内容不应涉及这些内容:"商讨与国外研究机构或学者进行科学合作事项;有关是否参加各种国际或国外的学术组织或学术会议问题;对外国所赠予的学术称号或奖金的接受或拒绝接受;未经国家批准出口书刊和重要标本、种子、样品、物品的赠送。如有需要,用私人名义就上述问题进行通讯联系,必须报院部领导,经院部研究后,按既定的外事批准程序履行报批手续。"①在个人对外通讯中,"不主动谈论政治性质的问题,

① 关于"中国科学院科学研究人员对外通讯联系的几点规定"的通知,(65)院联密发(办)字第 506 号,中国科学院植物所档案。

如对方提出这类问题，有必要回答时，应以《人民日报》或《红旗》所发表的文章与材料为依据，送有关部门领导人审查后发出。如有关部门领导上没有把握处理，则应送有关外事部门审定。对美国科学人员进行通讯联系，须专案报批。"①此项规定公布执行之后，对先前外事工作出现的问题，也予以检查。因而胡先骕自由散漫，擅自与国外交流，被中科院对外联络局写入"植物研究所几位研究人员在涉外工作方面发生的几件事情"，向中科院党组作了报告。中科院党组书记、副院长张劲夫作出批示，对植物所监管不力予以批评，要求制止这些行为。为此植物所立即进行调查，作出《有关违反外事纪律的检查报告》，并向上级主管机构检讨。

11 月 18 日植物所林镕、简焯坡、郑斯绪、唐佩华一行四人到胡先骕家中调查。林镕、简焯坡是副所长；郑斯绪是胡先骕的助手，植物分类研究室支部书记；唐佩华是植物所专职外事管理人员，可谓兴师动众。"检查报告"称此次调查：（向胡先骕）"交代政策，说明自觉遵守外事纪律的重要性。这次访问初步获得一些效果，胡先骕认为外办的规定很合适，主动交代了他的外国通讯关系，并答应今后对外来往书信与刊物交换均转到所中，由所按规定审批处理。但今后我们仍应对他的对外关系密切注意。"②实际上，在林镕一行与胡先骕的交谈中，并未有如上述所言那样严峻，更无敌对气氛，这只不过是应付上级必不可少的语言。在交谈中，胡先骕可能还有据理力争之处。如此一来，使得他们有些难堪，一面是胡先骕的权威不可过分冒犯，一面是上级要求处理不能置之不理。林镕当天晚上给简焯坡、郑斯绪、唐佩华写了一封信，从中可以证明这样推测的正确。他说：

> 我查到今年答复胡老的信两次。第一次在春季，答复内容是山茶科叶背黑点问题。山茶科叶内的特殊厚膜细胞可使叶面呈疣状突起，或由于寄生菌形成的不规则的黑点（有时还可能是介壳虫），最好在做记载时用显微镜检查一下。第二次在夏末，胡老有许多新种要发表，又说柃属的研究有高度水平，问《植物分类学报》稿源情况。我答复明年第一期在十

① 关于"中国科学院科学研究人员对外通讯联系的几点规定"的通知，(65)院联密发（办）字第 506 号，中国科学院植物所档案。

②《有关违反外事纪律的检查报告》，中科院植物研究所档案。

月交稿,稿子已有了,但今年还要出"增刊",他可通过研究室投稿,由学报编委会考虑。

胡老大概把第二次信误记为向国外的投稿的事了。误记还可原谅,否则,就不成话了!我并不愿再与胡老争辩。仅供你们考虑问题时,心中有数。如有必要我再向胡老说明。

胡老可能认为现在的所务还像他在静生时那样单线领导。我所的外事如未经外事工作同志知悉或商量后,我从来不作决定或签署的。投稿未经室主任签署,我也从来不在我所的介绍信上签名,或表示同意投稿的。这不是推诿责任,因为如果不让担任具体工作的同志知道,我们的行政工作就会乱了。我在出发旅行前没有时间与你们细谈,把经过略述如上,供参考。①

林镕为人厚道、办事认真。在他回家查阅自己的工作日记之后,写出这封信函。此事结果,当然是胡先骕不得不遵照检查制度,但其本人在当时并未受到批判。但是,在后来的中,这却是他的一条罪责,即使在1971年,其去世已有数载,在清队专案审查时,被定为反动资产阶级学术权威,所罗织之罪状,仍有此条。

耿以礼接收国外学者赠书

在中国植物分类学的发展过程当中,专治一些种类繁多的科属,最终多成为这一科属的专家。南京大学生物系之耿以礼便是禾本科大专家。1954年被中国科学院植物研究所聘请为兼职研究员,主持编写《中国主要植物图说》禾本科,1959年植物研究所开始主持编纂《中国植物志》,其中禾本科志,亦邀耿以礼担任。其与植物研究所的关系,可谓至密,前已有述。

图3-16　耿以礼(南京大学档案馆提供)

1962年美国有《禾本科植物索引》(*Index of Grass Species*)一书出版,对于耿以礼而言,这是一部重要的

① 林镕致简焯坡等,中科院植物研究所档案。

参考书，即要求植物研究所图书馆予以购买。由于该书价格甚昂，需美金 225 元。当时国家对外贸易是通过外汇进行兑换，而外汇稀少，按分配使用。购置此书，几乎用尽植物研究所全年购书外汇指标。尽管如此，植物所还是向外文书店申请，但外文书店未予以代订。耿以礼知此情况后，担心此书售罄，难以再得，遂向其老友美国植物学家和嘉（Walker）去函。1964 年 4 月英国植物学家 Hubbard 致函耿以礼，说此书已经由伦敦转寄到中国，请收到后复函告知。此函到南京时，被在南京跟随耿以礼从事研究的植物研究所年轻学者们看见。有一位认为不妥，两个月后，作书向植物所领导汇报了此事。其函云：

> 今年四月初，在南大标本室里编写志书工作时，耿伯介（引者注：耿以礼之子，亦治禾本科）拿了一封从外国寄来给耿以礼的信。耿伯介拆开看，同办公室的王正平、俞泽华、赵惠如和我等为想看外国人英文，结果知道这封信是由英国 Hubbard 写来的，信中说：*Index of Grasses*（A. Chare 著，共三册）已分三包由伦敦寄出，请收到后给一回信。我很奇怪，因为在所时我知道因外汇不足，没有购买。便问道：怎么买到了这部书？耿伯介说：这是耿以礼怕以后买不到，自己写了一封信给美国的 Walker，请他保留一部书，等以后有外汇时购买。结果 Walker 来信说，他约了三十个人，捐钱而购买了，并送给耿老。
>
> 以后我虽碰到耿老，但他从来没有提到过这部书的事情。有一次，我在耿老家谈到植物志稿子中有些问题需要查对，我说：怎么这部 Index 还没有寄到？后来耿老说：这部书寄来了，也只能放在我家里，不能拿去南大。我问道：为什么？他说：避免别人说某某人还跟外国人打交道。又说：我现在是不能够生气（因他有血压高），一生气连自己的生命都没有了。
>
> 以为这种作法是有问题的，有必要书面汇报反应一下。

其实，美国学者联合赠书之事，本是一段学术佳话，值得称颂，但在当时却被认为有问题，遭此举报。举报者系五十年代后期分配来植物所的大学毕业生，由这份举报材料，或者可以说其时政治教育是相当成功，阶级觉悟，已超过师生情谊；阶级立场，已取代传统美德。在明知会给导师带来麻烦，甚至会伤及身体时，也没有恻隐之心，读之令人心寒。以打小报告表明自己的进步，而谋得可能的升迁,或为正人君子所不齿;但是在价值观念被颠倒的时代,这是一条迁升之捷径,为许多人所采用。

植物研究所对于此项举报处理却出乎意外。在向中科院联络局汇报公函中,植物所这样写道:"据了解耿先生与国外通讯频繁,几乎每天都收到国外邮件,与美国的 Walker 一直相互交换书刊资料。南京大学领导是否掌握上述情况,我们不了解。我们认为,耿先生这种作法很不妥当,美国人捐钱为中国科学家买书一事,影响很坏,应立即采取紧急措施来弥补,请院领导考虑转请有关方面处理,以挽回政治上的不良影响。"笔者所见这封公函系草稿,其中有这样一句被划去,"建议院领导转请有关方面解决 225 元美金的外汇,由耿先生寄还 Walker,并说明情况"。笔者之所以注意这被删除的字句,是因为中科院联络局即是按此意见处理,显然是植物所领导在口头汇报时,曾有这样建议,而不便写入正式公文之中。稍加体会,便知植物所领导之苦衷。为科学家提供必要的研究条件,本是领导者应尽的职责。今有一部重要参考书,不能购置,岂不羞愧。科学家自己设法得到一部,又有什么可以指责?但是在这样一个大的政治背景之下,又不得不有所批评。中科院联络局也能明悉此中事理,同意植物所的处理建议。其复函云:

> 根据你所反映,我们已将南大耿以礼托人购买美国出版的禾本科植物索引事,上报国家科委,同时提出了对此事的处理意见:"由教育部通过南大校党委进行适当教育,使其了解设法弄到国外文献是应当的,但私自向美国人寄信说我国目前缺外汇,请他们代为保留书籍,尤其当美方告知捐资赠书后,不向组织反映的作法,是不对的。为了挽回政治影响,建议国家科委拨外汇 225 元,设法归还捐款,由公家购买此书,以具体体现党对科研人员的关怀。"国家科委已同意以上处理意见,并由教育部具体负责处理。

今不知教育部和南京大学最终是如何处理,设想与此意见不会有太大出入,不会有过分举措。假若此事发生在往后几年之"文革"中,上面有人以划分阶级点火,下面则有人在举报加柴,中间的执行者想保护,也难以办到;否则,其自身也不保矣。胡先骕不是在"文革"之中,继续私自向国外投稿,就引发造反派到家中问罪?

王文采与英国 Lauener 的交往

1962 王文采在编写中国毛茛科乌头属志的初稿时，发现英国爱丁堡植物园 L.A. Lauener 发表了一篇关于西藏乌头属的文章，文中描述了十几个新种，而中科院植物所标本馆没有这些标本。经领导批准，王文采与 Lauener 开始通信，提出借用模式标本的请求。Lauener 回信答复说，他们植物园与植物所没有借用标本的关系，模式标本不能借出。但他将十余张模式标本拍摄成照片寄赠王文采，对王文采研究工作有很大帮助。关于他们之间的交往，王文采是这样记述：

> （爱丁堡植物园）毛茛科专家 L.A. Lauener 先生，于 1950 年与该园园长 H.R. Fletcher 合作发表了一篇关于云南毛茛科乌头属的文章。1960 年他自己又发表了该科银莲花属钝裂银莲花组 *Anemone* Sect. *Himalayicae* 的文章，可能他看到我于 1957 年在《植物分类学报》发表的“中国毛茛科植物小志”一文，便将他的论文抽印本寄给我，这样我们开始互相交换著

图 3－17　1995 年 9 月，英国爱丁堡植物园毛茛科专家 L.A. Lauener 先生来中国访问，王文采（左 2）和他的三位学生李振宇（左 1）、傅德志（右 2）、李良千（右 1）陪同他参观北京植物园。（王文采提供）

作。在1963年,他发表了一篇关于西藏乌头属的论文,文中描述了十余个新种。那时我刚完成中国乌头属的初稿,收到他寄来的该文抽印本,我立即翻阅我初稿并查阅标本,发现缺乏他所有新种的标本。这时为了完成中国乌头属的任务,我不得不给他写信,向他借用新种模式标本。过了些天,收到他的回信和照片,信中说因为双方单位没有联系,模式标本不能借用,但将所有新种模式照片全部寄来。这次通信后,我们开始了学术上的交流,曾就毛茛科一些属的分类学问题进行过讨论。①

其时,王文采年龄尚不到四十,正是研究学问最佳时期。其1949年毕业于北京师范大学,1950年入植物研究所,其身份有些特殊。首先他没有旧社会过来之知识分子复杂的社会关系和受传统文化教育形成旧的价值观念,而被列入新社会改造的对象;其次,也无往后经无产阶级教育培养出来的新分配来所的大学毕业生那种革命热情;再加上其本人的性格,不求张扬,只谋内秀,故在研究之中,按部就班,不断深入,故其与国外联系也渐多。此引植物所就王文采与国外学术交流向中科院联络局的请示函一通,以见其时学术交流之另一种情形。

联络局:

我所分类室助理研究员王文采拟将自己论著的抽印本送给几个国外学者。他的文章均发表在公开发行的《植物学报》和《植物分类学报》上。兹分别报告如下:

一、苏联科学院植物研究院(引者注:即苏联科学院柯马洛夫植物研究所)的I.A. Linczevski教授。1956年来我国参加云南综考队工作与王认识,以后有来往,多次给王寄来书刊图片(包括他所主编的《国际植物命名法规》俄译本,他在《苏联植物志》二十三卷中所著的败酱草科及茜草科的一些属的抽印本,他同别人合著《植物学旅行》、《俄华简明词典》及列宁格勒风景照片等)这次王想回赠他三本有关植物分类学的文章抽印本:1.“关于细叠子草族及后者的一新属——锚刺果属”2.“中国毛茛科植物

① 王文采口述、胡宗刚整理:《王文采口述自传》,湖南教育出版社,2009年。

小志”（均载《植物分类学报》），3.“中国毛茛科翠雀属的初步研究”（载《植物学报》）。

二、英国爱丁堡皇家植物园L.A. Lauener，在1950年、1960年和1961年三次发表研究我国毛茛科植物的文章，并曾将其60年发表的一篇文章寄赠给王文采。当时王未回赠，他61年的文章便未寄来了。他的这些文章与王正在编写的中国毛茛科植物志有直接关系。这次王拟回赠二文章的抽印本。1.“中国毛茛科植物小志”，2.“中国毛茛科翠雀属的初步研究”，并向其索取……

三、美国的一位形态学家A.S. Foster在1959年发表了一篇关于分布于我国的毛茛科独叶草属叶子形态的文章，且在1960年春托北京大学生物系主任张景钺教授转赠给王，并代转他的歉意：在他的文章里未及引证王在1957年发表的有关文章，因他在自己的文章发表后，才发现王的文章。最近他又发表了一篇有关文章，但未寄来。这些文章与王现在编毛茛科植物志有直接关系，为了表示有来有往，拟回赠以下二篇文章的抽印本：1.“中国毛茛科植物小志”，2.“中国毛茛科翠雀属的初步研究”，并向其索取……

四、印度国立植物园主任K.N. Kaul在今年年初新寄来二本小册子，其中包括对毛茛科铁线莲属的研究。为了表示有来有往，准备回赠他二篇文章的抽印本：1.“云南热带亚热带地区植物区系研究的初步报告Ⅰ”（与吴征镒教授联名发表，这次准备回赠Kaul，曾得到吴的同意），2.“中国毛茛科植物小志”（均发表在《植物分类学报》）。

我们认为可以回赠。当否，请批示。

中国科学院植物研究所（章）

附注：上文曾经生物学部林镕副主任审阅，他的意见亦认为可以回赠。[1]

王文采与外交往，皆在允许范围之内进行，自然没有出现波澜，未曾发生令人揪心之事，这在其时，并不多见。

---

① 中科院植物所致中科院外事局函，中科院植物所档案。

十年停续（1966～1976）

一、“文革”中去世的植物学家

自上而下的政治运动不断推行，长此以往，使得正常的工作，往往也是以运动的方式来推行。此前所述《中国植物志》在筹备和初编过程中，运动之斑迹，当历历在目。在各类运动之中，受批判之对象或有不同，但知识分子始终是被改造的对象，则不曾改变。但是，国家建设不可能离开科学，研究科学之主体又是知识分子，故而对知识分子只能不断改造。此前植物分类学家虽然不断受到批判，大多还是有工作机会，且其个体也积极投入，故编志工作尚在学术的轨道上进行。

1966 年“文革”爆发，此次运动规模之大、涉及人员之广、触及灵魂之深，皆远高出以往所有之运动，诚可谓史无前例。以往运动总是限制在一定范围之内，达到一定目的就结束，而“文革”是在全国各行各业展开，且时间长达十年。涉及人员，以往主要是知识分子和从旧政府过来之人；“文革”除针对这些人员之外，还涉及各级掌权者，且轮番被打倒。以往运动只是批判而已，“文革”则尽羞辱人格之能事，逼迫被批被斗之人无生存之空间。笔者在此不是探讨“文革”此项运动之本身，而是梳理此运动对编纂《中国植物志》之影响，假若避而不谈，则留下一段空白，与本书之体例不符，何谓“编纂史”耶？

中科院植物所是领导编纂《中国植物志》机构，参与编纂人员和承担编写任务皆多于其他任何一个机构，本书此前所述编纂史即以该所为中心，今追述“文革”前期主要事件，亦以该所为中心，以见轰轰烈烈之运动在一个研究所中是如何展开，至于其他研究所斗争之激烈或有胜于此者，或为温和，姑不具论。

1966 年 5 月“文革”开始，6 月 10 日植物所全所大会，传达中科院党委和所党委的决定和步骤安排，6 月 23 日院派工作组 7 人来所，领导运动进行。此后，日常工作停顿，而以各种动员、揭发、批斗会以及参与由科学院组织的活动所代替。进入夏季，天气炎热，全所大会多在室外之核桃树下举行。此时，所党委书记姜纪五已调离，而由李逸三继任。7月19日宣布院党委批准李逸三停职检查的决定。8月4日全所投票产生12名“文化大革命筹委会”委员。8月22日揪出李逸三、汤佩松、钟补求、王伏雄、侯学煜、秦仁昌、匡可任、周佩珍等人，带上牌子，开始每天半天劳动。1967年1月17日植物研究所革命造反派推选5人组成党政小组，接管所党、政、财等一切权力。4月5日，这一组织命名为“革命委员会”，并召开第一次会议，有8人参加会议。革委会下成立政治宣传组、作战组、业务组、人事保卫组、行政组等机构，并任命相关的工作人员，以取代原先的领导组织。

1968年4月，接院革委会“关于冻结叛徒、特务、党内走资派、没有改造好的地富反坏右分子、反革命资产阶级、反革命知识分子工资办法的通知”，自5月份起植物研究所被打入这一行列人员的工资停发。自4月25日开始编辑油印《文化大革命简报》，至1969年6月，共印行34期，报道植物所内的运动情况。

1968年底，运动逐步深入，进行大批判、清理阶级队伍，“革委会”组织一个专案领导班子，领导植物所专案组工作，先后有90余人为专案组成员，后经审查，清除了一些有历史问题或其他问题的人，调整为60余人，并随时进行调整。专案组下设四个小组，即叛徒特务专案组、历史专案组、现行反革命专案组、综合组，每小组设正、副小组长一人。其工作是对被揪或被审查的对象的各种材料及人事档案，进行清理、集中、归口登记，由专人保管，建立借阅制度。对被揪出和隔离审查者，要进行梳辫子，摸底排队，进行分类，划分等级，区别对待。在清队整党中，植物研究所共有65人受到审查，对其中40人作出结论，如胡先骕、汤佩松被打成反动学术权威、秦仁昌被打成历史反革命、于若木被打成现行反革命开除党籍等，有些则予以党内外各种不同处分，也有些被认为没有作结论的必要，不了了之。

1968年9月首都工人、解放军毛泽东思想宣传队进驻植物所，参与领导植物所的政治运动。1969年3月在驻植物所“工宣队”和所“革委会”组织下，第一批46名职工下放五七干校劳动，其中有行政人员14名，研究人员25名，技术人员6名，工人1名。此后尚有多批，此不具列。1972年6月第二批军代表退出植物研究所。

在此天翻地覆之“文革”中，正常之工作已无法进行。《中国植物志》编委会被撤销,会址被改作托儿所,整个编纂工作自然陷入停顿。全国各参与编写人员,皆参与本单位所开展的各类运动、各种劳动。更有甚者,一些从事编纂的学者,受到运动迫害而过早去世,未能完成未尽之事业。此列举其著名者。

胡先骕　“文革”的到来,对已是风烛残年的胡先骕而言,无论如何是难以经受这场毫无人道可言之折磨,不及两年,便离开了人世。运动之始,他仍然以过去的方式来应对。有人在一张民国时期的旧报纸上,查到一帧蒋介石与人一起合影的照片,其中有胡先骕,即到他家中,找他问话。据当时参与问话的人回忆,胡先骕是这样回答:这是国民党召集国立大学校长接受政治训练,浙江大学校长竺可桢、中央大学校长吴有训都参加了。我们中正大学只是一个三流大学,他们在照相时都坐在前排,我们只能站在小板凳上于后排,不信可以去问他们去。现在他们都没有事,我还有什么关系。胡先骕在回答过程中,让大家等一会儿,他有心脏病要服药,服完药继续再谈,没有一点畏惧。

但是,不久红卫兵出现了,造反派出现了,运动还在升级,胡先骕未曾经历过这样横扫一切的运动。其时,胡先骕与小女胡昭静生活在一起,他之不幸也央及于她,同遭磨难,备受凌辱。在胡昭静不多的回忆文字中,对其父亲在“文革”时期的遭遇有这样的记述,照录如下:

> 大约是1966年8月25日,我父亲第一次被“横扫”,其时街上已开始了“破四旧”活动,我们都看见了,但不明白是怎么回事。好像是25日上午,植物所来了许多人送大字报,把我们住房的窗户全糊满了,室内一片黑暗。从1966年8月到1968年7月这23个月中,我家大约被抄了六七次之多,绝大部分的生活用品,大量的书籍、文物字画、文稿、信件和首饰等物均被抄走,连过冬的大衣也未留下一件。原来后院是我们全家五人住,至此只留下两间房,其中一间是厕所。空出来的房子分给植物所的其他同志。我父亲去世后。地理所一人又占去一间大房,只给我们留下9平方米的小间。
>
> 每次抄家都要对我父母进行人身侮辱,这是为父亲致命的主要原因之一。此外,没有书可读对他来说也是非常痛苦的事。我父亲曾在1959年冬突发严重的心肌梗塞,经抢救才回阳世。“文革”中每回忆起此景此情,我总想当时如不进行抢救,他在病中安然逝去,没有任何痛苦,也不会

> 遭到后来的种种侮辱、折磨和迫害，他的一生便没有多少可遗憾的事了。应该说“文革”前植物所领导对他还是不错的，他在病中多方予以照顾，他的工作也始终受到支持。多活这九年对他来说又有什么意义呢？何况他早已功成名就。他还长期患失眠症，不吃安眠药不能入睡。这时不许他用药，彻夜无眠，身体日渐衰弱。曾因心绞痛住过一次医院，没有住几天就被赶出来。原医疗单位是阜外医院，住带卫生设备的单间，此时改为北医多人共住的病房。每天逼他写检讨、思想汇报，还要到植物所接受批斗。一个年逾古稀、身患重病的老人如何承受得了?! 倒是没有打他，没有“坐喷气式”等等，但就是这样的精神折磨，便足以致他于死地了。经济上的打击也很大，从 1968 年 5 月起停发工资，甚至生活费也分文不发。专案组的人说我父亲存款太少，与他的收入不符，又没有金条、元宝、皮货等物，硬说我们把钱给转移走了。一个红卫兵还逼问我和我爱人有多少存款。我回答一分钱也没有，不信可到银行去查。我父亲的工资和稿费除生活开支外，就是购买图书、字画和接济亲友。例如静生的老职员涂藻晚景凄凉，没有工作，父亲长期帮助他。此外凡有困难的，他都量力给予支持，还要帮助我大哥一家。所以收入虽多，自己却所剩无几。
>
> 大概是 1968 年初，在他住房门前给订上了一块“无产阶级专政对象”的牌子，是植物所一人送来的，此人态度极其恶劣，这对他又是一次严重的打击。只是当时分类室造反派的头子还比较掌握政策，言谈举止尚不过分。我父亲于 1968 年 7 月中旬猝死。对他来说，结束这种耻辱的生活，未尝不是一种解脱。[①]

胡先骕去世前一天，单位来人通知，命令他明天暂时离家，到单位集中接受批斗。此前他已参加了一次陪斗，已感受到耻辱、羞恨、恐惧等交织在一起的痛苦。当晚，他表面上如平常一样，至半夜，由夫人准备了一小碗蛋炒饭，吃过之后，便独自去睡觉，一只脚还没有放到床上，就已离开了这个世界。关于他的死因，造反派还要查出实因，特请法医验证，确定为心肌梗塞。胡先骕患此症已有多年，死时七十有四。

---

① 胡昭静：先君步曾公轶事，《中正大学校友通讯》，1994 年第 2 期。

陈焕镛　中华人民共和成立之后，陈焕镛无论在中国科学院，还是在中山大学、广西农学院，皆受到礼遇。然而“文革”的到来，陈焕镛创办中山大学农林植物研究所之二十年，却成为其最大罪恶。曾任广西农学院院长之孙仲逸在其回忆陈焕镛之短文中有言：“解放初期，历次思想改造运动，大学校长杨东莼告诫群众，切勿惊动先生。但先生爱戴党，热爱社会主义，自动要求参加思想检查，群众极为感动，婉言拒却。孰知六十年代万恶‘四人帮’，揪斗先生于广州，横加侮辱，以致夺其天年，令人发指。”[①]陈焕镛在“文革”开始之前，在北京主持《中国植物志》编纂，是被时已改名为广东植物研究所带回广州接受审查，罪名是其在1949年之前投靠美帝，为汪伪政权效劳；1949年后则是坚持资产阶级反动立场，实行学术垄断，培植私人势力进行封建家长制统治。被迫交代各种历史事件经过，并在全国各地收集检举揭发证明材料。在审查期间，睡在阴湿的地上，连一块木板也无，遭到残酷迫害，身心备受摧残，竟致一病不起。1971年1月18日在广州市沙河医院逝世，终年81岁。1980年最高人民检察院起诉江青等“四人帮”时，在起诉书中，将陈焕镛被迫害之死，列入“四人帮”罪证之一。如此指控，在此不论是否恰当，但至少可以见出，陈焕镛之死，在中国科学界引起震撼。

郑斯绪　郑斯绪属于新中国自己培养出来新一代才俊。生于1931年，江苏徐州人，其父乃著名裸子植物分类学家郑万钧。郑万钧师从钱崇澍、胡先骕、陈焕镛，鼎革之后，先后任南京林学院院长，中国林业科学院副院长、院长。郑斯绪可谓是子承父业，1953年9月加入中国共产党，同年于南京大学生物系毕业，分配到中国科学院植物所。1956年9月选派赴苏联科学院柯马洛夫植物研究所进修，1959年3月回国后一直在中科院植物所分类室从事玄参科研究，先后担任分类室党支部书记，副室主任，植物所机关党委委员等职。

“文革”到来之时，郑斯绪已是中国植物分类学青年学者中较有成就之一人，为中科院植物所干部培养对象，32岁时荣任所党委委员，如此职位，在其时可谓鲜见。但是，“文革”的到来，不仅断送其前程，还终止其命运。运动开始，因郑斯绪是植物研究所当权派，而受到批判，并靠边站。1967年元月，有人利用其个人问题，大肆进行体罚和人格侮辱，扣发工资，并进行隔离审查。在步

① 孙仲逸：悼念陈焕镛先生。《广东省植物学会会刊》第二期，1984年。此引自《陈焕镛纪念文集》，1996年。

步紧逼之下，不堪其辱，于1967年2月20日含恨自刭，年仅36岁。

兹所举三位在“文革”之中不幸逝世者，只是植物分类学界之代表；其外，在《中国植物志》编委中，还有广东植物所之张肇骞、江苏植物所之裴鉴、中国林业科学院之陈嵘在此期间去世。然而“文革”至此，只是已过狂风暴雨阶段，尚未结束。

二、《中国高等植物图鉴》

《中国高等植物图鉴》一书之启动，始于“文革”之前的1965年。其时，《中国植物志》已难见成果问世，而在农林产业部门不断有标本寄到植物所，请求鉴定。亟须有一部以图为主的普及性读物，以便具有高中以上文化程度之农、林、牧、副、医药等部门干部及学校植物学教员，在生产和教学中可资应用之工具书。通过图及简要文字说明，能辨识常见之中国植物。因此，类似五十年代《中国主要植物图说》之类著作的编纂又提到议事日程。该书初名《中国植物新图鉴》，后改为《中国高等植物图鉴》，其主编王文采在2007年作《口述自传》，于此回忆云：

> 1965年初，中科院党委召开扩大会议，要求各研究所的研究工作应努力联系国家经济建设的需要，做出成果。植物所姜纪五书记参加院党委扩大会议，回来传达会议精神后，各个研究室都展开讨论。分类室在讨论中，大家认为，当时的《中国植物志》刚出版了3卷，各省、区植物志也很少，缺乏鉴定工具书，各方面鉴定植物种类都很困难，只好把标本寄到植物所要求帮助鉴定。所以《中国主要植物图说》这样的工具书是当前最需要的，应编写这样的著作。这个意见得到室、所的同意。就在那年4月，由领导指定关克俭、王文采、崔鸿宾、陈心启、黎兴江、傅立国、邢公侠、石铸、李沛琼、许介眉等十人投入此项工作。并成立了领导小组，成员有崔鸿宾，陈心启和我，并由我负责。①

① 王文采口述、胡宗刚整理：《王文采口述自传》，湖南教育出版社，2009年。

此项任务抽调人员多为植物所初、中级职称的年轻人和绝大多数绘图人员，而年事稍高的专家皆未参加。之所以将任务交给年轻人，实是大多年轻人并不是《中国植物志》主要编纂者，以彼辈之工作热情和工作效力，更易成事。主持者王文采属承上启下之人，再加上勤恳治学，深得同仁信任。其时，王文采所承担中国毛茛科志已完成部分初稿，即有时间和精力来承担此项新的任务。

图 4-1　王文采(中科院植物所档案)

首先王文采为之撰写“编写要求”，拟定体例，确定选择种类原则。初步拟出分布较广，有经济价值，又有学术意义的种类共计 5 000 多种，决定全书分 4 册，争取尽快出版。于是，是年 4 月下旬编写工作即紧张展开，且颇为顺利。至 1966 年 5 月，在一年多的时间里，已完成 1 册半的稿子。科学出版社了解此书编著情况，积极支持，1966 年 1 月即派编辑曾建飞到植物所分类研究室进行编辑工作。不幸的是“文革”开始，此书编写为之中断。

然而，1969 年中共“九大”会后，在全国范围内展开一场中草药运动，给《中国高等植物图鉴》编纂带来转机。该项运动之起因是毛泽东作出号召“把医疗卫生工作的重点放到农村去”。因之国家制定政策予以落实，又有财政支持，还有《人民日报》、《解放军报》和《红旗》杂志宣传，遂诞生“一根针，一把草”防病治病之热潮。“一根针”是指针灸、“一把草”即是中草药。各地遂有中草药展览、编写中草药手册等。植物所藉植物分类学优势，也派人参与一些地区之中草药手册编写，对筛选、推广、利用中草药做了一些工作；同时感到《图鉴》在中草药运动中作用，于是在1970年3月再次投入编写，对已完成之稿、图予以补充和修改，并继续编写与绘制。对有些科，国内研究专家在其他研究所，则请其他研究所协作。如十字花科、伞形科、薯蓣科、马鞭草科则请江苏南京植物所编写；堇菜科、木樨科等请华南植物所编写；紫金牛科、龙胆科请昆明植物所编写；夹竹桃科、萝藦科则请华南林学院编写。此项任务是通过“中国科学院革委会科研生产小组”于1970年5月下达。有趣的是该协作函最后写道：“你们要高举毛泽东思想伟大红旗，突出无产阶级政治，抓革命促生产尽快地完成此项工作。”[①]在人们来往信函中，毫不客气直接要求受信者应该如何如何，殆为鲜见。

至1971年，第一、二册很快编写完成。这时科学出版社大部分人员已下放到湖南“五七干校”，只有几人留守，植物所只好直接联系印刷厂。从那年春季到国庆节，王文采到通县科学院印刷厂，在厂房里担任校对工作，到年底排好版，1972年顺利出版发行。该书出版之后受到各方面的欢迎，华南农林学院蒋英曾给王文采来信，对第一册的出版给予了高度赞扬，前辈奖掖，让王文采极感欣慰。

其时，科研工作的口号仍然是：为无产阶级政治服务，为工农兵服务，与生产实际相结合。在政治形势强劲之时，莫不紧跟形势，为了了解《图鉴》的使用者——广大工农兵干部的要求，植物所分类室党支部向农、林、医等有关部门、部队、人民公社、学校、科研等200多家基层单位发函，并赠送《图鉴》第一、二册，征求意见。

> 收到了不少的反馈意见，主要有两条：一是不少大属选择的种类数目少。在两册中的多数大属，当初编的时候，我和崔鸿宾讨论，像经济价值大，如樟科、壳斗科，药用植物如唇形科、伞形科等，有意识多收一点，还是有好多属被忽略了。比如柳属 *Salix* 有200多种，这里只选了20种；还有小檗属 *Berberis* 有200多种，大概也只选了20种。另一条意见是书中无分种检索表，尤其是鉴定含种类多的大属时，难以找到区别特征，使鉴定工作遇到困难。这两条意见很好，都被分类室接受。然后做出决定，从

① 中国科学院革委会科研生产组：下达编制“中国高等植物图鉴”协作函，1970年5月27日，中国科学院植物研究所档案。

第三册起,凡大属都适当增加种数,再就是在本书中收入10种以上的属,都在附录中给出分种检索表。由于种数的增加,本书原定四册便增加到五册。同时,还决定在第五册出版后,再编写补编二册,以补充第一册和第二册中大属的种数。从第三册被子植物合瓣类起,一直到第五册的单子叶植物,以及两册补编,都邀请了全国的有关科、属专家参加编写,这样更可以保障编写质量。因此,《图鉴》的编写也就成了全国专家大协作的著作。《图鉴》前两册出版后,1974年出版第三册,1975年出版第四册,1976年出版第五册,补编第一册于1982年出版,补编第二册于1983年出版。全书共邀请全国130位专家参加编写工作,收入我国高等植物约15 000种,其中9 082种配有墨线图,可以说是世界上最大的图鉴类著作。出版后受到各方面的广泛使用,至今已印刷了7次。该书于1987年荣获国家自然科学一等奖。①

图4-2　《中国高等植物图鉴》书影

《图鉴》借助中草药运动开始出版,《图鉴》又为在逆境之中重启《中国植物志》,增添信心,"在中草药运动蓬勃开展的促进下和《中国高等植物图鉴》第一册出版的鼓舞之下,广大群众更感到需要植物种类更全的资料。"便是作为继续编辑《植物志》的一个理由。故有人曾言:是中草药救了中国植物分类学。又组织编写《图鉴》方式,是吸取《植物志》此前已试用之方式,举全国之力,开展大协作。"《图鉴》编写工作进行得比较快的重要原因之一,是我们搞好了所内外的大协作,在全国我们组织了各有关单位的大协作,广东、福建、云南、南

① 王文采口述、胡宗刚整理:《王文采口述自传》,湖南教育出版社,2009年。

京、陕西等植物研究所和有关大学给予积极的支持，他们都按时完成承担的任务，同时东北林土所和动物所等单位还派人到我所参加突击绘图的任务。党支部一方面争取所外单位协作，另一方面在所内统一调配人员，组织绘图的科研人员参加绘图，进行短期突击，搞好了所内大协作。”①因《图鉴》篇幅小、故而编写费时短，易见成效，但还是为其后续编规模大得多的《植物志》，积累经验。

三、重启《中国植物志》编纂

就整个“文革”而言，或者可以划分前后两个时期。前期以打倒刘少奇为主旨，至 1971 年 9 月林彪坠机死于蒙古而止。后期则以批林批孔运动为主，至“四人帮”被逮捕为止。在后期，整个民族政治狂热有所减退，执政之中国共产党已开始纠正极“左”思潮，扭转全国一派混乱局面，1972 年有全国计划会议召开。为落实这次会议精神，中国科学院于 6 月 6 日至 20 日在北京召开生物科研工作会议。“文革”以来，科学事业遭到极大破坏，机构被撤销，研究人员被批判、斗争、下放，高级知识分子被打倒成“反动学术权威”，已无研究之可言。但是，此时对“文革”所造成之劫难，并未予以承认，此种扭转尚不能从根本上进行。中科院此次会议只不过是重新审视各研究所研究方向而已。在“生物基本资料的积累及资源开发利用的研究”之下，重提“继续编写《中国植物志》”②。1972 年 8 月国务院科教组和中国科学院，向中共中央、国务院请示批准召开全国科技工作会议，力图在继续“文革”运动中改变无序之状况。

当政治形势稍有松动，1972 年 7 月 24 日中国科学院植物研究所革委会业务组不失时机地向中科院递上报告，请求召开《中国植物志》工作会议，提出续编之请示。先为摘录一段该报告对“文革”之前所作工作之评论。其云：

> 至 1966 年文化大革命前，已有 40～50 卷开始了编写工作，出版了三卷，付印了一卷，约 14 卷左右接近完成。由于刘少奇一类骗子的修正主

① 《在组织编写中国高等植物图鉴工作中的几点体会》，中科院档案馆藏植物所档案，A002－329。

② 中国科学院生物科研工作会议纪要，中国科学院文件（72）科字第 354 号，中国科学院档案 72－30－6。

义路线干扰，在《中国植物志》编写过程中，资产阶级思想逐渐发展，编委会大权为少数资产阶级学术权威所掌握，编写工作上贪大求全，崇洋复古，又走上“洋奴哲学”、“爬行主义”的老路；另一方面标本、资料也确实有不足之处，还有一些空白地区尚未调查过，越到以后，工作进展得十分缓慢，有的甚至停顿下来。

有些老年研究人员、教授等，毕生研究某科植物的分类工作，积累了较为丰富的资料和经验，过去是承担该科《中国植物志》编写任务的，现在这些人大多年更老、体更弱了，如不及早组织他们开始编写，到他们完全不能工作时(近年来已有几位这样的老科学工作者去世了)，重新培养人编写，就必会拖延更长时间，多走许多弯路，造成不必要的损失，因此继续编写《中国植物志》的工作应该及早、尽快进行。①

该“报告”只是在总结过去工作时，不得不套用其时之政治用语外，余皆为实话。但是，对于编写为何陷入停顿，则只字未提，可见仍是在“文革”的语境之中。但在政治挂帅之下，编写工作如何能迈上正常轨道？此暂且不论，还是回到该“报告”为恢复编写的几项建议上来。建议列有六项，归纳之后实为三项：

其一，恢复“中国植物志编辑委员会”工作。此时编委之中，已有6人故去(钱崇澍、陈焕镛、胡先骕、裴鉴、张肇骞、陈嵘)，1人调离(姜纪五)，1人为历史反革命(秦仁昌)，共有8人缺失，建议重新组织编委会。以植物所党的核心小组组长徐全德为植物志编委会党核心小组组长，林镕为编委会主任，吴征镒、简焯坡为副主任，并由此三人组成党的核心小

图4-3　林镕出任主编

① 关于召开《中国植物志》工作会议及成立“全国植物标本馆”的报告，中科院档案馆藏植物所档案，A002-343。

组成员。对新增编委除政治、业务要求外，还顾及到地区分布因素。拟增加之名单为：东北林土所李书心，青海西北高原生物所郭本兆，湖北植物所傅书遐，福建师范学院林来官，广西植物所李树刚，中科院植物所徐全德、崔鸿宾、汤彦承、陈心启、戴伦凯等 10 人，加上连任者 15 人，编委共计 25 人。

其二，召开《中国植物志》编写工作会议。如何将工作恢复到正常之日程上来，需要以会议形式发动、布置，对过去工作需要修改、认定，以达成共识。更何况还有对过去所谓错误予以批评，以符合“革命路线的编写原则”。建议会议在北京举行，会议规模拟 50 人参加。

其三，建立全国植物标本馆。早在 1950 年植物分类研究所组建之时，庋藏标本之所是沿用前北平研究院植物所陆谟克堂三楼之标本室，面积 600 平方米。由于将静生生物调查所植物标本归并在一起，当时即有用房不敷使用之窘。随着标本数量逐年增加，其矛盾也日益突出。1957 年 2 月植物所第一次学术委员会扩大会议在北京召开，会议曾建议设立全国植物标本馆，总馆设于北京，由植物所领导。并认为急需 2 万平方米房屋用于现有标本之庋藏及研究人员办公之场所，建议在卧佛寺植物园内兴建。至七十年代，建设新馆毫无进展，而标本数量还在急剧增加，只好将标本柜放在各研究室、走廊、楼梯拐角处、厕所旁，如此尚不足以应付，还先后将存放地点增加到北京动物园内植物所以外地方，如西颐宾馆北楼、香山北京植物园等 11 处。由于这些地方不是正式标本馆，不具备防虫、防霉等条件，致使标本遭虫蛀、霉烂、损坏、丢失等经常发生。编纂植物志，主要是研究历年采集与交换而来之标本，所以植物所此时又一次向中科院提出兴建标本馆。限于当时国家之财力，申请标本馆面积减少为 8 000 平方米，以解决多年未曾解决之问题，以应急需。且国家标本馆之建设，乃一国科学文化水平之标志，纵观世界各先进国家，无不有国家标本馆之设立，在号称赶英超美，为“毛主席增光”之时，岂能没有国家标本馆建设？

1972 年 7 月 24 日植物所作出报告，8 月 17 日中科院即发布通知，请有关部门和研究所准备召开“中国动植物志编写工作会议”。但会议正式召开，还经多次报告，最终经国务院批准，于次年 2 月 19 日至 3 月 7 日才在广州举行。中科院将《中国植物志》、《中国动物志》、《中国孢子植物志》编写工作会议一并举行，所以此次会议又称“《三志》会议”。参加会议的有来自 26 个省市、自治区有关科研机构、高等院校、科技管理部门和其他文教、卫生单位的代表 181 人，列席代表 48 人。其中，《中国植物志》编写人员 56 人，工作人员 3 人。所邀中科院植物所以外其他机构人员与会,因不知此前参加编写人员此时之政治状态,不便直接邀请,而将邀请函寄至其所在之单位,由其机构领导决定何许人赴会。因有些单位以政治标准作取舍,一些专业人员未能赴会,而由党政领导参加。

一次学术工作会议,前后用时17天,也令人匪夷所思,但在“文革”中并不鲜见。从会议编辑两期《会议简报》可知各类政治学习,占去会议议程大部分时间。有些政治学习,几乎变成批判林彪的斗争会。在诸多无意义的发言中,摘录中科院植物所一位代表所言,以见其时价值观念之颠倒。其云:

> 我所在一九五二年思想改造运动后,编出了三本图说;1957年反右斗争后,编出了两册中国经济植物志;通过这次文化大革命,又很快出版了两册高等植物图鉴,深受广大群众欢迎,余下三册也将陆续出版。以上三次运动里,为工农兵服务的方向一次比一次明确,研究工作质量一次比一次提高。这些图籍的编写出版,正是在历次运动中,广大分类学工作者批判了资产阶级个人主义思想,贯彻执行毛主席革命路线的产物。①

明明是政治运动给正常工作带来干扰和破坏,此位代表却反其言而言之,表现其忠诚和积极;更有甚者,如此言论,在会上竟得到广泛认同,故被《会议简讯》刊载出来。若有异议,则可能遭受灭顶之灾,故而没有异样言论。这也是笔者此前所言“不得不套用时尚之政治用语”之原因。

至于编写事宜,仅是就原则性问题,予以讨论,并形成共识,如编写动植物志要在普及基础上提高,要有严密的科学性,反映中国的水平;既要保证质量,又要争取速度,不要因贪多求快而影响质量,也要避免因对质量的不切实际的要求而拖延时日;工作部署上要分清轻重缓急,对于与经济关系比较密切、科学意义比较重要和资料比较丰富的动植物类群,尽量集中力量,先保证编写完成;正确处理编写中国动植物志与地方动植物志的关系,注意发挥中央和地方的两个积极性。② 这些原则,实是总结植物志编写而得来,应当归于切合实际,这是在狂躁政治运动之中,应当归于冷静思维之结果。

---

① 《动植物志编写工作会议简讯》第二期,1973年3月5日。

② 《中国动植物志》编写工作会议纪要,中科院档案馆藏植物所档案,A002－343。

中科院植物所先前提出改组编委会成员请示，在此次会议得以通过，形成《中国植物志》第二届编委会。其人选之产生，与1959年第一届编委会大致相同，皆由植物所党委提出，报请中科院批准。但此次植物所在推荐委员时所采取的标准则有所不同：第一届尚能摒弃阶级划分，其委员皆由令人尊敬之专家组成；此第二届，尚在人世之上届委员，除秦仁昌外，均为连任，保持相对稳定。但是，在确定连任之前，植物所以外之委员，植物所还是去函该委员所在单位，询问是否适合连任。即在政治上是否可靠，请彼单位把关。秦仁昌之被除名，即是因为其已打成历史反革命。而新增委员，按“老、中、青三结合”的原则，请一些单位推荐。一些年轻人虽然优秀，但学术资历尚不足者，在第一届时，如郑斯绪即未入选委员，此时风气开始改变，对年轻人信任程度有所提高。编委会另一变化是原主编有两位，现设一位；原无副主编，现设两位副主编。此变化基于两位前任主编皆去世，于目下人选，而作此设置。

会议还对编委会组织条例进行修改，其实也未作实质性修改，只是将编委会原先之任务“八到十年完成《中国植物志》编写和出版”，改为30年完成，即1959至1989年。会议还制定今后三年计划（1973～1975年）和五年规划（1976～1980年）。计划三年后完成26卷，规划再五年完成52卷，15～20年后，80卷全部完成。[①] 对编写中具体问题，如人才培养、赴京工作人员安排、标本借阅、图书资料收集、标本补点采集等俱作安排。编委会还决定编辑油印不定期刊物《编写工作简讯》，报道编辑进展情况，发至各编写单位。为保证编写质量，编委会制定《中国植物志审稿办法》。

广州“三志”会议之后，为了重新引起各研究单位和编写者对编写植物志之重视，编委会按照“文革”之前所制定的计划，派出新任秘书崔鸿宾及计划管理人员夏振岱等人，前后历时2年，走访全国各地原《中国植物志》编委、各参与编写单位及其上级主管部门，征求编写意见，宣传编写意义和目的，获得大多单位同意按原计划继续进行，为续编工作带来转机。崔鸿宾（1928～1994），北京人，早年就读于北京汇文小学及中学，1947年进入中法大学生物系，1951年毕业于南开大学生物系，同年分配至中国科学院植物研究所，从事植物分类

① 《中国植物志》编写规划（1973—1980年）草案，中科院档案馆藏植物所档案，A002－343。

图 4－4　编委会秘书崔鸿宾(中科院植物所档案)

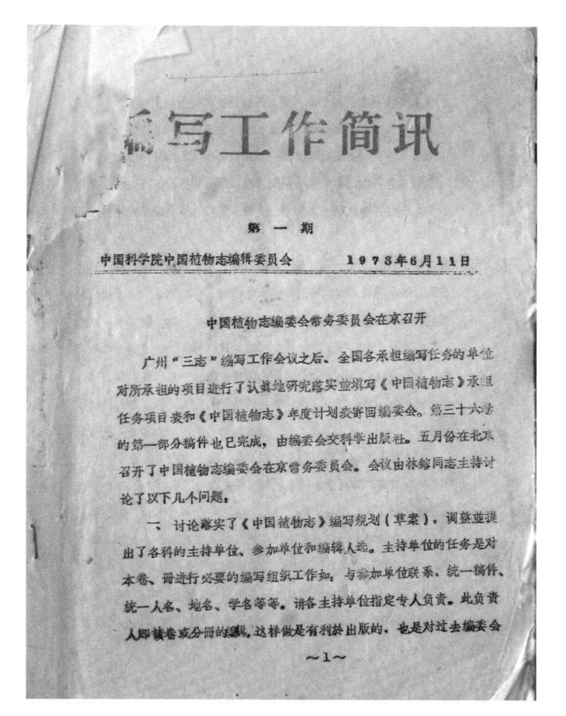

写工作简讯

第一期

中国科学院中国植物志编辑委员会　　1973年6月11日

中国植物志编委会常务委员会在京召开

广州“三志”编写工作会议之后、全国各承担编写任务的单位对所承担的项目进行了认真地研究落实並填写《中国植物志》承担任务项目表和《中国植物志》年度计划表寄回编委会。第三十六卷的第一部分稿件也已完成，由编委会交科学出版社。五月份在北京召开了中国植物志编委会在京常务委员会。会议由林镕同志主持讨论了以下几个问题：

一、讨论落实了《中国植物志》编写规划（草案），调整並提出了各科的主持单位、参加单位和编辑人选。主持单位的任务是对本卷、册进行必要的编写组织工作如：与参加单位联系、统一稿件、统一人名、地名、学名等等。请各主持单位指定专人负责。此负责人即该卷或分册的编辑。这样做是有利於出版的，也是对过去编委会

～1～

图 4－5　《北京工作简讯》第 1 期

学和植物系统学研究。1958 年《中国植物志》启动，除担任具体编写工作外，还参与秘书组工作。1973 年恢复编写，任编委会委员兼秘书，1975 年任副主编，直至去世，为《中国植物志》费尽心血。

四、《植物分类学报》复刊

中国植物学会主编之《植物分类学报》，创刊于 1951 年。此刊或被认为是 1949 年前主要研究机构所各自出版学报的延续。1949 年后，先前之研究所已无生存空间，其所主办的刊物也只能寿终正寝，《静生生物调查所汇刊》、《北平研究院植物学研究所丛刊》、《中国科学社生物研究所汇报》和《国立中央研究院植物学汇报》无一不戛然而止。此时创办《植物分类学报》，以应需要。主要刊登植物分类学、植物系统学、植物地理学等方面的学术论文，主编为钱崇澍。

1959年8月至1963年6月，因编辑《中国植物志》，全国分类学研究力量大多投入其中，工作紧张，《植物分类学报》稿源减少，故改为不定期刊物，直至停刊。1962年决定在《中国植物志》内不再附刊拉丁文新记载，而改在《植物分类学报》发表，稿源问题解决，即得复刊，出版至11卷第三期，“文革”开始，又被停刊。

1972年《中国植物志》编纂将再次启动，预知将有大量论文需先行刊载，《植物分类学报》当再次复刊。其时，中国植物学会已停止活动，即由中科院植物所革委会向中科院出版局致函，作这样陈述：

> 随着《中国植物志》的编写，系统全面地研究我国各科植物，将有大量新种、新属被发现。这些新种、新属必须在正式可以对外交换的刊物上发表，才能被国际上承认；而且，根据国际植物命名法规的规定，最早发表的植物名称才是有效的。经过系统研究的科，作者往往对该科系统理论上有新的见解，也需同时在刊物上发表。新种、新属和系统理论的研究文字都不能在《中国植物志》上发表，因此，植物分类学报如不立即复刊，则将于明年完成的十二卷植物志，即无法付印出版。
>
> 此外，植物分类学报在国际上受到相当重视的，过去曾与各有关植物分类研究机关、大学、植物园有交换关系，交换来大量我们非常需要的植物分类学资料。因此，通过国际交换也是解决《中国植物志》编写工作缺乏资料的手段之一。①

对于在“文革”中，遭到打倒之专家也将有论文发表，如秦仁昌在《中国高等植物图鉴》中对杜鹃花科植物有一个新组合订正，《中国植物志》第三、四卷蕨类植物中将有不少新种。对于这类人物之论文，植物所还不知如何处理，也在请示中请中科院予以定夺。

于是，1973年《植物分类学报》批准重新复刊，编委会组成经植物所与有关单位协商，再经植物所党的领导小组审查同意，编委共有31人，其中常务编委10人，主编林镕，副主编吴征镒、钟补求、王文采。1975年又对编委会予以改

① 中国科学院植物研究所革委会致中国科学院出版局，1972年12月15日，中国科学院植物研究所档案。

组，其原则是：①体现老、中、青三结合，增加青壮年编委；②增加工农编委，此称之为“掺沙子”。

在党委一元化领导下，《植物分类学报》复刊之后，还是小心翼翼，实行边整顿、边改进。改进之结果，与当时其他科学期刊一样，已不是纯粹的学术期刊。由于运动威力巨大，无孔不入，科学期刊首先需要刊载一些大批判之类文章，然后才是学术论文，而此学术论文已降低学术标准。此录复刊后之征稿启事，可见其办刊旨趣。此“征稿启事”不名征稿启事，而是在“编后”中言及，并在《编写工作简讯》上以“致读者信”发出。其云：

> 本学报将选登科技领域的批林批孔、批判修正主义、批判资产阶级世界观的文章；有关儒法斗争对自然科学发展的影响的文章；有关资源植物的利用及当前生产实践迫切要求的植物分类学方面的稿件；有关植物分类学、植物地理学的研究论文或研究资料，以及与该二学科有关的学术评论、国内外研究进展的综合评述和学术讨论等方面的稿件。
>
> 本学报以中文为主，新分类群的发表，拉丁文只写特征集要，标本引证一律不译成外文，一般不附外文摘要，但须附有外文题目及作者外文或汉语拼音姓名。文字力求简明，引用文献及标本择主要者列出，反对烦琐哲学，以说明问题为主。欢迎广大读者踊跃投稿，特别是当前生产实践迫切需要的稿件。①

1975 年党的喉舌《红旗》杂志第四期发表《认真办好自然科学研究刊物》一文，作出思想性、战斗性、科学性的要求。对于《植物分类学报》这样自然科学类刊物的政治性要求进一步提高，1976 年由季刊改为半年刊，以作整改；1978 年重新恢复季刊，其时，已是思想开始解放，研究成果增多，刊载篇幅也随之增加。此后植物志编写逐步恢复到正常途径，在研究当中，形成关于新分类群论文，首选在该刊发表。1982～1984 年，发表新分类群有新目 1 个、新科 1 个、新属 8 个、新种 286 个；1985～1989 年发表新分类群论文 129 篇，占五年发表论文总数的 36.4%，其中新属（含亚属）17 个，新种（含变种）374 个。新分类群的

① 《植物分类学报》第 12 卷第 4 期，1974 年。

及时发表，为中国植物分类学在国际上争得优先权，从一个侧面，支撑起《中国植物志》的编写，同时也推动中国植物分类学的发展。1979 年，又有中科院昆明植物所之《云南植物研究》和东北林学院之《植物研究》之创刊和复刊，与此同时，还有一些新出之学报亦刊载植物分类学论文，致使论文发表空间更加宽广。

五、徘徊于政治与学术之间

学术研究无端与政治联系在一起，且要高度赞许政治之正确，并接受政治指导，方能苟延残喘，但此时之学术还为其学术否？政治随意指责学术，乱扣帽子，让不学无术之人参与学术。而真正研究学术之人，别无选择，为了能研究学术，只得容忍政治之干扰，甚至是人格之侮辱。这是其时中国学术和学人普遍之境况，编写《中国植物志》也概莫能外。在重启编纂之时，政治形势虽然已纠正“文革”爆发之后的天下大乱，但运动还是连绵不断，因而编写工作亦时编时停。再来看看，此时植物研究所已从中国科学院下放到北京市科技局，接受北京市与中科院双重领导，并改名为北京植物研究所。京外其他研究所也都下放到地方，如华南植物所改为广东植物所，昆明植物所改为云南植物所。

广州会议之后不久，编委会常务委员会议即在北京召开，由新任主编林镕主持。会议对“文革”之前已经完稿各卷，如第三十六卷蔷薇科，第三卷蕨类，第六十三卷萝藦科和夹竹桃科等，要求编者重新予以增订，编委会再组织审稿。审稿通过之后，立即送交出版社付印，但印刷环节同样受到“文革”的影响，只抓革命，不促生产，致使出版周期过长，有些迟至 1977 年才问世。会议还根据广州会议“统筹兼顾，保证重点”的原则，提出经济意义较大的如山毛榉科、樟科、伞形科、毛茛科、百合科为重点科，落实主持单位和参与单位。

此次会议还将《中国植物志》之署名作出新规定。在“文革”之前，所出版的三卷，均署有主编钱崇澍、陈焕镛之名。现两位主编均已去世，按照国际惯例，一部学术著作，其主编之名无论主编本人是否存亡，始终不变，即使主编故去多年，仍然如此。但是会议认为，《中国植物志》再署原主编之名，不合乎情况。至于确情，却未言明。若署现任主编之名，但预计今后每隔几年，即可能更换一次主编，如此频繁，也有不妥之处，故决定不再署主编之名。此前每卷册之书名页还署有该卷册主编之名，系对该卷册之学术内容负有责任者，但

《植物志》称此责任者为编辑。一般而言，编辑是出版社人员，负责图书出版过程中的技术工作。不知何故，植物志编委会为何要混淆此两种职称；今则仅署每卷册参与编写者所在单位之名。在另页再另列人员分工表，按科属列出各自编写人员，并署以该卷册编辑(主编)。绘图人员之名写在每一图版图注之后。如此处理，据说是强调集体编写，明确分工和责任，避免繁琐。其实，是对编写主体之轻视，对知识产权之蔑视。而此前，并未有如此细致，参加编写人员之署名，由该卷之主编确定，由于主编的权威性，并未因署名而生争端。而往后，“文革”结束，每卷册恢复署以卷编辑之名。但是由于是集体研究，署谁名而不署谁名，便有争执。往往由编委会裁定，仍然出现不少署名问题。此暂不细说，留待下文分析，此还是接着此次常务编委会往下记述。

会后不久，各任务承担单位，皆制定出编写计划，及时充实编写力量，迅速行动起来。广东植物所主持山毛榉科(最后出版时名之为壳斗科)，专程派人来北京与郑万钧及植物所参与人员商讨落实；江苏植物所与北京植物所合作毛茛科编写，提出争取于 1975 年完成；主持和参加樟科编写之云南植物所、东北林学院和广西植物所也都作出具体计划和安排。

但是，1973 年 3 月为巩固“文革”的胜利成果，认为在科研领域也有两条路线斗争，在逐级领导布置之下，植物所开始进行基本路线教育运动。成立所领导小组，全面动员、布置、领导运动的开展，并成立基本路线教育办公室，负责面上工作。为了保证运动开展，并保证机关日常工作进行及业务工作，安排半天运动、半天工作。运动主要是政治学习，在年终时曾结合工作一并进行。1974 年 2 月，在全面动员之下，又开展“批林批孔”运动，全所动员大会，各研究室学习讨论，揭发问题，彻底批评等。植物所编辑油印《批林批孔简报》共 10 期。运动持续半年之久。

在“批林批孔”运动推动下，以基本路线为纲，组织“如何编好《中国植物志》”大讨论，在京内外举行座谈会十余次，得出结论是：第一，编志是为了无产阶级政治服务，为社会主义建设服务，为工农兵服务；第二，树立起服务目的，编纂志书应该向工农兵学习，尽快出版，而不应该追究一时无法解决的学术问题。编委会编辑《编写工作简讯》第六、七两期专门刊载这些笔谈或各地讨论会总结。在这种背景之下，已被打成“历史反革命”之秦仁昌所编第三卷蕨类植物就没有通过编委会审查，且遭到批判，所写之稿，弃而不用，另起炉灶，重新编写。秦仁昌乃此领域之权威，何以遭此羞辱，将在下文以专节详为记述。

至于其他编写任务完成如何，在政治运动不曾中断的情况下，显然是难以完成任务。1973 年计划完成 10 卷，实际只完成 4 卷；1974 年计划完成 8 卷，实际也只完成 4 卷。计划中的这些完成之卷册，还是“文革”之前已基本撰写完毕，或有相当基础；而那些新近组织编写的卷册，几乎没有进入状态。有些单位是人员、经费、条件无从保证，无法完成，有的甚至完全没有进行工作。1975 年初编委会有这样文字分析计划未完成的原因：

> 有计划而无检查，有书面检查，但单位可以不回答，订了计划也可以不做，随便改变计划也可以不通知，有的干脆连计划表和执行情况都不送，到目前为止，还有十几个单位没有送 1974 年计划执行情况和 1975 年的计划。计划自由化的现象相当严重，脱离当前社会主义建设的需要，不从现有条件出发，计划按照个人自己的目的去做，贪大求全，为此一拖再拖，年年写“完成”，年年不完成。①

这是学术受到干预的必然结果。其时，有一种幼稚之幻想，以为只要深入开展政治运动，研究工作就会相应搞上去，所谓“抓革命、促生产”是也。事实是抓革命，难促生产。编委会对于计划无从落实和完成，甚为着急，在分析造成这种局面的原因，所言仅是现实情况，而不能追问深层原因，更没有触及政治运动所带来的破坏影响；当然，编委会也无从意识到这些深层问题。即便意识到，也是不敢触及。

六、蒋英与夹竹桃科萝藦科编纂始末

中国夹竹桃科、萝藦科专家首推蒋英。自 20 世纪 20 年代末期蒋英步入植物分类学领域，即以此两科为研究对象。蒋英（1898～1982），字菊川，江苏昆山人。1920 年入金陵大学森林系，1925 年毕业。先在安徽安庆农业学校任教，1928 年 3 月，经秦仁昌介绍往广州，任中山大学理学院生物系助教，1930

① 关于编写计划工作的几点说明，1975 年。中国科学院档案，75－29－9。

图 4-6　蒋英(李秉滔提供)

年 2 月又经秦仁昌推荐,而来南京任中央研究院自然历史博物馆任助理员。1933 年应陈焕镛之聘,复往广州,在中山大学农林植物研究所从事研究。1949 年之后,蒋英仍然执教于中山大学农学院,1952 年院系调整,成立华南农学院,任林学系教授。此后该校多次更名,蒋英一直任教于此,曾兼任林学系主任、科研部部长。在华南农学院蒋英仍继续致力于此两科研究,并有门生李秉滔跟随其后,一同肆力,故此两科植物志由蒋英、李秉滔合作完成编写。

《中国植物志》编委会成立,蒋英为其成员。根据编委会决定,当然承担夹竹桃科、萝藦科任务,列为第六十三卷。于是自 1962 年立项开始编写,其时蒋英任中南林学院科研部主任,事务繁忙,经常开会。1964 年参加"四清"运动,工作停顿。至 1965 年,还是抽出时间往华南植物所标本室和图书馆工作。李秉滔云:"他勤奋工作,每天清晨,戴着草帽,挂着背包,步行来往于华南农学院和华南植物研究所之间。每天行程 12 华里,天天早出晚归,三伏酷暑,汗流浃背,一天也不知更换多少次布衫。"①此或为门生李秉滔亲眼所见,可见蒋英工作之勤恳。但是,华南植物所正在进行社会主义教育运动,标本室、图书室经常不开门;又因战备关系,模式标本和可靠标本皆已疏散他处,标本室只有一些普通标本,因而研究时无模式标本查考比较。凡此种种,编写工作不免受到影响,但在"文革"之前还是写成初稿。

1973 年广州"三志"会议,重启编写,蒋英倍受鼓舞。会后,即与李秉滔投入工作,于当年 5 月交稿送审。编委会委托广东植物所编委陈封怀及阮云珍组织该所分类室人员予以审稿。陈封怀对此两科志可谓赞不绝口,称许有加,其审稿意见云:

> 我们大家一致认为这是一本巨大的创作,是蒋英和李秉滔同志积数十年的劳动钻研的成果,我们应该认真向本稿件学习,为了这个专志出版

① 李秉滔:蒋英传,中国科学技术协会编《中国科学技术专家传略:农学编:林业卷(一)》,中国科学技术出版社,1991 年。

更为完善，我们也认真仔细审查，特别在编写文字方面有无遗漏、笔误以及植物名称方面的问题。经过十余天时间，我们集中各方面的问题提出意见，由阮云珍和刘玉壶同志二人作了书面讨论。当时，蒋老和李同志虚心接受了我们的意见，而且即时作了修改，表现高度的风格，这一方面也值得我们学习。我对此很不了解，浅陋之见是否恰当，姑作我们很不成熟的见解，因感读这篇大著，兴奋之余，大胆提出而已。①

萝藦科这篇著作，经过我室同志们阅读，大家认为是一篇完整无暇著作，最突出的地方是在形态描述方面，十分细致，堪称与夹竹桃科媲美。在地理分布方面，记载很全面，经济用途上调查很周详，特别在医疗方面，说明某些种类的疗效作用，提高中草药的用途。总之，这篇著作不仅在我国植物学中达到高度的水平，而且在经济方面起了很大的作用，政治方面没有不恰当的地方，应早日付印出版。②

尚在激烈的政治运动之中，陈封怀率真依旧，不失大家风范。一句“政治方面没有不恰当的地方”，将自己与时代潮流拉开距离，可见其与同时代大多数人之不同。陈封怀之审稿意见，也为北京编委会常委复审时所赞同，只是对一些技术问题有进一步修改意见。蒋英特派李秉滔来京即时修订。10 月 24 日主编林镕签署同意付印，第二日即送出版社，办事效率可见之高。“三志”会议至此期间，没有掀起新的运动，较为安静，所以才有这样办事之效率。蒋英、李秉滔关于此两科编排理论阐述部分所形成之论文，则在《植物分类学报》刊出。

1928 年，蒋英开始致力于夹竹桃科、萝藦科之研究，至 1973 年此两科植物志完成，历时 45 年，可谓是其一生之研究成果。中国此两科的种数不是很多，夹竹桃科有 46 属 174 种 33 变种，萝藦科 44 属 245 种 33 变种。但关于该两科的文献资料，特别是模式标本大多藏于国外。蒋英开始致力于此项研究时，即谋求出国研究，但未能如愿。1949 年后，出国更是困难，只得与英、美、法、德等 26 个国家通讯联系，抄打原始文献资料，拍摄模式标本照片或索取模式碎片，即使是已被归并种的模式标本也力求搜集，避免追随他人的偏见。同时，也向

① 陈封怀：夹竹桃科审稿意见书，1973 年 6 月 29 日，编委会档案。
② 陈封怀：萝藦科审稿意见书，1973 年 8 月 7 日，编委会档案。

图 4－7　李秉滔

邻国印度、缅甸、泰国、马来西亚、菲律宾、印度尼西亚、日本、苏联等借用标本或摄取标本照片。国内则向 46 个单位借用了标本。两科植物 400 余种,全部进行解剖和绘图,亚科、族也选其代表种进行花粉研究,以了解颗粒花粉、四合花粉及花粉块的关系。经过长期研究,几乎没有存疑种。该卷经过 15 位学者 5 个月审稿,提出 504 条(重复 400 条)意见,经斟酌有些意见被作者采纳,对提高书稿质量有所帮助。

李秉滔来京定稿,系其首次来北京,得到北京植物所甚为周到之接待。在百余日中,不仅改稿,还参观学习,返回广州之后,蒋英特致函植物所表示感谢。其函云:

我院李秉滔同志于今年 8 月 13 日至 11 月 29 日,到你所进行《中国植物志》第 63 卷定稿和学习,得到你所各级领导热情关怀和帮助,使定稿工作顺利进行,我表示衷心感谢。李同志在京三个半月时间,还得到汤彦承、崔鸿宾、钟补求、匡可任、俞德浚等同志在业务上的耐心帮助和指导,关克俭同志还相助李同志到京郊山区野外考察几次,党支部、编委会还安排李同志政治学习,听各种政治报告,到各处参观,到出版社、印刷厂学习,并接受工人阶级再教育,从而使他在政治上、业务上有较大进步。李同志是第一次到北京，生活上得到崔鸿宾、夏振岱、董惠民等同志热情关怀，把自己的棉衣借给李同志穿着，使李同志深为感动。李同志回到学院后，向领导上汇报了他在京时工作情况和你所的高尚风格。他表示要向你所的同志们学习，努力改造世界观，做好各种工作，为社会主义革命和建设贡献自己的力量。①

蒋英此函大可吟味。是年，其已是75岁高龄老人，从旧时代过来之人，对社会价值观念变化是否赞同，姑且不论，但通篇语言皆具时代特色，以此代表学生表示感谢，可见其爱护学生之切。即使将此函当作平常之感谢信，也是师门为弟子进入学界而铺路。其时，在革命教育之下，老师已成学生革命的对象，而在现实之中，尚有如此师生情谊，良可称颂。

第六十三卷于1977年出版，蒋英摩挲这本几十年心血的结晶，不免感慨，在向友朋赠阅新书时，于书之扉页上题七律一首，有句云："植物图经八十卷，葱茏大地斐成章；耄年自喜心犹赤，渭水才惭尚父姜。"1978年，蒋英出席了全国科学大会并受奖；1979年，该书荣获林业部科技成果一等奖；1982年该书与蒋英、李秉滔合著另一《中国植物志》番荔枝科一同获得国家自然科学三等奖。

七、郑万钧与裸子植物编纂始末

中国裸子植物种类有200多种，加上倪藤、麻黄和引种而来的种类，则有300种之多。其中以松、杉、柏等科分布最广，组成大面积森林，为主要木材树种；其中还有许多庭园绿化树种。1949年之前，中国植物分类学家对裸子植物研究即为重视，1929年郑万钧入中国科学社生物研究所，即开始从事森林植物调查，积累资料，经不懈努力，终成裸子植物专家。其一生最为辉煌之事，当以1948年与胡先骕共同发表"活化石"水杉新种。

郑万钧(1904～1983)，江苏徐州人。1923年毕业于江苏省第一农业学校林科，留校任教，旋任东南大学助教。1929年后任中国科学社生物研究所植物部研究员。1939年赴法国图卢兹大学森林研究所研究森林地理，获科学博士

① 蒋英致中国科学院植物研究所革委会、分类室党支部、植物志编委会函，1973年12月18日，编委会档案。

图 4－8　郑万钧

学位。回国后,任云南农林植物所副所长,1944 年任教于中央大学。中华人民共和国成立后,郑万钧任南京大学农学院林学系教授、系主任、副院长,1952 年全国院系调整,任南京林学院教授、副院长、院长。1954 年中国科学院植物研究所为全面研究中国植物,重郑万钧之名,聘为兼职研究员,就近在南京中山植物园工作。1956 年植物所选派刚自大学毕业分配来所之傅立国转回南京,再跟随郑万钧之后,治裸子植物学分类学。傅立国(1934～　),四川南江人,南京林学院林学系毕业,本为郑万钧门生。此前一年夏郑万钧接受植物所下达编写《中国主要植物图说 · 裸子植物门》任务,但因其他任务,而未立即着手。此有傅立国到来,随同南京中山植物园之刘玉壶一同协助编写。选取中国主要有经济价值的或有学术意义的裸子植物 80 余种,作系统整理,科属种的记载,有汉名、拉丁名、形态说明,生态繁殖和经济用途,每种并附有详图。但此事尚未竣事,《中国植物志》开编,即而放下裸子图说而从事裸子植物志。

裸子植物志列为第七卷,于 1959 年 4 月在北京开始编纂,郑万钧北上主持,傅立国、刘玉壶随往,并调集植物所之陈家瑞、崔鸿宾、王文采,武汉植物园傅书遐参加。该卷本亦响应“大跃进”号召,于是年 10 月前出版,以向国庆十周年献礼。傅立国曾有回忆;“1959 年 4 月导师和我从南京来北京植物所投入了紧张的编志工作,每天从早到晚,中午也不休息。每当所领导送来梅兰芳、袁世海等著名京剧家的戏票时,郑老总是婉言谢绝。时至 9 月,编著工作完成 70%,正逢党内开展整风运动,郑老身为南京林学院院长和党委委员必须回校参加,因而只好暂

图 4－9　傅立国(中科院植物所档案)

停这项研究。”[1]没有如愿在十一国庆之前完成，也因资料积累不够完备，尚有值得研究之处，又非短期内所能解决。

1960年以后几年郑万钧嘱傅立国带着各属分种检索表，到全国科、教单位标本馆鉴定标本，试查检索表是否好用，以及登记标本上的具体分布、生境，同时将难以鉴定和形态特殊的标本借回研究，发现不少种的新分布。但郑万钧因学校事务繁重，一直无暇将该志予以定稿。编委会多次致函南京林学院，催促郑万钧暑期来京工作，终于1961年8、9月来京。然而书之初稿至1963年方才完成。初稿完成后，郑万钧认为松柏部分不够细致，没有拿出来。然而，一放即是十年，1972年4月着手修订，此时郑万钧已移驾北京，任中国林业科学院院长，虽年过七旬，每日仍往西直门外大街植物所内工作。编写人员除原先者外，1972年11月南京林产工学院朱政德、赵奇僧来京参与。1974年底定稿送审。

该卷对国产裸子植物进行全面整理，其出版对林业建设具有指导意义。书稿送审之时，整个植物志完成的卷册尚少，且号召科研为生产服务，故有加快速度出版之需要，即而对学术问题不再作更高要求。编著者是如此，审稿者亦复如此。郑万钧言：“植物志的编写工作在“文革”前后，我们在认识上是有不同的，也就是现在在思想上有所提高了。就是对于毛主席的革命路线有了较高的认识，也就是植物志为什么人服务的问题，理论必须联系生产实际的问题。”[2]

1975年初，编委会首先请时已调往广东植物研究所刘玉壶审稿，其意见云：“我曾将分布于广东地区种类，根据我所收藏的标本审查过，对于种的划分符合实际应用。由于执笔人数比较多，描述及检索表有些种类过于冗长，种后的讨论有些也过于冗长，请考虑删繁就简，以期早日出版。”[3]刘玉壶早先也曾参与该卷落叶松属和松属的编写，在此两属著者署名上，郑万钧均将刘玉壶之名排在前面，其他属的著者排名也复如此。郑万钧是林学界及分类学界的前辈，如此做派，令后学者无不感动。其后，实行群众审稿，编委会要求广东植物所组织审稿小组。因广东植物所无暇顾及，又改由北京植物所组织。审稿

---

① 傅立国：高山仰止颂郑师——缅怀导师郑万钧。水杉园网(http://www.jfu.edu.cn/)

② 关于如何编好《中国植物志》的讨论，《编写工作简讯》第5期，1974年1月16日。

③ 刘玉壶：第七卷裸子植物审稿意见书，1975年4月21日，编委会档案。

组由俞德浚率领,由马其云、李朝銮、曹子余、董惠民等组成。俞德浚执笔撰写审稿意见云:"我们通过全面学习,共同讨论,认为本卷植物志是作者们多年研究工作积累资料的结晶,是我国裸子植物一部集大成的著作。内容丰富、图文并茂,分析研究细致认真,改正了许多前人在命名上的混乱,检索表基本好用,可供分类鉴定,希望作者们在文字方面能再作适当精简,节省篇幅。编委会早日批准送交出版社付印,以应生产科研和教学部门的急需。"①据此群众审稿意见,作者予以修改,于1976年5月送出版社,1978年12月正式出版。该卷编辑为郑万钧和傅立国。

该卷收集、审定了国内外学者发表的中国的裸子植物名称,用种群的概念对物种进行了客观的分类,检索表能准确检索物种,分布、生境等,80%的物种绘有形态图。更为重要的是,在编志期间查阅了大量文献,分析前人发表的裸子植物系统,重新排列目科次序,提出了裸子植物新系统(后亦称之为郑万钧系统)。该书出版之后,深受专家和读者的好评,美国农部组织专家将全书翻译成英文。该项研究还获1980年农业部科技成果一等奖、1981年林业部科技成果一等奖、1982年国家自然科学二等奖。

八、方文培与槭树科编纂始末

方文培为中国槭树科、七叶树科、杜鹃花科研究专家,其在《中国植物志》中,却只完成槭树科和七叶树科的编纂。方文培(1899～1983),字植夫,四川忠县人。1927年南京东南大学毕业后,即入中国科学社生物研究所,1934年赴英国爱丁堡大学学习,1937年获博士学位。回国后,任教于四川大学生物系,直至去世。方文培关于槭树科研究,始于1927～1932年在其从事野外调查期间,根据其对各类植物进行观察和对国内分类学研究状况之了解,而决定对槭树科进行整理。植物分类自瑞典植物学家林奈奠定分类学基础以来,高等植物多以花的特征作为分类依据。而槭树花很小,呈淡绿色,又常混在叶间,野外工作不易采得,且其构造复杂,故按花进行分类存在困难。德国植物学家帕斯(F. Pax)为此自19世纪以来,费时几十年研究槭树科,发表了不少专

① 俞德浚等:第七卷裸子植物群众审稿意见书,1975年10月27日,编委会档案。

著，后经各国学者继续研究，认为其分类原则不妥。方文培根据自己的观察研究认为：槭树的分类应根据其全部营养器官和繁殖器官的综合特征为依据，于1932年整理大量资料后，以英文发表了《中国槭树科的初步研究》和《中国槭树科志》，首次整理记载中国槭树科植物有56种，其中金钱槭属2种，其余则为槭属。按种类分为9组，其中1个新种，3个新变种和3个新变型，这是中国最早具有代表性的植物专志之一。1934年后，方文培在英国留学期间，更是专注槭树科研究，搜集和查阅存于国外标本馆（室）采自中国各地的标本资料，如爱丁堡植物标本室、伦敦皇家邱园标本室及英国自然历史博物馆等。1936年秋，他又去法、德、意、奥等国各大标本馆（室）查阅资料，在数月内以巨大毅力和惊人速度仔细研究了它们采自于中国湘、鄂、闽、赣、川、黔、滇、藏、陕等地区的全部标本，并制成卡片，于1937年夏完成论文《中国槭树科的分类》。该文于1939年在国内发表，共记载有槭树植物87种，其中产于中国60多种，相邻地区20多种，这是方文培对其1931年以来在国内实际调查所获得资料和国外植物采集者采自中国槭树资料的全面研究的总结，为在国内独立进行槭树分类方面的研究奠定基础。1954年植物研究所聘请方文培为兼职研究员，以从事槭树科、杜鹃花科研究。1949年后方文培在政治运动中遭遇，限于笔者掌握资料无多，不知大概，仅从一份四川大学党委办公室1958年油印文件可知，方文培在“拔白旗”之中，受到有组织之批判。拔白旗是指对一些专业技术水平高，而对政治不够热情、不够投入的知识分子进行的批评，标榜“拔掉白旗，树立红旗”。且看方文培在“拔白旗”中受到怎样的指责和批判：

> 为了达到自己个人名利的目的，方文培沉醉于发现新种。解放以后他发表了12篇文章，都是关于新种的，没有一篇与生产实践有联系的东西，八年以来共发表了35个新种，其中有一篇就得稿费1 000多元。由于一心追求发表新种，他对国家交给他的任务等闲置之，对生产部门提出的问题，对教学工作一向漠不关心。他提出政治和业务应该分工，一个人的精力有限，不可能兼顾。他说：学植物的人，政治只要有个常识就够了。他还认为多鉴定标本就是过问政治，为人民服务就是为人民多做事。他把参加会议当成最好的休息，开会经常打瞌睡。他的这些思想和表现在生物系教师和同学中的影响很大，系上很多老师和同学都迷信他，盲目崇

拜他,以他为自己学习榜样,认为方文培这条只专不红的道路是走得通的。

这次对他的斗争,开始是以揭发为主,除会上揭发外,又给他贴了469张大字报和出了几个专刊。这次揭发出来大量事实证明,他的专是很有局限性的,他还停留在十八世纪林奈的水平上,他就会搞定名和形态描述,而这实际上是一个博物馆的工作,一个初中文化水平的实验员都可以搞的工作。揭发以后,开始他对有些问题还是想不通,要求公开辩论。生物系就组织了全体教师和部分同学代表和他辩论了一个晚上和一个上午。对他这些论点一一作了批判,最后他承认错误了,并输了,然后又在大会上作了一次检讨。①

四川大学批判方文培所采取的策略,与全国其他地区一样,以贬低其专业水平来打倒其专家称号。专家之所以是专家,即其有精深的专业知识,为大多同行难以企及;假若专家还犯专业常识错误,岂不是斯文扫地,人们对专家崇拜便会顿时消失,这是羞辱专家最好之方式。前在思想改造运动中,方文培之老师胡先骕在中科院植物所也是受到这样贬损。方文培经此批判,对其精神造成多大伤害,对其日后编纂植物志有何影响,今皆不得而知。

图4-10　方文培

《中国植物志》开编,方文培首先主持编纂槭树科与七叶树科,列为第四十六卷。该卷还收入由昆明植物所编纂的几个小科,限于体例,在此不作陈述。1959年11月方文培来北京参加中国植物志第一届编委会议,会后即在植物研究所搜集资料,开始槭树科编纂。回成都后,于第二年秋间写成,随即交稿。在“大跃进”声浪之中,为追求速度,编委会未作严格审稿,即交科学出版社进行排版。

① 中共四川大学党委办公室:砍掉生物系的白旗——方文培的经验和体会,1958年7月5日,油印件。马金双先生提供。

1961年初，方文培又来京作修订工作，因槭树科系统有很大变化，预计将有甚多增改，不得已编委会通知出版社，将已排之版作废，待将来修正完毕，再予排印。科学出版社复函云："经我们再三考虑，中国植物志系一部代表国家水平的植物分类学专著，在国际上将起到一定影响，为保证该书质量，同意编委会提出的要求，原版毁版，重新按修正稿排印。同时我们也同意你们提出的所有一切因重排而造成的经济损失，由编委会支付的意见。"对编委会如此随意交稿，出版社还作出这样批评："此次槭树科一稿未达到清稿定稿，以致在校样中改动特大，最后甚至不得不拆版重排，在人力物力上损失很大。这一经验教训值得我们记取。"[①]此事发生，使编委会秘书秦仁昌信任度有所下降，对著者方文培更是不良记录，为日后编纂坎坷埋下伏笔。

至1964年，槭树科修改完成。几乎与此同时，七叶树科编纂于1960年开始，1962年完成初稿。1966年3月，方文培来北京工作三阅月，就两科书稿再作修订。

重启编纂之后，1973年12月七叶树科经重新修订交审，稿件中文献引证只有拉丁文，不符合文稿要求。之后，方文培阅读《编写工作简讯》所刊编写规格，去函编委会同意按照编写规格增加遗漏内容，并写出几个种文献引证样稿。编委会约请林镕、陈家瑞、郑万钧、崔鸿宾予以审稿。审稿结果主要是对方文培所确定的新种有看法，以崔鸿宾批评最为严厉。他说：

> 是新种应该发表，但发表新种应当慎重，不能像过去帝国主义的专家学者乱抢中国植物新种一样，捞得一张残缺不全的标本，一看有点特别，就抢先发表，只为自己沽名钓誉，不顾在科学上制造混乱。过去，特别是解放前有的中国人也这样做了，应该批判，以后不要这样做。而方文培先生竟然在文化大革命之后的今天，还这样乱搞，是不能容忍的。1960年乱发表的新种，现在在文字中存疑，看来态度好像转变了，承认了自己过去的过错。但我们要问：你过去乱搞的新种，花果不全，你为什么不等材料全了再写出来呢？在自己的国土上，原来根据的材料不全，事隔14年，仍是那个残破标本，写出来到国外去，不怕丢丑吗？

---

① 科学出版社复《中国植物志》编委会、中国科学院植物研究所函，1961年7月28日。

> 从七叶树科看方文培先生的工作很有问题,很不慎重,乱发表新种,遗(贻)害人民、遗(贻)害自己。方文培先生的槭树科搞得如何?我们不了解,是否请四川大学先集中力量,把槭树科自己审查一遍。希望先把槭树科搞完了,然后再开始一个新的杜鹃花科。①

在编委会形成的审稿意见之草稿中,也将这些话语写入其中。陈家瑞对此不甚赞同,他说:“对方(文培)的文稿其他批判意见精神我是同意的,但某些批评词句比较尖锐,如果是下面的群众给他写大字报,我看未必不可,但以组织名义,针对一个人而言,恐怕就要慎重一点,否则会适得其反,不利于调动积极因素和团结两个95%。”②后在正式文本中将此删除。笔者重新关注这些言辞,只是藉此说明,在编委会中,左的政治思想占有一定地位。

槭树科于1975年9月完成,第二年春按编委会决定,交四川生物研究所审稿。审稿期间,方文培也不忘来一次“开门编志”,以跟上时代思潮。其云:“我们最近派出槭树科编著小组同志,去四川有关木材加工单位,进行开门编志,了解槭树科木材利用情况及有关问题,向工人师傅学习许多知识,深受教育。今后继续与生产部门联系,到生产实践中去,更好与工农结合,编出更好地为广大工农兵欢迎的中国植物志。”③这些言语,是否真实,大可存疑。方文培之所以如此,大有迎合编委会,以便让志书获得通过之意。

四川生物研究所对审稿没有经验,根据编委会指示,先组成一个审稿小组,实行群众审稿。将槭树科检索表油印100份,分送四川成都、重庆、雅安以及贵州省农、林、医等20余个生产单位试用。其后,召开审稿会议,邀请审稿群众和著者参加。群众审稿结果必然归结为两条:一是检索表不通俗,不好检索;二是种划分太小,没有必要。因为群众学识有限,所见仅是表面,不会去追究细微的学术差异,专家们的兴趣被认为无意义,也无必要。在“文革”之前,方文培所写有66种,现在增加至153种,还有几个新种未载入。新种如此之多,不为审稿群众所接受。四川生物研究所开展的群众审稿,在编辑《中国植物志》是第一回,受到编委会称赞。

---

① 崔鸿宾:对方文培七叶树科植物志稿意见,1974年3月14日,编委会档案。

② 陈家瑞致董惠民,1974年3月21日,编委会档案。

③ 方文培等:《中国植物志》编写计划执行情况,1976年7月3日,编委会档案。

如此反复，该志无法通过，又置之几年。1979 年 2 月编委会常委会重加审查，李安仁认为槭树科种划分较小，但为了贯彻“百家争鸣”方针，尊重原著者的意见①，方才获得通过，俞德浚签署同意后送出版社付印。编委会致函四川大学生物系，告知此事，并建言该书编辑由方文培担任，得到四川大学回函赞同。该卷于 1981 年 2 月正式出版，方文培总算在有生之年见到这部久经磨难之著作面世。

方文培在槭树科研究中，还对其分类系统提出了新见解，即在属以下用亚属、组和系三级分类法，全世界槭树分为 2 亚属，22 组和 35 系，中国的槭树在这个全属分类系统中占有 15 组、21 系。亚属和组的排列参照演进程序，达到符合自然分类系统原则。

图 4-11　方文培与门生在四川大学生物系标本室

方文培还是杜鹃花科专家，因在槭树科的多次反复，花费太多时间和精力，无暇进行杜鹃花科编写。其后编委会重新组织杜鹃花科的编写，共有三卷册，其中第五十七卷第 2 分册，由其四川大学之门生胡琳贞、方明渊、何明友、胡文光来完成，其中方明渊还是方文培之子。方文培于 1983 年 11 月去世，享年八十有四。杜鹃花科于 1994 年 12 月出版，在书名页上，他们写有“献给精

① 李安仁：对《中国植物志》第四十六卷的意见，1979 年 2 月 2 日，编委会档案。

心指导我们工作的老师——杜鹃花科专家方文培教授”,以作纪念。

九、秦仁昌第三卷蕨类志稿遭否定

秦仁昌在“文革”开始之时,就因其在1949年之前主持庐山森林植物园和云南大学森林系时与国民党人关系密切,而被追究打成历史反革命。虽说是不戴帽,但也让人无法抬头。然而祸不单行,与此同时,在一次挤公共汽车时,不幸摔倒,小腿骨折。此后,不良于行,已是古稀之人,只能在家中继续工作。其时,按照中国共产党对待被打倒几类人的政策,有一定专长者还应发挥其一技之长,故分配秦仁昌参与《中国高等植物图鉴》的编写和《植物拉丁文》的翻译。但在《图鉴》中,秦仁昌所承担并不是其所擅长之蕨类植物,而是杜鹃花科。不久,即为完成,还订正了一个新组合。秦仁昌曾言种子植物分类比蕨类植物分类要为容易,所以他能轻松自如完成此任务,且有不俗之成绩。

图4－12　晚年在家中工作的秦仁昌（中科院植物所档案）

《中国植物志》重新启动,秦仁昌已完成之第三卷蕨类植物面临审稿。该卷编写始于1959年完成第二卷之后,1962年4月完成。1963年3月秦仁昌在填写“研究成果或研究总结登记鉴定表”时,对该卷学术价值甚为自负。其云:“这是作者三十多年来,对这群植物研究的系统总结。此外,在这群植物的分类过程中,还提出一个新分类系统。因此,在种类的鉴定和分类系统上,可以说达到世界最新的水平。”①并且预言在是年出版。于此同时,第四卷蕨类植物也将近完稿。

在1963年,或1964年,主编陈焕镛曾对第三卷予以审阅,对其系统及所命名之新种,作出深入分析,最后却给予否定意见。摘录两条意见:

① 秦仁昌:中国科学院植物研究所研究成果或研究总结登记鉴定表,1963年3月1日,中科院植物所档案。

相同近缘的种类应该在系统中相邻排列。在一些大的蕨类属中，一方面紧密相关的种类被不相关的种类隔开，而另一方面不相关的类群又被放到一起。以上具体体现在 *Pteris* 属的 *Subquadriauricula* 组中的 *Biformes* 系，即手稿 1101～1125 页。

……

有关的种被隔开有两种情况：第一种就是涉及到一类被分成两个或更多的类群，如 15 种同 *P. faurier* 相近，但被置于三个独立的，广泛分开的类群中。如第一类具有 7 个种(70～77)，第二类有 6 个(84～89)，而第三类有两个(96～97)。所有这三组类群被一些属于完全不同的类群，如第 78 种 *P. cuspigera*，而分开；而同属于 *P. oshimensis* 的第 90 和第 79 种又被中间的 9 个种分开。这是非常明显的种不在系统中，尽管给与相继的序列号。这在分类学程序中是脱离基本要求而不允许的。①

因陈焕镛这些意见，该卷稿遂被搁置，更无论第四卷。重启编纂之后，秦仁昌并未作太大修改，而于 1973 年底交稿。该卷记载有凤尾蕨科、中国蕨科、铁线蕨科、裸子蕨科、水蕨科和蹄盖蕨科等 6 个科、34 属、909 种，共约 100 万字。第二年初，当编委会将要组织群众审稿，秦仁昌却不以为然，认为不是此领域研究者，难以断定是非。不过以秦仁昌当时之处境和其所具之精明，表达得十分委婉。他说："孢子植物，经过极其细致的反复观察，定成一个种，确实要比大多数的种子植物要细致的多，困难得多。在这方面我是有切身经验的。""我对苔藓、藻类等的分类根据就是不懂，完全无知的。过去审阅文稿时，只是做点咬文嚼字工作，不敢提出实质性的问题，原因就在此。"②这是秦仁昌致北京植物所分类室负责人的信函中所言，后被摘录刊登出来。但秦仁昌的意见丝毫不能为编委会所接受，而被人扣以"以势压人的挑战书，妄图以其蕨类大权威之势抵制群众审稿"③大帽子。

---

① 陈焕镛对秦仁昌第三卷蕨类植物志审稿意见，1964 年。编委会档案。原稿为英文，此为马金双所译。

② 关于如何编好《中国植物志》的讨论，《编写工作简讯》第 5 期，1974 年 1 月 16 日。

③ 赞群众审稿，《编写工作简讯》第 7 期，1974 年 6 月 5 日。

1974年4月编委会组织老、中、青三结合审查小组，按年龄段划分，分别为3人、7人、6人，共计16人，其中还有1位在北京植物所学习之军人。审查认为秦仁昌划分出来的新种过多，且大多数新种只根据一号模式标本，结果将同一种植物在不同生境下形态上的差异，不同个体之间的差异，幼株与老株的差异，同一叶片上部与下部差异都强行分开为不同的种，因此造成很多新种。审查组将标本重新给秦仁昌鉴定，所得结果于稿中所言不尽相同。审查还认为检索表描述与标本的实际情况不符，难以使用。进而在政治上对秦仁昌进行上纲上线的批判：

> 1973年完成的第三卷稿，内容基本上是抄写1960～1961年在修正主义科研路线影响下，“专家”一人说了算，由秦仁昌定名、写新种要点和检索表，让年轻同志按照他的要求描写、抄打而成的稿子。文化大革命前秦又加进了数以百计的新种，文化大革命期间对秦追求名利，搞唯心主义形而上学，不为读者着想，不考虑社会主义建设的需要，乱造“新种”学霸作风等，群众曾进行过多次批评帮助。1973年广州“三志”会议以后，要求秦将此稿加以修改，秦不但未做任何实质性修改，反而又像过去那样不负责地增加进去许多“新种”。秦仁昌过去在中国蕨类植物研究上做了一些工作，但像目前这样的工作态度和作风也是不能令人容忍的。第三卷稿虽有少数可取部分，但是他充满着唯心主义、形而上学、烦琐哲学、粗制滥造，不但分类学工作者无法使用，连秦本人也不能用它鉴定自己的大多数模式标本，它又怎么能为人民服务呢？这样的稿子决不能作为社会主义新中国在文化大革命以后的新成果出版。
>
> 我们除建议根据老中青三结合的原则，组织人员重作第三卷外，还建议对此稿的唯心主义、形而上学以及秦仁昌的错误工作态度进行深入批判。①

指责秦仁昌最为积极者是参与编写的部分年轻人，但也有参与编写的年轻人，对此意见不甚赞同，为导师的处境担忧。编委会则完全同意审稿意见，

① 对《中国植物志》第三卷稿的审查报告，1974年4月22日，编委会档案。

极力鼓励年轻人敢于向权威挑战，并认为第三卷蕨类工作中的错误必须批判，建议北京植物所组织该所及协作单位人员，组成老、中、青三结合的班子重新编写。当编委会派人到秦仁昌家中通报此审查结果后，秦仁昌明白大势不佳，以其在运动中经验，立即写出检讨。其检讨照录如下：

检　查

秦仁昌

毛主席语录

——群众是真正的英雄①

中国植物志编委会：

我读了植物志第三卷审查小组的详尽报告，认为所提出的问题都是有根据的，是一次对我的深刻教育，我对小组表示衷心的感谢。

第三卷植物志稿成于1961年。回忆在当时刘少奇的修正主义科研路线的影响下，我有严重的名利思想，工作粗制滥造，对于一些较为复杂的分类群的分类不深入。对工作，我一人说了算。我的工作是鉴定，写拉丁文和检索表，让青年人写中文描述，抄打稿子，编写目录等。在鉴定标本中，为了追求名利，往往搞唯心主义，形而上学，不为用者着想，不考虑社会主义建设的需要。因而第三卷植物志稿子质量低，错误不少。在文化大革命运动中，群众对我这种错误的工作态度给予了严肃的批判，使我受到一次深刻的教育。

1972年5月我完成了承担的第三卷中国高等植物图鉴编写任务后，接着开始修改该稿，初步完成三个科。不料到了10月底，我的右腿股骨头又第二次断裂，不能行走，也无法医治，在家休养，无法上班。73年春广州“三志”会议决定恢复《中国植物志》的编写工作，我当时向分类室支部反映，想在家中成立一个工作室，对两个复杂的属——裸蕨科和蹄盖蕨属稿子和年轻人一起继续进行一番修改工作，并计划在第三季度内完成。支部书记王亚东也同意我的计划，后因房子问题一直无法解决，计划未能实现。到了73年5月中，从华南和西北来京参加蕨类植物志第三卷修改

① 在“文革”中，任何形式的写作，皆要在开始之处，引用一段《毛主席语录》。秦仁昌写作此检讨亦然。

的同志陆续到达，当时的室秘书张永田就安排他们誊抄第三卷稿子，这是张永田后来告诉我的。不久后邢公侠、王中仁也回来参加抄稿工作，并未作修订工作。一直到年底才把第三卷的稿子抄完，并完成了文献补充工作，这是一个极大的工作量。在这段时间内，分类室领导是否指定5位年轻人之一领导蕨类植物这一个摊子，如何进行修订工作，我不知道。我当时正忙于领导要我翻译《植物学拉丁文》一书的任务，对蕨类第三卷工作的开始无暇顾及，而且我是个半残废人，不能到所工作；又是靠边站的人，政治历史而还未做结论，对第三卷的修改工作不便出主意，从未开过碰头会讨论怎样修改的问题，有几次邢公侠给我送办公用品或图书来时，我只提了一下。

文化大革命中群众对我提过很好的意见，此次要注意修改一下。去年下半年我的工作主要是审阅誊清的稿子和修正新种拉丁描述。吴兆洪在誊抄稿子前，对原稿做了一些修正，归并了一些种，重做了分种检索表。对于蹄盖蕨属这个庞然大物(约350种)谁也不敢摸他一下，进行修改。所以蹄盖蕨属稿子原封不动，问题特别多，正如小组在报告中所揭露的那样。可见第三卷植物志的定稿工作未能做好，除主观原因外，还有许多客观原因，归根到底我是要负主要责任，并愿意接受大家的批评。我这样说不是为了推卸责任，而是说明去年修改工作的过程，也不是说我的修改过的凤了蕨科、中国蕨科、铁线蕨科等已无问题。实际上按照编委会提出的新的要求，这些科也需要进行修改，只是比蹄盖蕨的问题有程度的不同而已。

前天(五月十七日)，崔鸿宾同志来我家，全面介绍了目前全国对植物分类学要求动人情况，随着批林批孔运动的逐步深入，中国植物志编委会为了使植物志更好的为群众服务，提出了对《中国植物志》的新标准和新要求，并且对唇形科等植物志稿子已经采取新办法进行审稿，对植物志第三卷的稿子当然也不例外。他又详细介绍了关于第三卷审查的具体做法，使我受到了极大鼓舞，结合细读了审查小组的全部报告，使我非常感动，受了一次深刻教育，对毛主席关于“群众是真正英雄，而我们自己往往是幼稚可笑的”论断有了进一步的新认识。

一年半来，我蛰居于蜗牛壳内，未出门一步，每天埋头工作八小时，与植物所隔离，与群众隔离，孤陋寡闻，目光如鼠，夜郎自大，分类室的情况、计划、新要求等我是不知道的。听了崔鸿宾同志的讲话，使我如同盲人重见天日，胸襟忽然开朗，对植物志有了新的认识，大大地鼓舞我的工作积极性和加强了我的责任感。如果认为我还能与人民科学事业做一点工作话，我很希望分类室党的领导、业务领导、植物志编委会领导能于百忙中每几个月来做点工作，介绍些新事物、新动向，帮助我在思想上，工作上，同大家一同前进。

最后，我完全拥护审查小组关于组织人员重作第三卷的建议，并愿意充当一个小兵，供大家使唤。

1974、5、18

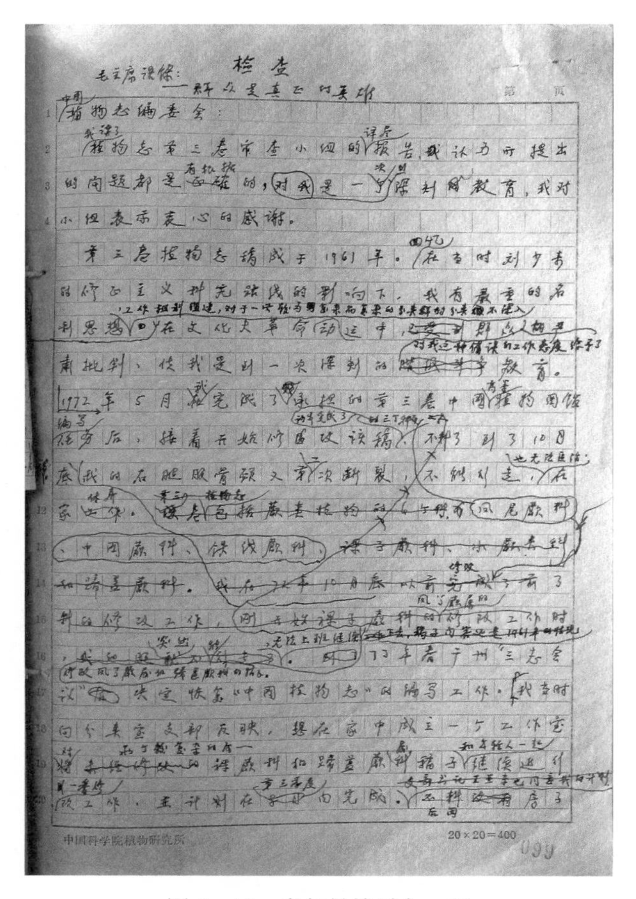

检查

毛主席语录：群众是真正的英雄

植物志编委会：

植物志第三卷审查小组的报告，我认为所提出的问题都是正确的，对我是一个深刻的教育，我对小组表示衷心的感谢。

第三卷植物志稿成于1961年。在当时刘少奇的修正主义科研路线的影响下，我有严重的名利思想。在文化大革命运动中，受到群众的严肃批判，使我受到一次深刻的教育。

中国科学院植物研究所　　20×20=400

图 4-13　秦仁昌检讨之一页

此检查之原稿，极为凌乱，多处涂改增删，几不可辨识，仅从笔迹即可知秦仁昌之心境何其苍凉。草成之后，也未誊写，直接交到编委会，可见其心绪之凌乱。对于研究秦仁昌而言，此份检查非常重要。当“革命群众”掌权之时，可以对一位大专家的学术随意批判；而此专家还非得接受不可，且还要表现热情，甘愿“听大家使唤”。此咄咄怪事，非中国之“文革”而莫有。秦仁昌在完成初稿之后，恢复“三志”编写之前，曾自己做过修改，可见他是非常重视自己成果之出版。至此，书稿被彻底否定，且又遭受批判，已不作出版之奢望。写此检查，除了息事宁人外，秦仁昌可能还有一些其他因素之考虑，如其子孙前途计，不要因自己而受太多牵累之类。

事已至此，编委会并未予以深究，只是于 6 月 28 日召开一个总结《中国植物志》第三卷经验座谈会，有北京植物所、广西植物所、四川生物所、西北植物所、四川大学、甘肃师范大学、吉林师范大学、北京师范大学、北京中医学院等单位共计 45 人参加。会议由主编林镕主持，发言者有洪德元、傅立国、邢公侠、徐养鹏、林尤兴、陈心启、廉永善、俞德浚、何其果、梁畴芬、王中仁、汤彦承、李朝銮等。林镕首先发言，表示召开此会，“我们应该好好地总结经验教训，吸取教训，使将来的工作做得更好，而不是追究谁的责任”。但与会大多人员，对秦仁昌名利思想、权威作风还是予以批判，而对揭露第三卷存在问题的年轻人，则大加赞誉，并将群众审稿当作是新生事物，说明群众是真正英雄，是党的群众路线的胜利。在批林批孔运动中，鼓励年轻人反潮流、反权威，此时跟随秦仁昌之后的年轻人，自认为受到长期压制，在领导的支持下，藉第三卷审稿之机向导师发难。但是，并不是就此将导师彻底否定，王中仁即言“第三卷起码整理了资料，只是搞错了一些种，检索表不好用，不能把工作全否定了”。傅立国还希望秦仁昌以其经验，多作蕨类系统理论工作，而将植物志编写交给年轻人。此时，已是“文革”末期，斗争性明显减退，此事就此结束，而未酿成更大风波。

第三卷重新编写迟至 1975 年才开始，秦仁昌已被排挤在外，另行组织编写人员。而组织者不是编委会，而是北京植物所。植物所邀请西北大学生物系参加，此引生物系回函之一节：

> 贵所建议我系承担的短肠蕨等十二个属，多系华南属种，我系标本和文献都很少，若能在贵所原有编写的初稿基础上，利用贵所标本和文献进

行必要的修改和补充,适当的到其他单位查阅文献和标本,并补充进行一些野外标本采集工作,我们认为可以承担全部的属种。从今年开始我们希望每年有三个月左右的时间,到贵所进行编写工作。以上条件不知能否提供?若同意的话,我们就填写1975年中国植物志编写计划表。[1]

显然,北京植物所此时是舍近求远,舍熟就生,以政治需要,而不顾事理之本身。其后西北大学生物系也未承担多少任务,此不作过多之记述。再后,植物研究所、编委会都曾召开多次编写工作会议。不让秦仁昌参加,但秦仁昌已有的工作又无法绕过,编委会有一次召开会议,采取投票方式,来确定秦仁昌所鉴定的新种是否成立。学术问题,以投票方式解决,成为笑话。真正对蕨类植物编写作出全面部署,还在十多年之后的1990年。是年,第三卷第一分册编写完成,将要出版,编委会于年初之元月6～11日在昆明植物所召开"中国植物志蕨类会议",出席会议的有邢公侠、朱维明、孔宪需、吴兆洪、武素功、林尤兴、张宪春;谢寅堂、王铸豪、夏群、王中仁因故未能到会。会议由主编吴征镒主持。会议肯定了秦仁昌对蕨类研究的贡献,并决定在即将出版各卷署秦仁昌之名。"一致提议在各卷册中的第一编辑均应为秦仁昌。凡秦老本人有手稿,并经编著者参考和采用时,应在编著者中署名。凡根据秦老原稿修订有较大增补时,应写明'根据秦仁昌原稿修订或增补'"[2]1990年第三卷第一分册卷编辑署以秦仁昌和其弟子邢公侠之名,1999年第三卷第二分册的扉页上则印有这样一段纪念文字:"本卷册中蹄盖蕨科(Athyriaceae)的编研是在秦仁昌教授领导的蕨类组前期研究工作的基础上完成的,谨志此以表忆念。"至于蕨类植物第四、五、六各卷共计7个分册,迟至2004年才

图4-14　秦仁昌在指导学生研究(中科院植物所档案)

① 西北大学生物系致北京植物研究所,1975年9月25日,中科院植物所档案。

② 《中国植物志》蕨类会议纪要,中科院植物所档案。

出版齐全。这些卷册在出版之时,仍然不忘将其献给中国近代蕨类植物奠基人秦仁昌。学界对秦仁昌之尊崇,日渐提高。多年之后,分子分类方法兴起之后,秦仁昌再传弟子张宪春尝言以此新方法验证秦仁昌经典分类,多为正确。

十、马毓泉龙胆科编写风波

1949年后,中国植物学会重新开始活动,时在北京大学之马毓泉任学会秘书长,承担具体工作。在1950年流产的《河北植物志》中,马毓泉承担龙胆科任务。《中国植物科属检索表》之龙胆科为马毓泉与林镕一同编写。这些,在本书第二章中均有所记述。当1959年分配《中国植物志》编写任务时,马毓泉又承担龙胆科的编纂,只是此时之马毓泉已移砚内蒙古大学。当1973年《中国植物志》重新启动,马毓泉则因其1949年前之经历,已是戴罪在身,故在1974年编纂之中发生一件小事,被编委会开除编纂资格。关于此事之原委,先引马毓泉晚年之回顾:

> 大概在1974年冬季,何廷农、吴庆如和我到昆明植物所植物标本室鉴定与整理中国龙胆科植物标本。我带去龙胆科资料盒(内装我二十多年收集的中外有关该科的资料,每种的原始描述及有关文献,全部是自己打字或手抄,有些难分类龙胆科内形态微小的种类,在这种卡片的背面,还附有一小标本)。我的资料和小标本都是公开的,供给大家使用,以便早日完成工作。在昆明植物所标本室工作过程中,又补充了一些昆明所新采的标本上的小标本。我的错误是取小标本时,没有得到昆明所领导的同意。却有人告知昆明所领导我偷窃小标本。次日吴征镒问我:你是不是有取了小标本,你资料盒里的小标本是从哪里来的。我说这是我二十多年来收集的,其中有我在野外采的,还有别标本室取的,现在又取了几种你们室的小标本。他又问:你是怎么取的?我说是从标本上方小口袋中取的,不影响原标本。
>
> 在这之后,听说昆明所通知北京植物所中国植物志编委会,说我在该所偷窃小标本。
>
> 后来当我返回到北京时,崔鸿宾对我说:你在昆明植物所偷小标本,你被开除了;你马上回内蒙古吧。并且把我的资料盒扣留。听说编委会

派专人到过内蒙古大学，告发我偷窃标本的事件，让内大对我处理与严加教育。①

图 4－15　马毓泉

马毓泉（1916～2008），江苏苏州人。1935 年考入北京师范大学生物系，1936 年转入北京大学生物系。其转学之原因：一是为投奔张景钺之门下；二是学习成绩优异，获得奖学金，符合保荐入北京大学条件。不久抗战军兴，马毓泉投笔从戎，1938 年春考入第 15 期黄埔军校，受军官训练 15 个月，毕业后分配到 71 军 36 师参谋处服役，曾担任少尉、中尉附员、上尉参谋等。1943 年，马毓泉所在部队在云南大理休整，在与老师张景钺重新晤面，夫子督促其退伍，重拾学业，遂退伍来昆明，入西南联合大学生物系三年级继续学习，以植物分类学为专业方向。1945 年毕业，张景钺以其有从军经历，照顾留校任教。②

1947 年马毓泉随北京大学复员回北平，并在该校就读研究生，其导师为张肇骞。张肇骞系静生生物调查所技师，时在北京大学生物系兼任教授。马毓泉在其指导下，开始研究中国龙胆科。每周两次到静生所鉴定龙胆科标本，同时收集相关文献。经三年努力，发现一新属——扁蕾属 *Gentianopsis* Ma.③发表之后，得到国内外同行之认可。中国植物分类学者研究领域大多仅限于中国植物，而扁蕾属植物主要原产地在北美，马毓泉从中发表一新属，在中国学者当中，仅此一例，实属难得。

其后，马毓泉与林镕一同完成《中国植物科属检索表》之龙胆科编写，获益甚多。林镕在 20 世纪 30 年代曾致力于龙胆科研究，发表有《中国北部植物图志 · 龙胆科》、《中国龙胆属秦艽组 Sect. *Aptera* 的分类研究》等，并积累一些资料。1949 年之后，林镕主要研究在菊科，且又担任中科院植物所副所长、生物

① 马毓泉：关于中国龙胆科植物研究的一些回忆，2004 年，未刊稿。

② 马毓泉：回忆尊敬的老师——张景钺教授，《张景钺文集》，北京大学出版社，1995 年，第 287 页。

③ 马毓泉：中国龙胆科一新属——扁蕾属，《植物分类学报》第一卷第一期，1951 年。

学部副主任，行政工作繁重，无力于龙胆科，故鼓励马毓泉继承其工作，早日完成中国龙胆科研究，并将所搜集到该科文献资料交给他。林镕乃一大家，奖掖后进不遗余力，即使在菊科研究中，也是将其所收集到资料供大家共同使用，没有秘不示人之心计。马毓泉得此重托，只能更加努力工作。

1957 年春，北京大学支援边疆创建内蒙古大学，副校长李继侗率领十余人前往，马毓泉名列其中，从此在呼和浩特工作直至终老。来内大之初，李继侗即将《内蒙古植物志》编写，嘱托马毓泉主持。1961 年马毓泉受邀参加《中国植物志》编委扩大会议，编委会将龙胆科编写交付林镕与马毓泉，而以马毓泉为主。1962 年开始从事，拟以十年完成。至 1964 年已完成标本鉴定和文献收集，初步完成 sect. *Aptera*、sect. *Pneumonanth* 编写，并发表相关论文。其时，编写所遇见之困难主要是缺乏西南高山种类标本；缺少部分模式标本，而根据文献描述，只能得出似是而非的结论。为此，马毓泉准备亲赴西南高山产地采集；但藏于国外模式标本则无法得阅。1965 年由于上半年有教学任务，下半年又参加“四清”运动，马毓泉只有利用寒假到北京，于中科院植物所进一步鉴定

图 4－16　1962 年马毓泉(左)在中科院植物所编写《中国植物志》时与马恩伟(右)合影(曹瑞提供)

标本和查阅文献，其他研究则利用课余时间从事。

不久，“文革”到来，不仅导致正常工作陷入停顿，就是马毓泉本人也受到冲击，被打成历史反革命。其主要罪状是曾参加国民党，在国民党军队服役四五年。哪怕这是为了挽救民族之危亡、抗击外敌入侵，也被等同于敌人。为此，马毓泉被隔离审查一年之久，审查完毕之后，发配到农场劳动改造一年。返回学校后，因不能上讲台教书，又被派到内大植物标本室当标本管理员三年。在这三年之中，马毓泉将标本室全部标本清理、鉴定一遍，为其日后完成编写《内蒙古植物志》奠定基础。

1972 年 2 月末、3 月初，在广州召开“三志”会议。会前，马毓泉接到简焯坡来函，告知植物志即将重启之事。简焯坡与马毓泉同年出生，先后在西南联大生物系毕业，彼此有同窗之谊。在“三志”会议上，简焯坡增选为《中国植物志》编委会副主编，对已被打倒之马毓泉有所推荐。内蒙古大学是由一位党政领导参加“三志”会议，会后回内蒙，向马毓泉传达会议情况，并言及龙胆科编写任务重新分配初步结果，马毓泉仍列其中，另有青海生物所何廷农、云南植物所李锡文等。马毓泉也亟须以承担国家任务来改变其政治处境，并愿以晚年贡献于编志工作，活到老，编到老。[①] 是年，马毓泉已五十有七。当其自内蒙古大学与会者处获得正式消息后，立即致函编委会。其函甚短，录之以见其积极之态度。

> 编委会：
>
> 昨天听了富象乾同志传达在广州开会的情况，听了以后感到大会开得很成功，我感到十分高兴！
>
> 关于分工方面，富先生说：采取自报与编委会决定的方式，在半月内可以继续向编委会自报。编委会已同意我继续参加编龙胆科。现在我再报列当科的肉苁蓉属 *Cistanche* Hoffmg et Link. 的编写。另外，我推荐我系吴庆如同志参加龙胆科的编写工作。她是 1957 年南京大学生物系毕业，毕业后一直在内大工作，现在主讲“植物学——分类部分”。可否参加，请编委会考虑。决定后请早日正式公函内大，落实研究任务

① 龙胆科编写会议记录，编委会档案。

为荷！

　　此致

敬礼

马毓泉 1973.3.21[①]

马毓泉自认为其已是龙胆科编写成员，还推荐他人参加。以一般理解，内蒙古大学参加会议人员告知马毓泉此消息，即可认定内大已同意马毓泉参与编写；但编委会尚不这样看待，秘书崔鸿宾认为需要内大先同意，才能将其列入。随后编委会与内大经公文来往，两个多月后始才确定。在此期间，马毓泉也曾多次致函编委会，商讨编写人员组成之事。最后确定内大为主持单位，人员有马毓泉、吴庆如；青海生物所为协助单位，参与人员何廷农。云南植物所李锡文本也报名参加，但因其有唇形科等编写任务，而无法分身于此，故作罢论。马毓泉对内大为主持单位，而根据实际情况，却无力承担，即向编委会进言，并请内大革命委员会致函编委会说明此问题。内大随即发公函云："龙胆科植物属于高山植物，主要分布在云南、青海、四川、西藏高原，内蒙地区很少，仅二三十种，该科植物我校至今搜集不全。此外，学校教学人员甚紧，马毓泉、吴庆如教师均有较重的教学任务，不可能较长期到西南地区采集考察。且生物系至今没有一名绘图员。因此，无论从该科植物分布地区来看，从我校现有人力条件来看，我校只能参加这项工作，确实难以主持。特此函告。"[②]编委会复函以为马毓泉对龙胆科比较熟悉，且已承担多年，还是请其主持。至此，马毓泉不好再为推辞。

1973 年 7 月，马毓泉迅速编制出编写计划，计划在 8 月外出采集一月，大约在 9 月编写人员齐集北京植物所，由编委会组织召开一次编写工作会议，并在植物所工作四个月，主要是补看 1966 年以后之文献，整理和鉴定植物所标本馆龙胆科标本；然后再至全国其他机构标本馆查阅标本。但此时来京编志人员甚多，住宿和办公用房均无力安排，所以编委会请他们先至其他单位。对此，马毓泉也甚为赞同，即致函昆明植物所之吴征镒，得到热情同意。吴征镒

① 马毓泉致《中国植物志》编委会，1973 年 3 月 21 日，编委会档案。

② 内蒙古大学革命委员会致中国科学院、《中国植物志》编辑委员会，1973 年 6 月 20 日，编委会档案。

与马毓泉也是同年出生，也同在西南联大共事，只是出道有先后。1950年吴征镒已是研究员，而马毓泉才晋升为讲师。更大区别则是在西南联大时吴征镒已是地下共产党人，而马毓泉则参加国民党。“文革”的到来，吴征镒虽然也因当权而受到造反派冲击，但此时已结束，复出之后，仍任云南植物所所长，在《中国植物志》编委会中任副主编。基于这些差异，所以马毓泉说：“在昆明，可以在吴征镒先生指导下，龙胆科编者（三人）可以开会商议龙胆科的编写计划、采集及分工等问题，以便有计划地展开工作。”①是年，龙胆科编写人员最终没有赴昆明，只是于年底之时齐集北京六七日，在编委会崔鸿宾、夏振岱主持下召开编写工作会议，根据马毓泉所作计划，就任务予以分工。中国龙胆科植物共计21属424种，马毓泉承担187种、何廷农承担171种，吴庆如承担66种。

翌年11月，三位编者才先后到达昆明，在此工作两月余，期间即发生小标本事件。在马毓泉尚未自昆明返回时，编委会得悉此事，即遣人前往内蒙古大学，向学校当局通报。当马毓泉等在2月初返回呼和浩特，途径北京时，受到编委会指斥。2月9日编委会致函内蒙古大学，有云：

> 马毓泉在编写《中国植物志》龙胆科的工作中，偷窃植物标本事发后，我会曹子余和廉永善二同志前往您校汇报。校党委对马的事件很重视，并对曹、廉二同志的工作和生活给予了极大支持和关照，在此我们表示感谢。
>
> 马毓泉作为编写人员，在有关单位查阅标本资料过程中，发生偷窃植物标本事，我们也是有责任的，这也是编志工作中两条路线斗争的反映。我们在六日和马谈话时，给他机会，叫他自己谈出此事，多只是轻描淡写地说：“我在昆明作了一些小标本……”对自己的错误没有认识，还辩解说，他不是偷窃，这些东西在内蒙古大学和在客房里都是给人看的，从没有人提过意见；说他不是从大标本上掰的，而是从小袋中取的，是为编写中国植物志，不是为个人名利，也不是知识私有。在我们予以一一驳斥后，他承认自己有错误，但还未触动思想本质。

① 马毓泉致《中国植物志》编委会，1973年9月11日，编委会档案。

> 我们完全支持学校的作法,在收到您校勒令马即日返校电报后,已令其返校。我们检查出的小标本(91张)也已寄您校。由您校处理后,请将马所偷窃全部小标本等寄我会即可,暂不必将马偷窃的小标本还马,我们另有处理。至于马今后是否再参加《中国植物志》的编写工作,由您校决定。
>
> ……
>
> 不久前内蒙古药检所的一位同志反映,马曾有借写植物志抬高自己的情况,亦请您校注意。①

此函写于2月9日,农历为腊月二十九。在中国传统重大节日即将来临之际,编委会人员还在忙于阶级斗争,可见其思想觉悟之高。

对马毓泉小标本事件,云南植物所除及时向编委会反映外,还建议在《编写工作通讯》上刊载批判文章,为此编委会向内蒙古大学约稿。编委会还准备在2月底召开《中国植物志》编委扩大会上,以此事件"作为对资产阶级必须实行全面专政的有力材料",要求云南植物所在会上发言。其后,《简讯》并未刊载批判文章,至于编委扩大会议是否进行批判,则未见记载。编委会后将此科主持单位改为青海生物所,而马毓泉所承担部分,交由何廷农编写,何廷农又邀请其夫君刘尚武加入。

一般而言,在植物标本馆查看标本,经管理人员同意,是可以获得标本上所附之小标本;秦仁昌在欧洲各大标本馆,查看蕨类植物标本时,就得到不少孢子囊和小标本。在无法得阅某类标本时,也可向其管理者函索小标本。马毓泉之过错,就在于事先没有征得云南植物所标本管理人员之同意,过于大胆行事。之所以被告发、被追究直至被除名,实因马毓泉其时戴罪之身份。处于此种逆境,本应慎小处微;即使事发,也应老实认罪。马毓泉却是无所畏惧,不改其军人性格。在革命群众阶级觉悟普遍提高之时,马毓泉的行动无形之中受到监视,若有事发,自然在遭打压,甚至不惜划归敌我矛盾,这是"文革"中社会基层普遍具有的阶级觉悟。所幸内蒙古大学并未就此事大做文章,只是作出马毓泉不再参加龙胆科编写之决定,而让其专心主持《内蒙古植物志》编著。

"文革"结束,特别是中共中央十届三中全会之后,对此前所造成的冤假错

---

① 中国植物志编委会致内蒙古大学革命委员会,1975年2月9日,编委会档案。

案开始平反。1979 年 4 月 8 日《中国植物志》编委会对马毓泉事，也予以平反。平反是以编委会致函内蒙古大学形式作出，并抄送青海生物所、昆明植物所。其函有云：

> 最近马毓泉先生来京，向我会领导承认自己做得不对的错误，我们十分欢迎。同时，我会进一步向有关同志了解当时的实际情况，一致认为马先生未经标本室许可而自己制作小标本 91 张是不对的，应当给予批评。但当时由于受四人帮极力鼓吹“对资产阶级实行全面专政”的影响，对马先生的问题看得过重，有些提法上纲过高，不符合实际。为此，我会决定，将 1975 年 2 月 9 日植志发字第 115 号函撤销，烦请您校予以销毁，并通知本人。①

编委会对马毓泉的平反，如同当时许多冤假错案平反一样，属于“事出有因，查无实处”之类，此不具论。需要略作考证的是，马毓泉的平反是否如函件中所言是在马毓泉认错之前提下进行？倘若如此，马毓泉在北京与编委会人员交谈时，编委会表示大受欢迎，其本人应对自己之平反至少应有感知。事实上，内大接到编委会之函，并没有立即通知马毓泉。是否也是认为马毓泉已经知道，而被放置。因此，可以推知马毓泉主动认错是未有之事，否则不会造成这些误会。半年之后，马毓泉赴北京，与编委会人员接触之后，才获悉自己被平反之事。返回内大，立即询问，并致函编委会：“（内大没有及时通知）我想可能因我 4 月份出差东北，预备通知我时我不在家，后来我回校后忘了办。总之，这信内大已收到，那就好了。”②“这次我从北京回来，我很高兴地把龙胆科小标本已经解决情况，也告诉家庭成员。当时我的二儿子马弓的意见是这样做不彻底。”③因而马弓给中科院院长方毅写信，但马毓泉认为既然已经解决，不需要再这样做。

编委会在给马毓泉平反之同时，还准备将其原先承担之任务再交付给他。也为马毓泉所乐意，但是，却不为何廷农所赞同。她认为全卷已完成初稿，正

---

① 《中国植物志》编委会致函内蒙古大学，1979 年 4 月 8 日，编委会档案。

② 马毓泉致崔鸿宾，1979 年 11 月 4 日，编委会档案。

③ 马毓泉致崔鸿宾，1979 年 11 月 8 日，编委会档案。

在进行统稿和清稿,不久即将出版。此言不无道理,故而作罢。1981 年 1 月在广州召开第十届编委会扩大会议第一次常委会决定:凡以前做过《中国植物志》工作,有阶段性成果的编者,后来因故未能继续工作时,可根据具体情况的多少,贡献的大小,列为编辑之一。1981 年 5 月崔鸿宾根据马毓泉在龙胆科工作情况提出署其名问题,依旧不为何廷农所同意。她认为马毓泉对龙胆科志编写贡献有限:鉴定标本最多是李锡文,她没有利用马毓泉所收集的资料,甚至没有见过马毓泉编写的龙胆科植物名录。[①] 编委会对此异议曾请西北高原所领导从中沟通,但未能收效,最终该卷编辑署名为何廷农。若稍作一点求证便知,在 1973 年在分配任务时,马毓泉对全科已有一个框架,应有一份名录,否则每人承担种数无从确定和分配。

图 4－17　1984 年马毓泉与到访之胡秀英(中)在家中合影　(曹瑞提供)

至此,马毓泉事本可结束。但还有一个尾声,亦应一叙。龙胆科志完稿之后,编委会还是重马毓泉之名,请其审稿,以提高书稿质量。马毓泉回函云:

> 我年老体弱,冬季一人出差,诸多不便,希望能乘软卧,上下车站希望有人接送。编委会决定我审龙胆科的决议,征求过青海所和编辑何廷农

① 何廷农致夏振岱,1981 年 5 月 1 日,编委会档案。

的意见没有？因为没有作者的支持与协作，审稿工作是做不好的。倘使作者不协作，不给看标本，不给看作者收集的资料的话，我就无法审好稿。请编辑委员会先把这个大前提解决好，并给复信。我考虑审稿时先在北京工作一段，再到青海，必要还得去别的地方，才能解决问题。①

如此之多要求，实是马毓泉拒绝审稿之方式。编委会当然心知肚明，只好另请高明。编委会为提高龙胆科志质量已属尽力，但为时已晚，未能奏效，亦憾事也。

十一、重新组织禾本科编写

本书前已缕述，自1958年正式启动植物志编写，至1966年“文革”爆发，八年初编时期，总体成效不佳，仅出版三卷。此中原因，首先当属中国种类之丰富，探明清楚需要时日；其次，一批曾接受欧美科学训练的中国植物分类学家，秉持求真、求实之科学精神，孜孜于问题不放，如种类问题，似乎总感觉材料不全，有些外国学者已发表，而我们没有标本，有些甚至灭绝，存疑的种类过多，因而不愿草草完稿。此时，重启编写，即有人对秉持科学精神之长者提出批评，认为如此编写植物志不是为人民服务，而是为洋人编写。继而提出降低标准，种类不一定齐全，达到80%即可，常见种标本皆有，产业部门所需也多是常见种，即可达到为工农兵群众服务这个最大目的。规格也可以放宽一些，过去文献引证是按专著体例进行，以为可以精练一些。过去都是老先生在主持，要求严格；而现在提倡打破旧框框，有人提议由编委会组织一些年轻人，两年完成一卷，以作为样板。此项建议虽然没有付之实行，但也反映当时之思潮。

通过老、中、青三结合对秦仁昌所写的第三卷进行审稿之后，又形成以老、中、青三结合共同编写的格局。此前老专家所作学术积累，被认为是“知识私有”“资料垄断”，是资产阶级思想，而受到大力批判。现在是发扬新时代风格，体现社会主义大协作精神。在这样编写形势之下，编委会在组织审稿之同时，还将重点优先编写的科落实到各承担单位，并协助召开编写协作会议，先后有

① 马毓泉致崔鸿宾，1981年10月10日，编委会档案。

禾本科、杨柳科、龙胆科、十字花科、报春花科以及蕨类植物编写会议在各主持单位召开，以重新组织，调集人员，具体分工。此为介绍禾本科编写之历史及此时老、中、青合作之状况。

南京大学生物系之耿以礼，1949 年之前已是中国禾本科之专家。1952 年在植物研究所倡导编写《中国主要植物图说》时，禾本科即在耿以礼主持下编写完成，为仅出版三部之一。1958 年当大张旗鼓开展编写《中国植物志》时，耿以礼又是积极响应，但正式分配任务却迟迟未见下达，致使工作不好开展，故主动呈函主编钱崇澍、陈焕镛，询问情况。其与两位主编有师生关系。在早期编志之中，昔日师生之情，依然在起作用。此录一通耿以礼就禾本科志任务下达之事致钱崇澍函。

雨农师座钧鉴：

敬禀者：生在上月(一月)十三日曾有一函致吾师与焕镛师座，想早已蒙二位师座阅及，并转由编委会负责同志与我系联系有关编写志书的协作事宜。惟迄今逾一月，尚未见有公函来与我系联系，因而我系对志书编写工作，亦未肯定地作好具体安排。同时我系年轻同志原拟参加编写者，亦已调往和即将调往云南参加植物资源的工作。生本人亦因忙于教学和整理教材付印，以致志书的编写工作迄无法开展。去年十一月间编委会开会时，原订有计划：本年内我系须编就志书第九卷。从目前情况看来，似已无法完成这一任务！务祈师座多加考虑，究应如何挽救这一情况。编委会负责有关对外联系的同志，迄未与有关单位联系，作好具体安排，不知究系何故，生实不得其解！敢请师座拨冗赐示，以便遵循为祷。

再者：在上月十三日生又曾挂号寄上一文稿：题为“国产画眉竹族及其新分布于我国之二属”(系南大生物学系耿伯介和四川农学院刘亮合作)，内附图二幅，想已早蒙收到，是否已交由《分类学报》发表，均在念中，亦祈师座一并赐知，不胜迫切盼祷之至。

专此谨陈，恭颂

钧安，春节康泰

学生　耿以礼　谨上　一九六〇年二月十四日

编委会秘书秦仁昌何以迟缓，此后又如何补办手续，皆已不知，姑且不论。

秦仁昌与耿以礼同出一门，在老辈同学之间，如耿以礼这样批评并不少见，其结果并不影响彼此情谊，这也在于夫子善于化解。禾本科任务正式下达是1962年，以一年时间完成。植物研究所派已分配来所工作之刘亮，江苏植物研究所陈守良往南京大学，跟随耿以礼治禾本科。耿以礼也派南大生物系讲师耿伯介、王正平、俞泽华参与此项工作。但至1964年，尚未完成。耿以礼1965年1月在“编写计划表”中，对“存在问题及解决途径”云：“整个禾本科志具体编写力量在北京植物所的刘亮和南京植物所的陈守良两位同志。由于她们已参加农村“四清”运动，目前的编写工作已暂告停顿，因此第十卷志书的完稿时期势将推迟。”①又过去一年，南京大学只完成稻亚科初稿（15万字）和黍亚科柳叶箬属部分，主要原因是教学任务繁重。耿以礼希望将主持编写工作移交给中科院植物所为好，此时之耿以礼已无编写热情。“文革”爆发之后，1969年初，在南京大学“清理阶级队伍”中，耿以礼、耿伯介父子皆受到严重迫害，②编志工作自然陷入停顿。

1973年广州“三志”会议时，禾本科列为重点优先编写的科，还是以南京大学生物系为主持单位。9月经植物志编委会与南京大学商定，由南大主持召开禾本科编写工作会议。获得南京大学党委和校革委会支持，遂邀请参与编写单位广东植物所、东北林业土壤所、南京师范学院、云南林学院、江苏植物所、青海生物所、内蒙古农牧学院、内蒙古师范学院各派一人参加。所邀请单位俱已落实编志人员，显然是编委会事先已作多方沟通。会议于11月26日至12月1日在南京大学举行，共有14人与会。但在运动中受到冲击之耿以礼、耿伯介并未参加。会议按当时举行会议之惯例，首先进行政治形势学习，再来讨论落实各单位所承担编写之任务和标本采集之计划，交流图书材料，最后还组织参观新落成的南京长江大桥，以感受祖国建设的伟大成就。此次会议自认为“是一次革命的协作会议，是一个互相学习，共同进步，团结胜利的会”。③ 会议也许确实开得很成功，但是几年之后却不见成效，此为何故？运动依旧在进行。

1974年前后，在“批林批孔”运动中，中国各级学校之教育，实行开门办学，

① 《中国植物志》编委会档案，第十卷禾本科。

② 董国强：从南京大学的“清队”运动看“文革”主要矛盾的转化及其后果，《二十一世纪》，2008年1月号，总第70期。

③ 《中国植物志》禾本科编写工作会议纪要，1973年12月5日，编委会档案，禾本科。

不但学文，还要学工、学农、学军、批判资产阶级思想。南京大学、南京师范学院承担禾本科志，提倡“开门编志”，向工人、农民学习，即与杭州植物园等单位建立协作，与工人共同采集、共同鉴定，一年之后，达到的结果是：“使我们感到最大的还不是业务工作方面的进展，而是在深入实际的过程中，对搞好志书工作应走什么道路的认识有所提高。”①教育部门之改革，很快具有影响力，《中国植物志》编委会对禾本科志所采取方法大加赞颂，云：“工人师傅参加植物志的编写工作，在我们的编志历史上还是第一次，对于改变《中国植物志》编写队伍成分，打破资产阶级在植物分类领域的一统天下，实现无产阶级在上层建筑中，对资产阶级实行全面专政等各方面都有深远的影响。”②政治运动重新强劲起来，开门办学，打乱了学校的教学计划，搞乱了学校的正常秩序；开门编志，同样打乱工作计划，致使工作进展缓慢。禾本科编写即为一例，其真正进入编写还待1977年，再一次重新组织，才步入正途。最终于20世纪80年代末至90年代中，完成共五卷册编写与出版。其中，竹亚科由耿伯介、王正平编辑，参与其事有13个单位29位人员；参加禾草类编写则更多，主要有江苏植物研究所陈守良、金岳杏、庄体德、方文哲、盛国英，北京植物研究所刘亮，西北高原生物所郭本兆、杨永昌、吴珍兰，武汉大学孙祥钟、王徽勤，云南大学孙必

图4-18　耿伯介

图4-19　陈守良(陈守良提供)

① 禾本科志书编写小组：与工农兵相结合，开办编志书，《编写工作简讯》第14期，1975年2月19日。

② 《编写工作简讯》第14期，1975年2月19日。

兴、胡志浩，湖南师范大学李丙贵、万绍宾等。再加上采集、绘图人员，共计90余人。

在重新编写之后，南京大学耿伯介提出禾草类族、属系统名录，于1981年5月定稿，作为中国植物志的“禾本科系统名录”。尔后，陈守良、金岳杏等开展叶表皮微形研究，对名录作进一步修改，但基本框架未变。陈守良等开展禾本科及其邻近科的叶表皮微形态研究，系在经典分类之上，率先应用数量分类方法，以叶表皮微形态特征作为分类依据，揭示禾本科在单子叶植物中的系统位置；并解决禾本科内属、种的混乱。80年代后期又开展菰属等亲缘关系与系统演化研究，进一步揭示了菰属在禾本科中的系统位置，修改了它与稻属、山涧草属、拟菰属等的亲缘关系，为水稻远缘杂交提供了可靠的科学依据。

十二、运动还在进行

重启编志，虽然政治运动还不断影响着学术，但无论如何，编志工作总算在进行。1974年2月，为检查总结广州“三志”会议以来工作，落实1974年计划，加快编写进程，在北京召开《中国植物志》编委会。会议如期在2月20日召开，并完成各项议程，但是会后各项计划却无法按期完成，运动又在加紧进行。

1975年3月1～10日，一年一度编委会会议又在北京如期举行，此次会议被称之为第六次编委扩大会议，有60余人参加。会议仍然是推行以政治为主导，其特点首先邀请杭州植物园工人、北京密云县高岭公社东关大队赤脚医生和解放军236部队解放军士兵各一人出席会议，并作了发言；其次，对植物志编委会成员作大幅度调整，中青年编委由原来的11人，增加到21人。一些老弱有病之辈退下，增加年轻人员，本属正常。但此系在老、中、青三结合的号召之下进行，即超出正常之外，何况还有非专业出身之工农兵代表加入。再次，在大搞群众运动中，提倡开门编志、开门审稿，反对垄断，反对形而上学、反对繁琐哲学，而又要“赶上世界先进水平，为伟大祖国争光，为毛主席争光”，尽快出版植物志。因此对编写规格作出新的规定。主要内容：“立足我国现有实际材料，摆脱文献束缚，只要包括大多数种(85%以上)就可以了。个别科属，经过努力，但限于客观条件不能达到此标准的，也可以出版”；“正式出版的植物志中的拉丁名后(无论正名或异名)一律不引证文献和年代。异名也只要择其主要者列出。”①编写志书,首先追求其全面,以符合工具书之要求;此则马虎了事。又植物种类的命名,有其历史来源,须作文献引证,为植物分类学广泛遵循的原则。此时被认为是洋奴哲学,实也因文献欠缺,不作要求。如此一来,又怎能赶上世界先进水平,是争光还是献丑?当时却无法作进一步追问。

会议又提出十年(1976～1985)内基本完成《中国植物志》编写任务。这是响应四届人大《政府工作报告》而提出。该报告指出:“用十五年时间,即在一九八〇年以前,建成一个独立的比较完整的工业体系和国民经济体系;(再用二十年)在本世纪内,全面实现农业、工业、国防和科学技术的现代化,使我国国民经济走在世界的前列。”实现四个现代化,实是虚拟之目标。只要政治热情高涨,各行各业就会提出令人振奋目标,《中国植物志》亦然。假若 1958 年提出十年完成任务,是不知此项工作之深浅;经过十几年编写实践之后,其进展并不显著,还要提出十年完成,显然是政治热情又战胜学术理性。事实上,主持编写的科学家也在为编写工作而操心,时时不忘提高工作进度;但是,在政治运动深入持久之下,不管当时编者内心深处对运动作何评说,其努力都难有成效。

1975 年 6 月 2 日,工人阶级宣传队 15 人,根据上级党委的指示,进驻北京植物研究所。7 月植物研究所党委建立,工宣队有 3 人进入所党委,其中 1 人担任所党委副书记,有 10 人参加了处室党支部领导,其中 2 人担任支部书记,8 人担任支部副书记。工宣队进驻植物所达一年之久,主要起政治作用,领导政治学习。1976 年 1 月为贯彻北京市委领导同志指示和北京市科技局党委扩大会议精神,植物所立即行动起来,开展“反击右倾翻案风”运动。首先党委召开扩大会,传达上级精神、学习有关文件,部署安排等。2 月初训练骨干,有 50 多人参加,召开全所职工大会,动员发动,至 2 月 17 日贴出大字报 339 篇,召开处室批判会 49 次,262 人在会上发言。4 月 5 日发生著名“天安门事件”,植物所对与事件有关的一些问题,如传抄诗词、到天安门拍照等进行了追查。

以上所述,又是一次系列政治运动在一个基层研究单位的大致经过,虽然革命群众参与之热情,比“文革”高潮时期有所消退,但运动至少浪费不少时

① 关于“中国植物志”编写的几点原则性规定。中国科学院档案,75－29－9。

间。北京植物所情况如此，全国各地情形也大致相同，有些地方为了紧跟北京，抑或更左，运动激烈程度有过之无不及。

运动之久之盛，必然带来学术成效更低更下。此列举1975年年底各承担编写单位向编委会报告计划执行情况，从中可知大致情况。

> 北京植物所：21卷桦木科、胡桃科、杨梅科正（在）定稿抄稿，25卷藜科、苋科（半卷）已定稿，27卷毛茛科已定稿抄完，67卷茄科、玄参科已定稿抄完，74卷菊科正在定稿。
>
> 四川大学：槭树科已完稿（已于9月20日送交生物所审稿），七叶树科抄稿已完成，现还有个别种需重新审核定稿。53卷二分册胡颓子科估计76年1月底完成初稿，八角枫科、紫树科年底完稿，46卷及52卷二分册未收到兄弟单位寄来的稿件。
>
> 广东植物所：无患子科已交稿，芸香科接近完成，胡椒科明年一季度完成。
>
> 云南省植物所：49卷二分册锦葵科已完稿，木棉科未动手编写。广东农林学院承担的梧桐科已完稿，中山大学承担的五桠果科已交稿，但广西所的猕猴桃科原商定第三季度送来统稿，亦尚未送来。64卷一分册已完成初稿，尚有待解决的问题，增加图版。67卷1分册已完成，46卷茶茱萸科已定稿，省沽油科文字部分已完成，希藤科文稿已完。60卷一分册山榄正在抄稿。
>
> 广西壮族自治区植物研究所：49卷二分册猕猴桃科完成80%，52卷二分册千屈菜科已完稿，60卷一分册柿科正在补充修订。
>
> 广东农林学院：30卷二分册腊梅科、番荔枝科已完成，而肉豆蔻科由云南热带植物研究所编写，未交稿；广东植物所承担无患子科、清风藤科未完成，该院负责审稿未进行。
>
> 西北植物所：景天科在1966年上半年已完成初稿，但有遗留问题需再作工作。
>
> 上海师大生物系：金粟兰科完成初稿。①

① 今年计划执行情况，《编写工作简讯》第19期，1975年12月23日

其实,这份材料还不能真实反映整体编写情况,因为整个植物志内容远不止所列的这些科。而各单位所列,只是一些即将完成的科,而未编写的科即略而不谈。如广东农林学院言广东植物所清风藤科未完成,而广东植物所并未说其未完成的工作。即使各单位所言即将交稿,其实也难以兑现。

编委会在处理编委会事务之同时,虽然努力紧跟政治形势,但还是遭到思想更为激进者的批判。在"批林批孔"运动中,广州"三志"会议被诬为"黑会",是"举逸民""继绝世",辽宁一参与单位几乎退掉全部编写任务。又植物拉丁学名中有 *Formosa*,为台湾之意,源于 16 世纪葡萄牙人对中国台湾的称呼,后有西方学者将许多原产于台湾的植物,以 *formosana* 名其种名,意为产于台湾,如台湾榕(*Ficus formosana* Maximowicz)、台湾灰木(*Symplocos formosana* Brand)等,1959 年秦仁昌所著第二卷蕨类植物曾也发表一个台湾产蕨类植物新种,也采用学界惯例,名之为 *Microlepia formosana* Ching。无可否认,此中具有殖民地色彩。中华人民共和国成立之后,民族主义高涨,对源于西方的自然科学之微生物学、动物学、古生物学、植物学中这类名词,虽然不能接受,但也无从更改。因为学科发展有其历史,已被广为接受,一个国家若单独更改,必然造成混乱。但在 1969 年 7 月 2 日,在革命的狂潮之中,中科院植物研究所对此问题作出反应。其时,在台海之间,因美国支持台湾,被认为是制造"一中一台,两个中国"的阴谋。若继续使用 *Formosa*,则是承认两个中国。"文革"之前,俞德浚编著第三十六卷蔷薇科,出版社已排好版,此时准备付印,对书中应用 *Formosa* 之处,向其上级首都工人、解放军驻中国科学院毛泽东思想宣传队总指挥部请示,要求停止使用。[①] 其后,第三十六卷并未立即出版,所作更改也被搁置。重启编志,此问题又被提出,编委会几经请示,最终中国科学院以"科发业字第 243 号"文通知云:"关于生物学名涉及 Formosa(福摩萨)问题,经外交部同意,可暂不改动。"但不得再以此为词根发表新拉丁名,也不得再出现此中文译名。[②] 即便如此,报道此项通知的《简讯》,还是被人寄到《红旗》杂志社,作为问罪之证据。其时出版的《中国高等植物图鉴》对这类学名不

① 中国科学院植物研究所革命委员会:关于《中国植物志》第三十六卷出版的请示报告,中科院植物所档案。

② 《简讯》第四期,1973 年 12 月。

得不作处理，将 Formosa 改为 Taiwan，但为避免发生混乱，便于后人查阅先前文献，在改变拉丁名之后，加上 epith. mutat. 意即种名已作更改。如台湾油杉，原名为 *Keteleeria formosana* Hayata，改为 *Keteleeria taiwaniana* Hayata, epith. mutat.

其后之《简讯》，还有一期因报道发生在北京天安门的“四五事件”，在北京的植物分类学人员前往天安门悼念周恩来活动，而被人告发，不得刊出。由此可知，渗透政治之学术，至此已是举步维艰。

编委会之 1976 年会议暨第七届全体会议于 3 月 14 日至 22 日依旧如期在北京召开，“会议纪要”云：“开门编志已经逐步展开，打破了编志工作冷冷清清的局面，为工农业生产作出了新的贡献。1975 年完成五卷半，青年科技人员进一步破除迷信，解放思想，老年科技人员又有新的进步，老、中、青三结合发挥了更大作用。本届编委会首次有一名工人委员，这是改变编委会组成成份的开始，对于加强编委会的领导具有重要意义。”[①]会议响应党中央发出“全党动员，大办农业，为普及大寨县”的号召，确定与农业联系密切的禾本科、豆科、蔷薇科、杨柳科为新的重点。随后之 5 月，编委会发出“召开以辩证唯物主义指导分类学研究和编写植物志的经验交流会的通知”，要求各地编者，在单位党组织领导下，学习《矛盾论》《实践论》《自然辩证法》《反杜林论》《唯物主义与经验批判主义》等辩证唯物主义经典著作，联系实际，至少准备一篇发言材料。会议预计于下年举行，但为迎接此经验交流会，编委会于 6 月中旬在北京，7 月上旬在昆明分别举行座谈会，以作筹备，可见其重视。座谈会的目的是希望在贫下中农或第一线的工农兵群众中发现有经验者，请他们来指导《中国植物志》编写。无须引证这两次座谈会上，与会者许多无趣的发言，这些空洞的话语，即使在当时也无多少人认真听取。人们对政治运动已感厌恶，而主其事者对所从事之事业，在思想不断改造之后，已失去信心，可见编志工作已走到尽头。1976 年秋，中国政治舞台上随着毛泽东的逝世，其政治路线也走到尽头，随即发生重大事变，时代进程发生改变。

但是，人们的思想意识还是依其惯性向前发展，编委会筹备召开的经验

---

① 《中国植物志》第七届编委会全体会议纪要，中科院档案馆藏植物所档案，A002－396。

交流会还是于 1977 年春在江西庐山召开。关于此次会议将在下一章中记述。

十三、杨柳科编写始末

杨柳科植物之分类,为种子植物中较难分类之类群。其难并不是种类多,而是其雌雄异株,且多是先花后叶,分布广泛。种的特征变化大,不易确定。在中国,此前研究此科学者少,仅有郝景盛于 1934 年发表《中国杨属植物志》论文,研究基础相对较差。基于此,杨柳科被确定为"难科",在标本采集、研究和编写等皆有一定困难。《中国植物志》开编,此科任务交由中科院林业土壤所王战负责组织编写。王战(1911～2000),字义仕,辽宁省东港市人。1936 年毕业于北平大学农学院森林系。抗战时期任中央林业实验所技正,著名之水杉新种标本即为其采得。1949 年后,历任沈阳农学院、东北林学院副教授,中国科学院林业土壤研究所研究员、副所长。杨柳科开始编纂之时,王战曾来北京,在植物所工作一段时间,但进展无多。1973 年编志重启,该项任务继续由王战担任,参与者还有该所之方振富、赵士洞,东北林学院周以良、董世林,新疆八一农学院杨昌友,西北植物研究所于兆英,1975 年又增加四川省林业科学研究所赵能。之所以组织这些几乎横跨东西人员参与编写,即是编委会根据杨柳科广布各地而作出的相应安排。

图 4－20　王战

任务安排到位之后,1973 年林土所方振富、赵士洞和西北植物所于兆英便赴云南、四川等地采集杨柳科标本,得 1300 号约 4 000 份。关于此次采集,《简讯》有这样报道:"他们冒着凛冽的寒风,踏着没膝深的积雪,登上海拔 4 300 公尺玉龙雪山,采到高山柳。在稻城时一人鼻子连续五天大出血,一人脱肛,仍然带病采集了标本 300 号。此次着重采集了同产地的模式标本,尽可能挂牌采得一批雌、雄有花、有叶的完整标本。”①

翌年2月征得编委会崔鸿宾和参加编写各单位之同意后，林土所“革委会”决定于3月1～8日在该所召开第一次编写协作会议。会议在林土所党委领导下召开，出席会议人员除参加编写者之外，还有植物志编委会之夏振岱、林土所植物室之傅沛云等。按其时开会之议程，先有一番时事政治学习，再结合植物志编写又有一番批判“专家路线”“三脱离”“洋奴哲学”和“爬行主义”。如果这只是为了迎合的政治形势也就罢了，但是出席会议林土所一位领导，对参加会议人员也作批判。其言：“你们植物分类工作，是为洋人树碑立传，为洋人续家谱。”②该言系指在植物志编写体例中，遵照《国际植物命名法规》，有拉丁植物名称，有文献引证。而许多植物国外学者都曾研究，故引证文献多是外文，故作这样否定。

对与会者以直接批判，是与会者不曾预料，然其时政治空气即是如此，对前辈专家不也是这样批判。但受此批判，给编写者增加不少压力。故在《会议纪要》中编写者对自己政治立场作出鲜明的表态：“杨柳科的编志工作，必须以马列主义、毛泽东思想为指导，贯彻理论联系实际的原则。参加这一工作的同志，首先必须牢固树立为工农兵服务的思想，认真改造世界观”③云云。这些不能看作是一般之政治表态，而是在政治压力之下的屈服和认同。

但是，会议还是按预定议程进行，大家交流各自编写情况，以及各单位标本、文献收藏情况。根据各单位具体情况，对具体工作作进一步分工。确定以五年编写完成，并制定出各单位工作进度表，前两年主要是标本采集，再两年为完成初稿，1978年最后一年进行统稿、定稿。会后又分别组织赴各地采集。王战不顾年将七旬，依旧率队赴四川。为采到和了解高山柳树的生境、习性，而登上4 300多米的高峰。杨昌友在新疆阿尔泰山区及塔城地区，周以良在东北长白山及牡丹江地区、西北植物所在陕西等地，所得皆甚丰富。

1975年杨柳科编写增加四川省林科所赵能参加。此前1973年编写成员是如何组织形成，档案中未留下记录，此则是通过四川省生物所溥发鼎代为联系之结果。编委会先曾直接致函林科所，邀其派人加入。林科所以其生产科

① 《编写工作简讯》第6期，1974年4月10日。

② 《中国植物志》杨柳科研究编写总结，1979年，编委会档案。

③ 《中国植物志》杨柳科编写工作座谈会记录，1974年3月8日，编委会档案。

研任务重，人员少而谢绝邀请。不久第六次编委会扩大会议召开，溥发鼎来京出席，编委会又委托其从中说项。溥发鼎返回成都之后，即为联系，得有结果。其致编委会之函云："杨柳科的协作问题，经与四川林科所联系，我转达了收集西南地区杨柳科标本并参加编写工作的要求。他们人力较少，近年的工作原未考虑该科植物。联系后，他们认为国家任务，有义务承担，应该参加编写，今年便外出收集该科标本。望编委会给四川省林科所一个正式公函，并转省科委。通知辽宁林土所，联系协作分工，落实编写计划等具体问题，以便早日开展工作。经费是否仍由新增加单位，向省科委报计划开支，亦请函示。"①编委会接到此函，即致函四川省林科所，感谢他们"全国一盘棋的共产主义大协作精神"，并分别致函各相关机构。此详细记述四川省林科所加入经过，藉之或可获悉植物志组织工作之繁琐。在杨柳科中，四川省林科所并不是重要编写单位，尚且如此，何况其他。

1976年杨柳科志从采集标本阶段进入编写阶段，3月23日编写人员齐聚北京植物所，先为召开第二次协作组工作会议，林土所派李书心、傅沛云参加并主持会议。会后编写人员又留在植物所工作，以利用植物所之标本和图书，预计在年底完成初稿。此时，处于"文革"末期，深入持久之洗脑，已使知识分子失去独立判断之能力，植物志编委会已在上年度决定取消文献引证，为响应"农业学大寨"之号召，对与农林生产密切有关的杨柳科列为重点编写的科，即有此科在京开会与工作之安排。杨柳科编写人员此来北京开展业务活动，则俨然如同一场革命行动。其后，1979年在杨柳科志完成初稿之时，编写组所写总结中，对其革命行为作这样反思：

> 在"四人帮"横行年月，我们虽对四人帮的某些思想有所抵触，但所受的影响，流毒仍是十分深的。七六年春，向编委会领导汇报时，对编志问题提出"对着干"这口号时，崔鸿宾同志听后马上提问，你们怎样对着干？与谁对着干？这两个问题提得好，提得深刻，引起我们的深思。我们虽然说与修正主义对着干，但思想上非常模糊，究竟哪些是属于修正主义？②

① 溥发鼎致崔鸿宾函，1975年5月11日，编委会档案。

② 《中国植物志》杨柳科研究编写总结，1979年，编委会档案。

显然，杨柳科组之政治激进已超过编委会，失守学术底线，为编委会所不能容忍。既而，林土所人员以集体名义退出编写相抗议，引起不小波澜。好在“文革”不久即为结束，编写工作渐渐回到正常轨道上来。此后，杨柳科编写又曾召开多次编写会议，并到全国主要标本馆查阅标本。据估计，全国杨柳科标本，被他们研究达 95% 以上。最终虽未能按预定时间内完成任务，但至 1979 年形成初稿，其进展还是好于其他科志。编委会约请其委员、东北林学院院长杨衔晋及植物学者黄普华审稿，再经修改，1982 年出版问世。杨柳科列为第二十卷第 2 分册，卷编辑为王战、方振富。全书载有杨属 57 种、42 变种、11 变型，占世界杨属种数一半余；柳属 252 种、63 变种、18 变型，占世界柳属种数 60% 左右；钻天柳属，仅 1 种，世界仅 1 种。新发现的新种、新变种凡 77 种，基本探明中国杨柳科植物丰富资源。该志 1993 年获得国家自然科学二等奖。

十四、严加审查的国际学术交流

“文革”中提出“打倒帝、修、反”口号，以西方先进国家为帝国主义，以苏联为修正主义，与这些国家几乎中断外交关系。外交关系之紧张，自然波及对外学术交流。1963 年霍尔托姆(Richard E. Holttum)成功访华后，在西方植物学界产生影响。1971 年美国阿诺德树木园主任何文德(Richard A. Howard)欲援引此例，致函国务院总理周恩来与驻加拿大大使黄华，表达哈佛大学愿与中国植物学家续修友谊之诚意，并希望前来北京，造访各大植物园及标本馆；并致函中科院植物所，希望促成此行，但被谢绝。

国外许多来函不作回复，或者将原函退回。拒绝的理由，让人匪夷所思。1967 年 9 月，美国加利福尼亚大学植物标本馆来函，言在 20 年前曾借中国 5 份标本，其中 2 份为模式标本，希望告知地址，以便奉还。不予答复的理由是：“美帝一直想通过植物标本或种子交换突破‘缺口’，在中国的文化科学界人士中间做政治工作。在华沙会议上美帝曾提过，被我方拒绝。我们一定要提高警惕。因此我们的意见是不回信，标本放在他们那里，产权是属于我们的，将来从政治上考虑，可以索回时，我们有权索回。”①有些寄给私人信函，不

① 中科院植物所革委会致中科院联络局革委会函，1967 年 12 月 12 日，中科院植物所档案。

仅予以扣留，还以收信人名义回函拒绝。1971 年英国自然历史博物馆来函，邀请秦仁昌出席第二年 4 月在伦敦召开的系统发育和蕨类植物分类学国际学术会议，趁便访问英国，并愿承担费用。这本是对秦仁昌之尊崇、对中国科学家所取得科学成果之认可，却遭到不复函处理。继而引起外国友人对秦仁昌健康状况担忧，又来函询问，还是不予理会。美国山茶学会 1972 年来函，索要胡先骕 1965 年在《植物分类学报》上发表关于山茶科论文，也遭到置之不理待遇。

1972 年随着美国总统尼克松访华后，中国与西方国家的交往有所松动，但还是极为有限。1972 年美国东亚植物分类学家和嘉(E. H. Walker)来函，要求来华访问，被谢绝。1974 年和嘉愿将他收集的有关东亚植物区系的文献二三百本和数千份单行本赠送给北京植物所，这些文献为植物所研究工作所必需，对编写《中国植物志》非常重要，故复函表示欢迎，但是还是担心他再次提出访华的要求。当时植物所工作条件简陋，已不具备邀请国外学者来所工作或讲学；但一些研究重点领域，只是希望派人出国，考察新方法，掌握新技术及搜集资料文献等，如光合作用、生物固氮、编写《中国植物志》查阅国外模式标本等。北京植物所与美国阿诺德树木园开始有少量标本交换，当该园职员胡秀英从香港寄来标本，以当地报纸作包装纸。而报纸上有对大陆批评言论，则被认为是恶毒攻击，严正致函阿诺德树木园主任，抗议这样行径，并以停止交换相威胁。

1974 年英国自然历史博物馆致函秦仁昌，一是希望交换蕨类植物论文的抽印本，得到同意；一是征求秦仁昌意见是否愿加入正在编辑的《世界蕨类植物工作者名录》，为避免在该《名录》中出现“一中一台”而拒绝。1975 年世界植物学大会在苏联列宁格勒召开，苏联方面通过中国驻法国大使馆与中国相关机构联系，邀请参加，被中国科学院拒绝。

1949 年后，原先交往频繁的中外学术，变得稀少；1973 年重新编纂植物志，而原先稀少与国外的学术联系都已中断。得不到研究文献与标本，影响志书质量，也影响研究进展。

回归学术

（1977～1986）

一、回归学术

1976年10月以逮捕江青等“四人帮”为标志而宣告“文革”结束。1977年6月，中国科学院逐步开始恢复正常工作秩序，如恢复学术委员会制度、恢复科技人员技术职称晋升制度、恢复招收研究生制度等，并于9月重新制定各学科规划。北京植物研究所在起草“植物分类学规划草案”中，将《中国植物志》列为重点研究项目，其云：

> 我们认为在前8年中，应以中国植物志为重点项目，若没有对我国极大部分植物种类的清楚了解，不但对植物学的另一些基础工作，如植物地理学、古植物学、孢粉学的工作受到妨碍，就是对野生植物资源的开发利用也会受到大大限制。一个国家有无自己编写的植物志，不但标志一个国家植物分类学的水平，也是衡量一个国家植物学发达与否的标志之一。我们认为要赶上国际先进水平，仅仅就植物志的工作是远远不够的。进化问题是植物分类学的核心问题，所以必须要在植物系统和物种形成方面有所突破，才算进入先进行列，而这两方面工作在我国尚是空白。[①]

这份草案不知出自何人之手，但从其所用词语，可知“文革”结束后，植物学家的视线从空洞的政治转向学术本身，学术话语开始代替笨拙的政治口号。何以有这样迅速转变，仍从这份草案可知，在政治运动中，学术研究虽然受到极大冲击，但并不是所有人都彻底放弃学术，依旧有人在跟踪国外研究进展。

---

① 植物分类学规划草案，中科院档案馆藏植物所档案，A002－431。

当运动结束之时，并未茫然，不知所措，而是明悉自己的学术境况。草案又云：“分子生物学已渗透到本学科中来，利用同工酶技术，DNA 杂交技术和蛋白质的氨基酸顺序，分析研究物种适应分化的基因基础和种间关系有了更深入、更精细的了解。”当然有如此认识者并不多，并不意味着整体的学术可以立即回到正常的轨道上来。经过二十几年的政治运动，多数人的思想意识已被改造，价值观念混乱，大多是茫然失措，进退失据。《中国植物志》如何编纂，便摆在编委会的面前。

但是，编委会并不能立即从意识形态中解放出来，依旧率领百余名编写人员上江西庐山，召开上年精心筹备的“学习唯物辩证法经验交流会”。在这次会议上，虽然出席会议人员心情舒畅，提出，“把四人帮干扰和破坏科学事业所耽误的时间抢回来，为在本世纪内实现四个现代化，为赶上和超过国际先进科学水平而努力奋斗！”①但是人们的思想已被禁锢，认为在分类学界，从 18 世纪的林奈时代直到现在，始终存在着辩证唯物主义和唯心主义、形而上学之间尖锐的斗争。与会者提交之论文涉及分类学和编志诸多方面，有揭发批判“四人帮”对分类学研究和编志工作的破坏和干扰，有批判分类学领域中的唯心论和形而上学的，有总结编志工作人员学习自然辩证法的经验，有运用毛泽东哲学思想探讨分类学的基本原理，有学习唯物辩证法处理种、属划分的心得，有深入实际、向群众调查研究、搞好编志工作的体会，还有关于近代分类学的进展以及有关学科与分类学关系的介绍等。此再列举提交论文之题名及作者，更见具体。

李锡文：关于种群的划分问题。

汤彦承：植物分类学哲学思想史。

陈绍云、姚昌豫：竹亚科几个属的划分问题。

陈重明：论《本草纲目》、《植物名实图考》的哲学思想及成就。

广西所：关于如何编写中国植物志的讨论。

施定基：光合作用与分类系统。

俞德浚：关于分属问题的讨论。

李朝銮：关于分类学基本原理的讨论。

① 植物杂志编辑部：《中国植物志》编委会“学习唯物辩证法经验交流会”在庐山召开，《植物杂志》，1977 年：第 5 期。

俞德浚、李朝銮：龙牙草属分种问题讨论。

王战、方振富：杨柳科的分类问题。

郭本兆等：禾本科分类问题。

徐永椿：山毛榉科分类问题。

溥发鼎：分类学中的思想斗争。

何业琪：棱子芹属分类问题。

广东所分类室：学习辩证法的经验总结。

罗献瑞：芸香科的分类问题。

罗献瑞：防己科的分类问题。

邱莲卿：败酱属的个体发育和分类问题。

张宏达：批判分类学中的马赫主义肃清编辑实证论。

杨纯瑜：学习辩证唯物主义　谈谈分类工作的体会。

图 5-1　1977 年 5 月编委会组织庐山会议，部分人员在庐山植物园合影。前排左起：溥发鼎、刘玉壶、吴征镒、俞德浚、陈封怀、单人骅、慕宗山、曾沧江、汤彦承；后排左四起：陆玲娣、丁志遵、陈书坤、洪德元、□□□、李朝銮、张本能、胡嘉琪、□□□、夏振岱。

会议还邀请从事哲学研究之学者参加，在中国自然科学史上，这样的会议还是第一次.当时编委会预言，会议将对中国自然科学的发展产生一点影响。殊不知，此会既是第一次，也是最后一次，社会思潮很快进入思想解放时期，过去念念不忘的意识形态很快被唾弃。其后，即使是在植物分类学领域，也无人再提起1977年5月9～18日在江西庐山举行的此次会议。然而思想解放、回归学术，亦非一蹴而就，大的气候虽已改变，还有自我觉醒之过程。

二、对唇形科之评论

《中国植物志》第六十五卷第2分册和第六十六卷为唇形科，始编于1959年。起始之时，国内关于唇形科研究，尚无专人，缺乏基础。此经6年编研，至1966年"文革"前基本结束。参加编写人员先后有9人，昆明植物所吴征镒、李锡文为卷编辑，该所还有周铉、宣淑洁、陈介、黄蜀琼、黄咏琴等参加编写。除此之外，中科院植物所王文采，南京药学院孙雄才也撰写了部分属。1973年广州会议后，即进行定稿誊清，10月送交编委会审查。在交稿之时，李锡文对该科作有这样介绍："本科的编写是对我国本科植物截至目前在分类学上的全面总结，在编写时更多考虑'早出先用'，避免求全求详，但要求鉴定准确和好用。本志只不过是在我国现有水平上的一种提高，所以不是'空前绝后'，估计在出版后可用5～10年。"[①]对该志之水准，编著者可谓有清醒之认识。唇形科植物有甚多种类可以入药，其时仍处于中草药运动中，应用迫切；而唇形科种类繁杂，参加人员又多，为应急需，只有降低标准。经在京常委和青年分类学家林镕、俞德浚、崔鸿宾、陈心启、汤彦承、曹子余审稿，认为"除感到文字上冗长，注意地名引用上的政治问题，以及力求文稿前后一致外，总的说还是可以出版，供工农兵使用的。"[②]12月5日在京常委会审议审稿意见，提出修改意见。李锡文根据修改意见，经过4个月适当修改，于1974年4月16日再交编委会，5月9日主编林镕签署同意，送科学出版社付印。然而正式出版，还是延至1977年。

其时，《中国植物志》在"文革"之前出版三卷之后，未有卷册再出版，多年

---

① 李锡文：编写唇形科植物志简要介绍，1973年7月3日。中国植物志编委会档案，唇形科。

② 《中国植物志》发稿通知书，中国植物志编委会档案，唇形科。

之后,始有几卷刊行,唇形科即为其一,自然引起国外植物分类学界注意。《爱丁堡植物园学报》(*Notes from the Royal Botanic Garden*)1979年刊出I. C. Hedge,L. A. Lauener, H. K. Tan三人合写关于《中国植物志》唇形科书评。

> 两卷唇形科植物志处理了99属823种,……编辑为昆明云南植物所的吴征镒和李锡文。每个种除描述外,还记录了全部异名、花期、按省的国内分布、生境、海拔高度和经济用途;没有模式标本的确切引证和模式产地以外的分布区,——另一个严重的省略——也没有对一个种的亲缘关系存在的分类学问题等的一般性的讨论。通常栽培的或驯化的种也写进了正文,但并没有清楚地和本地产的种区别开来,例如采用不同的印刷体。对某些种类,陈旧的异名和多余的参考文献占用了太多的篇幅。
>
> ……
>
> 新种和新变种被描述过的数目也是高的,在有78种的Salvia属中,就有11个种是新的或最近才描述过的。要确定这些新种的价值是困难的,但在我们有一定了解的这些复合体中,许多新种似乎是根据非常微末的理由定的。①

该文首先被华南林学院蒋英所注意,即驰函已膑足于家的秦仁昌。秦仁昌再向植物所分类室询问,才获得阅读。继而由秦仁昌将该文译成中文,陈心启为之校订,刊于《编写工作简讯》第44期。秦仁昌在翻译的同时,于1980年1月1日还写有一篇“译后有感”,同时刊载于该期《简讯》中。秦仁昌认为国际同行之批评,中肯实在。之所以出现这些问题,编委会有不可推诿之责任。他说:

> 《评论》列举了近年出版的《中国植物志》中有代表性的两卷唇形科植物志的全部缺点和错误,除了一部分是二位作者固有的和常犯的外,大多也是程度不同地出现于每一卷内的。必须承认,情况是严重的,而造成这些错误缺点的主要原因是复刊后的编委会违反了1960年第一次植物志

① I. C. Hedge等著,秦仁昌译、陈心启校:中国植物志书评,《编写工作简讯》第44期,1980年4月10日。

编委会扩大会议议定的《中国植物志编写规格》中的许多重要规定，迷失了工作方向，是同志们多年的辛勤劳动，最后获得了这样一个批评。归根结底，编委会难逃其责。如不立即改正，更多的国际批评是可待的。

复刊后的《中国植物志》既没有一个像样的核心，更缺乏有力的主编。这一点在《评论》中已一针见血地指出了。谁都知道，例如，一部有系统的著作的各卷内封面的版式应当是统一的，而现在各卷都不一样，而且错误百出。经一再指出，也无人过问，好像满不在乎似的。这是什么作风？

林彪、四人帮的流毒在我们的队伍中一直没有肃清。如《中国植物志》要不要文献引证，文献中要不要夹杂中文文献的争论就是一个例证。又如，植物志内的绘图问题。文化大革命前的或准备出版的植物志内的图版大小和格式是硬性规定的，都是统一的，不许超出这个框框，每个图都要注明比例尺。绘图室内的老同志都知道的，而且也是这样做的。复刊后，图版的老框框被砸烂了，要求"自由画"，不要比例尺。这样，科学图变成了"写生画"，只追求好看，而失去了科学的全部正确性，解剖小图尤其如此。对此，编委会处之泰然。几年来，多次呼吁过，图要"改邪归正"，但绘图室一直拒不接受。这种情况再也不能继续下去了，已经画的图要全部加比例尺，才准付印。图版上印图注也是不能许可的。①

在中国植物分类学界几乎公认秦仁昌之学识为一流。在《中国植物志》开始编纂之时，秦仁昌任编委会秘书，以国际标准，参与制定一系列之规格、体例。然而，在"文革"中受到不公待遇，被批判打倒。在植物志事务中，不仅不能参与编委会工作，即使是其所著第三卷蕨类植物志，也遭到严厉批判。编志工作在政治干扰之下，降低为政治服务，自然降低其学术追求。此时受到来自国外之批评，秦仁昌认为有损国体，不免汗颜；而长期受到压制，得机讲话，又不免有愤懑之词。在其后《编写工作简讯》为此还开展的笔谈，即有人不赞同秦仁昌"仁至义尽""去邪归正"的观点。

对于唇形科志发表许多新种之诘问，秦仁昌认为应本着"百家争鸣"之学

① 秦仁昌：译后有感，《编写工作简讯》第 44 期，1980 年 4 月 10 日。

术方式,该科编著者应作文予以回应。而其本人对发表新种,则持这样态度:

> 分类学中命名方面的一个关键是首先要见到和吃透模式标本,否则,正如《评论》所指出的那样,所谓"新种"大都是想当然的。仅靠文献来鉴定标本,更是冒险的。用这样的方法对待分类学是非常有害的,到后来将是不堪收拾的。发现了"新种",不忙急于发表,要反复考查它。蕨类标本室有许多暂定名"新种",许多是三十年代定名的,还有许多是六十年代前定名的,都未发表。对于自然界的复杂事物的认识,要经过多次反复才能达成的。《中国植物志》许多是"赶出来的",很粗糙,问题不少,明眼人一看就知道的。全世界植物学工作者都注意的。
>
> 孢粉形态和染色体计数是植物分类的基本性状。近代植物志(如欧洲植物志)的科、属、种的描述都引用的,而近来出版的中国植物志都缺乏这两个重要性状。相反地,以花色、齿型等作分种的理由是站不住脚的,正如《评论》所指出的那样。①

在《简讯》第44期印行之同日,还印行了第45期,其上刊有吴征镒、李锡文对唇形科志所作的一些说明,显然是编委会在得悉评论文章之后,约请撰写。此前秦仁昌所译所著,亦为编委会所组织。两文一并刊出,意在活跃学术空气,使存在的问题及早发现和解决,使《中国植物志》编写回归到学术的轨道上,提高质量,逐步赶上世界水平。这是编委会摆脱意识形态束缚之后,开始以世界标准要求自己,而不再是为工农兵服务等狭隘功利主义。

吴征镒、李锡文在答复文章中,简要回顾唇形科编写之历史及查阅标本之情况。由于大多模式标本不在国内,在国际封锁情况之下,外借不可能,便确定同地模式标本并给予标记,作为研究的主要参考。作者认为这是有助于植物志的编写。对于书评所云"总的印象是有一个较大的欲望去臆造新种,而不是把多余而陈旧的名称归并到异名上去",而为作者不能接受。故云:"因为这种说法至少在很大程度上过分主观地把事态夸大了。我们对种的上述处理方式固然不可避免地增加一些种类,但我们认为种类大量增加的原因还在很

① 同前。

大程度上是我国唇形科植物从1915年以后并没有在世界范围全面整理过，我国地域辽阔、环境多变、地质地史又很复杂，因而植物种类繁多而千变万化，这客观事实本身就必然孕育着许多没有被人们所描述的'新种'。"[①]诸如此类之答复尚多，不一一具录。但作者还是诚恳地欢迎这样的批评：

> 我们认为书评的作者们提出了不少有益的建议，例如新种的描述只有一个拉丁特征摘要过于简单，模式标本的细节全是中文，对外国植物学家是一个较大的障碍，标本室的代码没有采用《植物标本室索引》的国际通用的写法，以及采用较为保守的途径处理分类问题和更多的利用国际上已有的知识和标本材料等等，这些我们都是很欢迎的。……哪怕这些批评和建议本身极其尖锐，我们都会从内心表示感谢的。[②]

图5-2　李锡文

在以后几期《简讯》(46～48期)之中，还刊载多篇其他人士就评论而写的讨论文章，仍有这样观点：《中国植物志》首先是为我国四个现代化服务的，主要是写给中国人看的，写给中国人用的，其次才是在国际上学术交流。仍然将功利目的摆在首位，而不是为科学而科学的学术态度，多年政治运动之后，大多数人受思想限制，尚难突破这一界限。不过，这次讨论，让中国植物分类学界呼吸一些新鲜空气。加强与国外学术交往，对提高研究水准，无疑有所裨益，则是普遍认识。

唇形科志出版之后，吴征镒、李锡文等继续致力于该科植物研究，于1993年以"中国唇形科植物的分类、地理分布与进化"获该年度国家自然科学二等奖。

---

① 吴征镒、李锡文：对《中国植物志》65(2)、66卷——唇形科的一些说明，《编写工作简讯》第45期，1980年4月10日。

② 同上。

三、桦木科之署名

胡先骕致力于桦木科研究有年，先后发表了一些新种。1948 年所著《中国森林树木图志》（*The Silva of China*）第二册，由静生生物调查所与中央林业实验所出版，即以国产桦木科与榛科为内容。1958 年《中国植物志》开编，胡先骕本为学界领袖人物，编志曾是其挂怀不去之事业，自然极力赞同。其时胡先骕正在编著《经济植物手册》一书，尚有最后一卷未及完成。为投入到植物志编写，而将未完之工作暂时搁下。在其当年所列"我的红专计划"中，有"完成中国植物志的桦木科、榛科、榆科大部分、肉豆蔻科、山茶科、安息香科、列当科。"[①]1959 年编委会成立，胡先骕列为编委，其所承担的任务有：桦木科、山茶科、野茉莉科、榆科、列当科等，其晚年研究工作即为完成此项任务。在"孔夫子"旧书网站上，时有一些从中科院植物所流失出来的档案材料被拍卖，有胡先骕 1962 初所写"工作总结"，从中可见其从事《中国植物志》编写情形，照录如下：

> 我在 1960 年底开始桦木科与榛科研究，基本结束，只等部分清缮，即可交稿。
>
> 自 1961 年起，我即开始榆科朴属的研究，出于意外，此属在积聚的大量标本中，发现大量新种，现在初步已鉴定的新种有一百多，未作结论的还有不少，此外因贵州的标本久未请提，尚未能加以研究，有待于 1962 年上半年研究。
>
> 1962 年第一季度将全部写出桦木科与榛科稿，交出付印，已将此两科的新种 70 的拉丁文描述写好，交出付印，图也绘好，现在只须全部清缮并复阅。第二季度拟将朴属研究结束，如尚有余力，进行山茶科山茶族的整理与研究。第三第四两季度，进行山茶科其他各族各属的研究。
>
> 过去一年研究的经过，发现中国植物的某些科属新种特别众多，远非所能预料，如鹅耳枥属与朴属即其著例，因之亚属与组及亚组等的区分，

① 胡先骕：此次参加整风运动的思想收获，1958 年，中国科学院植物研究所档案。

皆须另建系统，无旧法可以遵循。

我以病躯，尤以腰痛，不耐久坐与伏案，故工作效率甚低，作学术报告以后，腰痛大发，一个月以上，完全不能工作，故我的工作能否照预计进度完成，要看身体状况，故总须从宽估计。①

由此可知，在1962年，桦木科著述基本完成。又笔者曾闻之于科学出版社之曾建飞先生，“文革”尚未开始时，其自中山大学生物系毕业，刚来出版社工作，尝到胡先骕家中，联系书稿出版事宜。有人拟将山茶科交给不曾对此科有研究者审稿，为胡先骕所不满。曾建飞是中山大学张宏达的学生，便提议请其师审稿，胡先骕欣然赞同。由此可知，在“文革”前胡先骕之于山茶科编写，也已完成。其后，不知何故，山茶科在重新编写时，就与胡先骕没有关联。而桦木科在正式出版时，也与胡先骕失去干系。此中经过在编委会的档案中，却有踪迹可寻。

“文革”之前，胡先骕在与美国华盛顿斯密森研究所之和嘉通信中，尝言及自己所从事植物志撰写之事。胡先骕去世之后，1972年和嘉向植物所致函，询问胡先骕所纂植物志情况，其云：“在我从胡教授那里收到的信里，都是他正在准备关于植物志编写。就目前讲这些东西是没有发表的，这些关于植物学基本研究资料，我早就希望得到并使用它。如果这些资料没有留给将来的植物学家，则太遗憾了。”②在档案中保存了植物所回函底稿，则云：“胡先骕教授在1968年逝世前，长期重病，因此使他不能进行很多工作。他生前从事过的桦木科、山茶科和榆科分类学工作，现在正由一些年轻的植物工作者继续进行着。”③其时，与国外学术交往几乎中断，而中美关系开始缓和，否则，和嘉之函有可能遭到置之不理待遇。此虽然得到回复，但所言与事实有距离，和嘉之担忧不是没有根据。

1974年1月桦木科志重新启动，此时胡先骕已去世多年，曾参与工作之郑斯绪亦已去世。故该科计划由李沛琼、陈家瑞、傅立国三人续编，在计划表中

---

① http://www.kongfz.cn/detail.php? tb=his&itemId=6619315，下载时间2011年8月18日。

② 和嘉致中科院植物所函，1972年5月15日，中国科学院植物研究所档案。

③ 中科院植物所复和嘉函，1972年7月，中国科学院植物研究所档案。

有云："本卷植物志已有相当的基础,修订工作计划在本年第4季度开始,75年上半年完成。"①其后承担此项工作即由李沛琼一人来完成,其所填承担项目表云："1964年已完稿,拟于1975年修订,年底交审(6属130种和变种)。"李沛琼系1957年分配到中科院植物所工作,据其自言是1962年开始涉足桦木科,其时郑斯绪已跟随胡先骕编写。此时,李沛琼再做修订,即是在1964年胡先骕主持所完成稿件之上进行,于1975年年底如期完成。第二年7月编委会请宁夏农学院园艺系洪涛、浙江农学院林学系张若惠等审稿。1977年8月审稿完毕,1978年5月送交出版社出版。

桦木科在《中国植物志》中列为第二十一卷,该卷中尚有杨梅科、胡桃科,故"发稿通知书"将该卷编辑署名为胡先骕、路安民,编写人署名为胡先骕、匡可任、郑斯绪、路安民、李沛琼。② 待1979年11月正式出版时,署名中已没有胡先骕之名。卷编辑为匡可任、李沛琼;桦木科编写者为李沛琼、郑斯绪。为何作如此改动,案卷中未有只字记载。或者是在校样中将胡先骕之名抹去。至于其中经过,不得而知,但有人改动,则是无疑。

1981年1月在广州召开植物志编委会扩大会议上,陈封怀提出学术界应提倡讲究文明、礼貌及良好的科研道德作风。他说:

> 科研工作是继承发展前人的成果,在继承发展中逐步提高并作出新的创造发明,因而在科研工作中,尊重前人的劳动成果是极为重要的,也是起码的科研道德作风。如当我们摘录前人和同辈未正式发表的文章、手稿或经某专家修改、订正过的文章、稿件时,至少在自己发表文章或稿件的脚注中,应注明"参考某作者的手稿"或"经某专家修订及提供宝贵意见",并表示谢意等语;甚至对于专家指导的工作应联名发表,不应独吞成果。绝不应该摘录别人未发表的手稿据为己有,或改头换面作为自己的文章发表,这实属剽窃行为。有的经有关专家修改订正,提了有益意见者,也不署名感谢,不尊重别人的劳动,抹杀别人成果,这种在"文革"后滋长的恶劣作风与不文明、不礼貌、不道德的行为,应予以公开的谴责。③

① 《中国植物志》编写年度计划表,1974年1月,编委会档案。

② 《中国植物志》发稿通知书,1978年5月10日,编委会档案,第21卷桦木科。

③ 《编写工作简讯》第49期,1981年3月14日

陈封怀所言引起与会者极大重视，故此次常委会在确定尚未出版各卷册编辑人选时，即考虑各卷册编辑之历史，其基本精神是："实事求是，尊重别人劳动"。今不知陈封怀这番讲话确切背景是什么，但桦木科没有署胡先骕之名，显然符合"不文明、不礼貌、不道德的行为，应予以公开谴责"的范围。但是，编委会对桦木科署名之事，并未予以公开谴责。因为此事是编委会自己所为，只能不了了之；但陈封怀之讲话，让编委会主政者幡然醒悟，故在《编写工作简讯》还发表未署名之《讲究文明、礼貌，树立良好的科学道德风尚》短文，其云：

> 过去强调发扬风格、反对垄断，有利于编志工作，但对保护和尊重别人劳动成果上没有足够的重视，而遗留下一个漏洞，出现了某些不好的现象。陈老的建议适时地敲了警钟，声张了正气。卷（册）编辑是对一卷（册）学术上即编辑、组织上负有实际责任，有的老前辈在《中国植物志》工作一开始就指导自己的学生做了大量工作，为这一科打下了基础，虽然现在不能工作了，或有的已经去世，把他们列为科编辑（一科多卷）或卷编辑之一，是完全应该的，尊重老前辈的劳动成果，绝不同于论资排辈。

由此可知，编委会对此前在编志工作中，采取反对专家权威之做法，还是持肯定态度，而对类似桦木科署名抹去胡先骕之事，则认为这只是一个漏洞。此时之编委会，尚没有建立科学研究之知识产权观念。须知知识产权是激励人们从事研究和著述基本动力之一，《中国植物志》这样一个庞大工程，若不建立在这样一个基本价值之上，必然会造成许多事端，其最终势难获得成功。此前几十年中反反复复，即是抛弃这一基本价值，最终如何，无须再述。此时，编委会虽未彻底觉悟，但已有所注意，此后类似桦木科署名事件，在《中国植物志》中未曾发生。有些卷册在出版时，老先生已去世，还不忘写上老先生之名。秦仁昌、邢公侠合编第三卷第 1 册蕨类，在 1990 年出版时，秦仁昌已经逝世，仍署秦仁昌之名。有些卷册虽然是由后来者所写，但在书的扉页上还是写上纪念前辈的话。如戴伦凯、梁松筠主持的第十二卷第 2 分册之莎草科，于 2000 年问世，即写有："本书献给我们的老师、莎草科研究工作的奠基者汪发缵、唐进两位教授"。1995 年出版之王文采、陈家瑞主持第二十三卷第 2 分册之荨麻科，也写有"作者谨以此书献给中国近代植物分类学奠基者之一——钱崇澍教授”。对于这些尊师重道致谢之语开始写入植物志时,感喟前后变化之巨,颇令人心酸。

四、重组《中国植物志》编委会前后

林镕自1973年恢复编志后出任主编,至1978年初,因其体弱多病,于全面恢复编志工作,已难胜任,改由俞德浚代理。俞德浚(1908～1986),字季川,北京市人。1928年入北京师范大学生物系,1931年毕业。时胡先骕兼任北师大教授,入其门下,甚得器重,未毕业时,即纳为助教。毕业之后,推荐至重庆北碚,为卢作孚所建西部科学院组织生物研究所植物部。1934年回北平,在静生所任研究员。1937年派往云南采集标本,随即入云南农林植物研究所。抗日战争胜利后,赴英国留学。1950年回国,主持中科院植物所植物园工作,并从事蔷薇科分类研究。《中国植物志》之蔷薇科即由其编写。在“文革”中,俞德浚也遭受磨难。其主要罪责是与国际山茶学会的联系,又在其所作文章中,报告世界各国植物园概况时,将香港植物园与中国植物园并列。“即被批判为与帝、修、反反华大合唱相配合,搞一中一台,出卖祖国领土香港。被批判为洋奴、卖国主义、资产阶级学术权威,送进‘专政队’进行审查,多次对其进行批斗、打骂和人格侮辱。一九七一年四月二十五日,经中国科学院政工组批准结论为:犯政治错误,免于处分。”①

在俞德浚代理主编之时,全国各地陆续展开平反冤假错案,中科院植物所为胡先骕、汤佩松、秦仁昌等一批在历次运动中遭受批斗专家,恢复名誉。对俞德浚在“文革”期间强加其一切诬蔑不实之词,也予撤销。不久还出任植物所副所长,并增选为中科院学部委员。在1981年1月14～20日在广州主持召开中国植物志编委会第十次编委扩大会议上,俞德浚正式担任主编。此次广州会议,亦一重要会议。真正将编写工作恢复到正常状态,当时名之曰拨乱反正。会议之前即对编委会组成成员进行调整,并云是通过民主选举而产生。编委共有30人,按地区分配名额,由各地选举产生。此来广州参加会议人员即是各地选举出来之委员。再由出席会议委员选举产生常委11人,再后由常

① 中科院植物所:对俞德浚通知问题的复查报告,1978年12月2日,中科院植物所档案。

图 5 - 3　主编俞德浚与副主编吴征镒在编委会审稿会上

委会推选出主编俞德浚，副主编吴征镒、崔鸿宾。一改过去由中科院植物研究所党委指定人选，由中科院批准之产生方法，可谓是有不少进步。但主编、副主编人选之产生，是选举，还是指定候选人，则不知确切。出席会议的还有各地代表、科学出版社及《植物分类学报》编辑共 50 余人。

开幕式由副主编吴征镒主持，向各编委颁发中国科学院之聘书。主编俞德浚致开幕词，对编志之历史作一回顾，云经历一条曲折坎坷的道路，仍然取得很大成绩，同时还培养了大批植物分类学人才。副主编崔鸿宾代表上届委员会作工作报告。此次会议任务是如何提高植物志质量，加快步伐，确定具体措施，争取在 1985 年基本完成。故而会议对过去之制度予以修订，对制度未曾周到之事项予以补充，颁发"《中国植物志》卷(册)编辑人选及其职责""中国植物志审稿要求""中国植物志编辑委员会常务委员会职责""中国植物志编委职责""中国植物志主编副主编职责"等。会议期间，正在广州讲学之美籍华裔植物分类学家胡秀英也列席了会议，并提出一些有益之建议。闭幕式由华南植物研究所所长、植物志编委陈封怀主持。

会议将《中国植物志》完成截止时间确定为 1985 年，还是沿用 1975 年所制定的目标，则令人不解。因为整个任务此时仅完成五分之一，全部 124 卷(册)，此时正式出版仅 25 卷(册)，有些科还未落实到具体编写之学者，无论如

图 5－4 1981 年广州编委会扩大会议合影。左起一排：诚静容、李树刚、张宏达、吴征镒、陈封怀、胡秀英、俞德浚、孙祥钟、杨衔晋；二排：傅立国、郭本兆、傅坤俊、□□□、耿伯介、陈守良、陈德昭、蔡淑琴、汪薇勤、溥发鼎。

何，这在四至五年内根本无法完成的。此前或者是革命激情所赋予之历史使命，让人对问题缺乏正确判断；此时本应该回归于理性，却未作修改，说明回归需要时间，不是一蹴而就所能到达。其后，1982 年已知无法在 1985 年完成，编委会也曾为之汗颜，有云："关于十年完成《中国植物志》早在 1959 年曾公开报道过，已有不好影响。近来又向外宾谈及我国将于 1985 年完成《中国植物志》，胡秀英已在美国刊物上发表。如不抓紧时机，争取有力措施，对内外都会造成不良影响。"

即便如此，在 1982 年只是迎来编写的高潮，当年有 12 册付印、16 册交付审稿。加上已出版的 27 册，共有 55 册（合 38 卷）。全书 80 卷，已完成将近半数。该年全国科学技术奖励大会上，在 122 项自然科学成果奖中，《中国植物志》第七卷裸子植物、第六十三卷夹竹桃科、萝藦科和第三十卷第二分册番荔枝科等，分别获得二、三等奖，给编委们不少鼓舞。编委会特于获奖之后，11 月 5 日在北京召开座谈会，主编俞德浚希望藉此时机，将编写工作向前推进一步。对不能完成任务的同志，希望主动把所承担任务让贤，由其他同志协助或代替编写，按期完成编志任务。

图 5-5　1980 年 5 月 28 日编委会召开如何提高植物志编写质量的讨论。
前排左起：俞德浚、崔鸿宾、吴征镒、关克俭。

其时，随着社会变革，人员开始流动，且又有新的任务下达，致使此前承担编写任务人员之工作岗位发生变化，编者之中有出国工作者，有接受新的研究课题或调查任务者，有担任领导职务者，这些都直接影响计划之完成；当然还有编写者自己之原因，无法完成，一拖便是六七年。凡此种种，共有 18 卷出现问题，俞德浚希望采取有力措施，改变这种局面，但收效甚微。其后，社会经济改革深入，组织编写体制也发生变化，严重影响编写进展。至 1985 年预定完成之时，尚有一半未及完成。

编纂全国植物志，编纂者应参考全国的植物标本和资料。中科院植物所在国内收藏最为丰富，一般而言，编纂者先在此查阅，若尚有遗漏，则往相应地区之植物学研究机构标本馆查阅。“文革”之前，来京工作还不甚迫切，因为当时承担编著任务者，大多是研究有素，已有学术积累之专家。1973 年恢复编写，全国有 40 多个单位，共计 200 余人，参与编志工作。其中有不少年轻人，需要来京工作。而来京人员接待、生活安排、工作接洽等皆由编委会办公室负责落实。而北京植物研究所办公室和客用住房早已不敷应用，只好安排在条件十分简陋房间里，既住宿又工作，来京两月以上者，还需要自带铺盖。即便如此，也只能安排重点科卷和准备交稿付印科卷的人员来京，分轻重缓急。

1973、1974 年共有 80 余人来京工作。在京期间他们在床上打字，在地上看标本，有些一干就是半年。即便如此，编委会办公室仍然想尽办法，给予方便。尤其是北京冬季寒冷，南方来京人员衣物不足，且物资供给需要布票、棉花票，无从在京购置。编委会办公室人员倾其家有，予以借助。此虽小事，却予来京人员以温暖。但是需要指出的是，由于当时政治运动未曾中断，来京编志人员，还要接受北京植物所党委统一领导，和分类室人员一起写大字报，开批判会，参加北京的群众游行。当时名之为：一同学习，共同战斗。1979 年杨柳科志编写人员在结束时所写总结，对其在北京工作有这样记述：

> 由于中国科学院植物研究所的条件（标本多、资料全）较好，我们多次在京召开协作组会议，得到编委会领导亲自莅会指导、鼓励和支持，并给我们创造了留京工作、食宿等条件。不仅如此，还和植物研究所同志一样，参加政治活动，七六年清明，去天安门缅怀周总理，敬献花圈；打倒四人帮后，十月十八日参加天安门前对四人帮罪行的声讨大会，华国锋同志为首的中央领导出席接见全国人民，及以后瞻仰毛主席遗容。在文娱生活上不仅与他们的同志一样，有时还给予优待。植物所的房子是十分紧张的，为了便于我们研究工作的开展，暂借给我们工作室，甚至将编委会的办公室都让给我们，而他们自己挤在一间房子里办公。为了我们去全国各大标本室查阅、研究标本的方便，并替我们开介绍信。使大家感到自己在本单位工作一样，有时甚至还要方便。①

中科院植物所之设立，即有面向全国，负有领导中国植物学界的任务，自有接纳四方之胸襟，而没有地方畛域之划定。在中国其他各地或多或少皆有地方色彩，故而各地学者到北京后，受到热情接待，超乎期望，往往令其感动。《中国植物志》也属该所重要任务之一，自然得到全所支持。其后，社会物质条件大有改善，编志经费来源也有改变，来京人员费用，改由各自课题经费中支出，社会也有提供生活服务设施，编委会此项工作内容才大为减少，但植物研究所容纳各地学者之襟怀却未曾改变，并凝聚成该所之传统。

① 《中国植物志》杨柳科研究编写总结，1979 年 7 月 10 日，编委会档案。

五、编纂者两通函札

参与编纂之作者，分散在全国各地，虽然编委会与各编著者所在单位就编写任务协商妥当，但还是有许多事务需要与编著者直接联系，书信来往频繁之后，彼此之间成为要好朋友，除商量业务，还有一些题外之话。此自编委会保存大量来往书信中，选录来函两通，并作必要说明，以见编志另一面。

其一为浙江博物馆韦直所写。韦直（1929～ ），浙江东阳人，1950 年毕业于安徽大学，分配至浙江博物馆。1974 年《中国植物志》恢复编纂之后，因编写人员缺乏，编委会崔鸿宾、夏振岱在走访各编志单位落实编写任务的同时，还顺道访求植物分类学专业之人才，请其参与编写。韦直等即为他们寻访之人才，邀为主持第四十卷豆科（二）。此函写于 1978 年，系作者自杭州赴昆明查阅标本期间。人在旅途，感慨良多。其云：

图 5－6 韦直

大崔、小夏：

久未给你们信了，大概也很忙吧！春节后，我重点准备了 *Millettia* 等几个属的工作。打算今年上半年到云南、广西、贵州一带把这几个南方的属解决掉；下半年到陕西、青海、甘肃一带去解决 *Medicago*、*Trigonella* 等北方的属；争取今年初步弄清种属的底细，那么明年着手编写，心中才有数。离杭时，你们第二次寄来催报今年度计划的函看到了。但是敝馆是个文艺单位，对科技现代化这样一件大事，似乎无动于衷，加上领导们常常凑不齐全，整个馆的今年度工作计划也未曾研究过，所以就一直压着没有报给你们，我无能为力。再等下去，第一季度眼看过去了，我只得强硬地要求领导先让我出来，理由是年度计划不管如何，编植物志的任务是去年就开始的，总不能中途而废。就这样我和黄以之二人来到昆明；大韦抽出搞工作队下乡了，大概得半年或一年，听说下一批不去了，否则我还得轮到一次，真够呛！

来昆明后，植物所同志们很热情接待，有些是熟人了，一切都较便利。就是这个地方总不如我们自己杭州那样适宜，老是感冒，风大灰多，“春城”徒有虚名。看了云南的标本，*Millettia* 这个属的东西还是不少！好几个越南、缅甸的种在云南南部都有分布，过去文献中是未曾记载过的，因为都是乔木，木材与化学性能方面都是资源，有必要弄弄清楚，因而只得拼老命到西双版纳去一趟。这二天正在办通行证，办得成就去，办不成只好拉到。蔡希陶是我的小同乡（东阳人），可惜脑血栓硬化，住在医院里。我去看他，话也说不清楚，他表示 *Millettia* 这属在西双版纳一带的乔木不止一种，提供了一些线索。唐燿先生也给我介绍了这个属的木材有重要经济意义，可惜他们只根据一种有名的即 *M. leptobotrya* 作了分析，其他的种都未曾分析清楚。

另外在标本室中找到了 *Antheroporum* 这个属在我国云南和广西确有分布，花与果的标本都有了，如果到西双版纳去，还可以去找一找活的树木；广西那种是和越南同一种，而云南的是一个新种。这个属的中文名字叫什么，我还不知道，需要去请教一下当地的傣族老乡后，才能给它报户口。

云南工作结束后，准备五月份经贵阳去广西看看，或采采标本，这样大概六月份才能回去。可能馆里又要来信催促速回了，因为博物馆的人员出差多半是参观交流一类，绝无像我们这种长期在野外的事情，不知道我们赖在外面干啥，实在不放心。另外我家中的老太婆也不放心让我出差，老唠叨说：“有啥好处，家中有安逸不安逸，自找辛苦。”所以说干这种事真叫内外夹攻，难以顶住。

去年在贵所标本室查阅标本，因时间不允许，大都没有鉴定整理、分类，我看过的几个属都未曾整理好，争取今年秋季再来京，把贵标本室的标本系统理一理；否则撇下这个冷活，要背后挨骂的。望见小靳等同志时，代为解释一下。你们近来为科学大会之事，总比较忙吧！不多扰了。即此

致

近好

韦直　叩上　三月廿七日　昆明黑龙潭①

韦直所在单位，此前是西湖博物馆，1952年更名为浙江博物馆。此后于1984年该馆之自然部分出，单独建制，成立浙江自然博物馆。而此时为一文化单位，对于研究不甚重视，而韦直本人却有兴趣，毕竟受过科学训练，明悉研究工作乃高尚事业，值得为之付出。故而克服诸多不便，前往昆明，还计划赴其他各地。当时去西双版纳乘坐汽车，需要三天时间，故而是“拼老命”。夏振岱复函，作这样安慰：“你们这些‘天堂’里的人到‘春城’感到不适意，我想在西双版纳或别的什么地方也不会太适意，为了植物志自找苦吃的精神，还是值得学习。‘内外夹攻’的话，只要自己决心大，总是顶得住的。这二年你们不是做得很好吗！”②韦直主持第四十卷豆科（二）于1994年出版，其还参与豆科（一）有关属的编写。

图5-7　陈德昭

其二为中科院华南植物所陈德昭致夏振岱函。陈德昭（1926～　），广东顺德人。1949年毕业于广西大学森林系，1951年入中山大学农林植物研究所。1954年农林植物所改隶于中国科学院，更名为华南植物所。陈德昭一直在该所从事种子植物分类学研究，对木通科和豆科有较深入的研究。主持《中国植物志》第三十九卷豆科（一）。此函作于1984年，为落实茜草科编写人员向编委会报告。其云：

① 韦直致崔鸿宾、夏振岱函，1978年3月27日。夏振岱提供。

② 夏振岱复韦直函，1978年4月4日，夏振岱提供。

振岱同志：

此刻想你已安返北京。这次出来，舟车劳顿，实在辛苦了。我所参加植物志工作的同志普遍反映，编委会这一次下访很好，很及时，有些问题只凭信件或表格，甚至编委成员开会，不一定能了解得这么具体，解决得这么迅速，所以今后仍望“京官”多多关照。一笑。

此信准备汇报有关茜草科的分卷和编辑人选问题，经过与高、罗两人初步交换意见，拟将茜草科按亚科分为两卷(册)，第一本为金鸡纳亚科(*Cinchonoideae*)包括46属约350种，编者有徐祥浩(14属80余种)、陈伟球(16属90余种)、高蕴璋(2属50余种)、罗献瑞(14属约110余种)；第二本为茜草亚科(*Rubioideae*)，包括32属210种，编者为高蕴璋(17属70余种)、阮云珍(5属20余种)、罗献瑞、陈伟球(合共10属120余种)，我们初步想第一册由罗负责编辑，第二册由高编辑。这一意见不知是否可行，请编委会卓裁，决定后请用公函通知我所，罗的意见是各自负责一册比较好。

上半年的计划执行情况表另函寄编委会。

第42卷一分册其中包括耀花豆属*Clianthus*，傅先生在统稿时发现耀花豆特征与*Clianthus*属不相符，他和丁陈森同志都写了信给我，我查阅标本与属描述，确如傅先生所说一样，看来是G.D. Merrill弄错了。他把*Sarcodum rcandes*归入*Clianthus*是错误的。我们的海南标本耀花豆与*Afzelia Crail*(1927)很接近，现已将海南标本花、果各一张及有关文献(复制件)分别寄给傅先生和丁陈森同志，如确为*Afzelia*，则须移至第40卷(韦直编辑的一卷)。

大崔近来身体可好？很久未见到他了。我拟于九月份去北京看标本。

祝

近好

德昭　85.6.27[1]

其时，陈德昭主持华南植物所植物分类室，对华南植物所所承担《中国植

① 陈德昭致夏振岱，1985年6月27日，夏振岱提供。

物志》负有组织之责。华南植物所是植物志编纂主要承担单位，仅主持即有21卷册之多，参加编写有20余人。陈德昭本人还承担多个科属之编写，故与编委会来往频繁。

六、科学出版社

《中国植物志》自1959年出版第一册，至2004年出版最后一卷，其出版者始终是科学出版社。中国图书出版自1949年之后，为特许行业；即使出版社所出图书种类，在20世纪80年代之前，也有严格分工，不能越出所规定范围。自然科学类图书，最权威出版社当推科学出版社。科学出版社为中国科学院所办，院属研究所出版研究著作，首选当然是同门兄弟科学出版社。所以，《中国植物志》自诞生之日起，就注定与科学出版社有不能分离之关系。科学出版社及国家新闻出版总署对《中国植物志》之出版，十分重视，一直将其列为重大出版图书，指定责任编辑专门负责。但是在"文革"之前，科学出版社与植物志编委会并不和谐，在第二章中已有记述。"文革"末期以后，责任编辑主要由于拔、曾建飞担任，与编委会合作才渐入佳境。

在组织编写之初，编委会即将"中国植物志编写规格"印发给各编著者，出版社也据此制定出编辑体例，如各级标题字号、缩格、定格、正斜体、图版、索引等印发给编辑，并请严格遵照执行。整个《中国植物志》编写人员多、出版时间长、编辑人员也多，无论是编辑体例，还是封面、版式设计、纸张及封面漆布等基本做到全书统一，几十年内一以贯之，难能可贵。能保持统一风格，这首先得益于编委会严格要求，使文稿送交出版社时，即已符合"编写规格"，其次是编委会与出版社互相配合、经常沟通，及时解决出版中的问题。此中之事务，无论大小不知发生多少，然皆要一一处理。在编委会保存下来的档案中，有曾建飞致编委会短函一通，其云："陈介同志编辑的《中国植物志》第五十三卷第1分册中的野牡丹科，其中毛药花属 *Barthea* Hook. f，毛花药 *Barthea barthie*(Hance) Krass. 与已出版第六十五卷第2分册中唇形科的毛药花属 *Bostrychanthera* Benth.，毛药花 *B. deflexa* Benth. 中名同名。是否要与陈介同志商量一下，更改中文名称。"①

---

① 曾建飞致夏振岱，1982年1月16日，夏振岱提供。

图5-8　于拔(左)与曾建飞(右)在工作。

此类问题难以发现,此偶拾一例,以见编辑心细如发。

为了让编著者了解出版过程,曾建飞还在《简讯》发表《图书的出版过程》、《认真把好质量的第一关》等文章,从图书编辑角度,提出要求;还曾组织部分作者参观印刷厂,了解图书印制流程,加深作者对清稿定稿重要性认识,也增加作者与编辑之间相互了解。

1984年出版卷册仅占总数之四分之一,为了加快完成任务,植物志编委会与科学出版社加强合作,6月在上海召开第十届编委会第七次会议,首次邀请科学社出版社曾建飞、刘淑琴参加编委会审稿会议。在会上就编辑出版环节,他们提出要求,以减少反复修改,缩短出版周期。此时,出版社对责任编辑也有考核标准,第一、二校改动字数不超过3%,三校不超过1‰。此前出版之植物志,有些卷册之校样,因文献引证修改过大,大大超过这一标准。所以,出版社希望在送稿至印刷厂之前,原稿应再审核一次,以达到这一标准。1985年根据文化部出版局通知,出版社出版图书应与作者签订出版合同,以保证图书及时出版和各自所负之责任。从此《中国植物志》的出版,增加一种合同约定。其时,是植物志交稿的高峰,科学出版社编辑不够,第二编辑室无论老少编辑全部投入到植物志的编辑加工之中。

编纂《中国植物志》是国家项目,编者和编者所在单位皆十分重视。其成果往往是研究所所庆、大学校庆和编者评职晋级所需要,但出版周期过长,为了满足各种急需,出版社总是在力所能及情况下,尽量满足,及时将样书递达。曾建飞讲到这样一事:

俞德浚一生研究蔷薇科植物,早在1965年,他和他的助手们完成了《中国植物志》蔷薇科第一部分,即该志的第36卷的编写工作。1966年5月开印在即,"文革"开始,所有出版业务被迫停止,俞德浚满怀期待的"新生儿"出版无望,他充满了疑惑和失落。1969年科学出版社被迫撤销,"一锅端"到"五七"干校,此前将稿件和在制品销毁。是出于对《中国植物志》第36卷的怜悯,抑或作为"脱离实际"的批判材料,该书作为内部资料印了100册,既无说明,也没有作者,粗糙的黄色封面。《中国植物志》恢复出版时,俞德浚进行了修改和补充,《中国植物志》第36卷得以正式出版。

"文革"结束后,俞德浚出任《中国植物志》第三任主编,在他的主持下,《中国植物志》编委会做了大量工作,20世纪80年代初,《中国植物志》迎来了第一个出版高峰,1979年出版了10个卷册。俞德浚和他的助手们也着力于蔷薇科后半部分即第37、38卷的编写工作,第37卷如期出版,

图5-9　俞德浚与助手们。右起谷粹芝、俞德浚、关克俭、李朝銮。(中科院植物所档案)

第38卷于1986年交稿。交稿后不久，俞德浚不幸患癌症。弥留之际，希望能看到凝集他一生心血的最后一卷的出版，经社领导批准，该卷作为急件，院印刷厂的师傅们加班加点，在俞德浚去世前的10天，将10册精装的《中国植物志》第38卷样书，送到他病榻前，满足他的心愿。①

《中国植物志》每一卷册出版之后，科学出版社发行部门皆积极发行，预订基本做到各研究所和大专院校不漏订。出版社有关人员出国，也必带上新近出版的《中国植物志》样书，以作交流或展出，广泛宣传，从另一个途径扩大了与国外学术文化交流。

科学出版社为出版《中国植物志》不懈努力，也为自己赢得荣誉。2007年国家新闻出版总署，设立中国出版政府奖，曾建飞、霍春雁等即因《中国植物志》而获得该奖项之图书奖，而登上中国出版业最高领奖台。

七、中科院植物所兴建植物标本馆

远在植物分类研究所合组成立之时，收藏标本之所沿用前北平研究院植物所陆谟克堂之三楼，面积600平方米，将静生生物调查所植物标本归并在一处，即有面积不敷使用之感。随着标本数量逐年增加，其房屋紧张也日显突出。1957年2月植物所第一次学术委员会扩大会议在北京召开，会议建议设立全国植物标本馆，总馆设于北京，由植物所领导。并认为急需2万平方米房屋用于庋藏标本及研究人员工作场所。其时，香山卧佛寺附近正在兴建北京植物园，并建议标本馆建于植物园内。1959年《中国植物志》编委会成立，当年即向中科院常委会建议筹建全国植物标本馆，建议书云：

解放以后由原静生生物调查所及原北平研究院植物研究所等机关合并成立中国科学院植物分类研究所时，标本总数不及三十万号。十年来由于党对发展科学的重视，同时植物分类学工作者在党的教育下，改变脱离实际，脱离生产的学风，植物分类学在经济和文教建设需要的推动下，

① 刘四旦：《中国植物志》人与事，《中华读书报》，2009年10月3日。

得到迅速的发展，仅植物研究所十年来采集的数量来看，从1950年不足30万号增长到去年的60余万号，整整翻了一翻。而今年由于开展了全国资源植物的普查工作，一年之中就收到各地采得的标本近10万号。标本资料的迅速增长，对于八至十年内完成中国植物志的编写任务，是个十分有利的条件，但也增加了困难，即使当前植物研究所办公的房屋设备远远配合不上发展的需要。原二千多平方米的主楼所有过道、走廊，自1958年春起均挤满了标本柜。而去年和今年动员了全国力量所收集的近16万号标本，由于缺乏房子和无足够木料做柜子保存，大批标本一年多来堆置在地上，已受到一些损坏。在中国植物志编写过程中，各地标本要调借到京，京外各地许多植物学工作者要长期集中北京进行植物种类的鉴定和编写工作，需要相当大的房屋才能开展工作，而植物所现在要挤出四五个人工作的房间都有困难。

而且我国植物学研究机关收藏外国标本极少，缺少邻近诸国（如苏联远东、西伯利亚南部及中亚、印度、缅甸、越南、朝鲜、日本等）植物标本对我国植物志的编写和植物区系的研究将发生很大困难，影响工作质量。因此在编写植物志的同时，急需与有关各国交换标本。

除此之外，数十年来我国原有标本都在各地分散收藏，特别是珍贵的模式标本，运来集中收藏，目前就本门科学的发展情况看，和从八至十年内完成中国植物志编写工作的需要来看，都迫切需要有一个收藏完备，保藏条件良好的全国性标本馆。苏联科学院的科马罗夫植物所那样，它不但是全国植物学家又充分利用全国植物标本进行研究的中心场所，而且有利于国际文化交流工作。为此建议院方采取紧急措施，在一年内筹建全国植物标本馆，作为植物研究所隶属单位，以解决目前迫切需要，以利于中国植物志的编写工作。[①]

此项建议虽得到中科院赞同，但其时国家经济并不富裕，且生物学又不是中科院重点发展的学科，直到20世纪70年代，建设新馆仍然毫无进展。而此时标本数量急剧增加，只好将标本柜放在各研究室、走廊、楼梯拐角处、厕所

① 中国科学院中国植物志编辑委员会：关于筹建全国植物标本馆的建议，1959年，A002－140。

旁,存放地点有北京动物园内植物所、西颐宾馆北馆、香山北京植物园等 11 处。由于这些地方不具备标本保藏条件,致使标本遭虫蛀、霉烂、损坏、丢失等情况经常发生。1976 年 2 月存放在西颐宾馆北馆已 4 年之久的一套 6 万号完整标本,竟被人擅自撬门扭锁进入,将标本随意乱移堆放,造成严重损坏。分散存放也给标本使用带来许多困难,致使接待国内外专家学者,遇需要查阅标本,即甚尴尬。

1973 年,重启编志工作,植物所又一次向中科院申请兴建标本馆,此次申请出现转机。根据中科院(73)科发业字 102 号文件的批示,12 月植物研究所请中国人民解放军 815 部队设计室(即中关村设计室)作了 8 000 平方米标本馆设计。只因 1974 年北京市只安排中科院 3 万平方米的施工面积,计划面积太少,此项建筑没有列入。1975 年植物所编制“基本建设任务书”,对标本馆建设规划是:预计至 1990 年,标本数量将发展至 300 万号,标本馆建筑面积需 1 万平方米。其中,标本库 8 000 平方米,研究人员工作室 1 000 平方米,珍贵模式标本存放室、外宾接待室、陈列室、全国植物志编辑人员工作室 200 平方米。投资概算为 110 万元。1975 年 5 月,植物所分类室王文采、汤彦承、路安民、陈松柏、张清水、张培忠、程树志、万奔奔、应俊生、张志松、傅国勋、靳淑英、周根生等 14 人,联名给国务院领导人写信,请求建设国家标本馆,得到一些副总理批示。1977 年 3 月国务院副总理谷牧批示:“国家今年没有钱,争取明年安排上。”9 月 20 日国家计委(77)计字 385 号文,批准植物研究所迁至香山植物园,建筑面积 3.2 万平方米,总投资 400 万元,先期建设 1 万平方米的国家标本馆。11 月植物研究所又请中科院设计室对先前设计方案进行修改。1978 年 3 月,植物研究所编制了研究所迁建与植物园建设的统一方案。9 月设计室对标本馆建筑设计完毕。迁建工程分两期进行,第一期以国家标本馆为主体,加上配套的科研及生活辅助设施,共 2.26 万平方米,投资 462 万元,1979 年 10 月动工,1981 年建成。第二期为实验楼及同位素实验室,共 1.1 万平方米,投资 262 万元。标本馆于 1983 年 10 月竣工,建筑面积 10 715 平米,投资 203.7 万元。1984 年植物分类室和古植物室先后迁入,为迁入新馆先后购置 40 多万元的标本柜及其他办公设备、实验器材。植物标本馆的建成,极大改善了标本保藏的条件,也改善了相关研究室的工作条件和国际交流与合作的条件,实现了几代植物学家的夙愿,促进《中国植物志》之编纂进程。

在新标本馆尚未动工之时,1976 年发生地震,陆谟克堂遭到一定程度的损

图 5-10　落成未久的中国科学院植物研究所植物标本馆。

坏,1977 年在加固施工之前,曾在植物园内兴建 1 000 平方米的简易库房,作为疏散一部分标本临时之所。

标本馆由植物标本库、植物分类研究室、实验室和学术报告厅四部分组成,其间用形式不同的通廊、连廊和花架连接成一体,平面布局紧凑,功能分区明确,按使用要求设计有几个出入口。除标本库东偏北 30°布置外,其余均为南北向布局,通风采光良好。标本库是标本馆的主体,采用现浇框架无梁楼盖,可以满足承载力大的要求。在标本库前设置管理工作室,并在库内南侧以玻璃墙断分一 2.5 米宽的阅览走廊。标本库地上 6 层,储藏植物标本;地下一层,储藏化石标本和副号植物标本。其中,实验室东侧于 1997 年延长增建 435 平方米,投资 90 万元,其外观保持了标本馆建筑群的整体造型。

当标本馆建筑已动工,尚未落成之时,1981 年中科院植物所就标本馆名称问题致函中科院生物学部,要求正式冠名"国家标本馆",以"统一组织,推动全国植物标本采集、鉴定、收集及系统分类研究工作,将会得到国内各有关单位的普遍支持,也有利于国际间学术交往。"①但未获批准,故仍然沿用此前"中国

① 中科院植物所:关于建立国家植物标本馆的请示报告,1981 年 12 月 2 日,中科院植物所档案。

科学院植物研究所植物标本馆"之旧名。其实,在1950年合组植物分类所后,该馆即已承担国家标本馆之职能。

在标本馆使用十年之后,1993年楼顶出现漏雨,内外墙体饰面脱落,需作维修,因修缮经费较大,经多次申报,未获批准。直至1998年获得财政部特别支持费110万元,才开始进行,将顶层防水层翻新和内外墙皮铲除和新涂,通风换气系统的维修,超低温冷冻消毒室的建立和库房空调更新等。标本馆维修经费尚不足,由北京电视台点点工作室发起向社会募捐活动,1998年5月27日分类室举行"社会关心和支持中国科学院植物研究所标本馆赞助款交接仪式"。1999年12月中科院启动生物标本馆网络建设项目,维修经费终于得到解决,总计1 800万元,其中维修经费1 440万元,扩建经费125万元,室外工程及园区建设费235万元。

八、十字花科编纂始末

江苏省植物研究所之前身乃中国科学院植物研究所华东工作站,再追溯至1949年之前,则为中央研究院植物研究所。在中央研究院时期,该所裴鉴之于毛茛科、单人骅之于伞形科、周太炎之于十字花科皆已有突出之成就。这些学者,一直在该所工作,直到离休、去世。故在《中国植物志》编纂之中,该所主持承担不少任务。限于篇幅,仅就十字花科编纂作一记述。

十字花科编纂起于1961年,确定由江苏省植物研究所研究员周太炎主持。周太炎(1912～2003),字慕莲,江苏常熟人。1935年毕业于金陵大学,后在国立药学专科学校任教,1945由农林部选派赴美耶鲁大学研究生院进修,后又到美国农部麦迪逊木材利用研究所实习,回国后入中央研究院植物研究所。周太炎研究十字花科植物有年,为国内知名专家。承担《中国植物志》任务后,1965年周太炎曾往中国十字花科植物最丰富之新疆调查采集。

图5-11　周太炎

1973年广州“三志”工作会议之后，十字花科编纂增加新疆八一农学院安争夕、中科院植物所关克俭等。当年8月周太炎将此科约80个属编写任务予以分工，其本人承担葶苈族及南芥族约14个属140种，有些属在1966年之前，即已开展，并写有草稿，此只需复核与补充；北京植物所关克俭承担芸薹族、独行菜族、香芥族等约有36属94种；新疆八一农学院安争夕承担紫罗兰族、南芥族、大蒜芥族约30属106种。

周太炎主持该科植物志编纂，除全面总结其本人多年之研究成果外，还为培养众多弟子。江苏植物所参与此科编写的有郭荣麟、蓝永珍、陆莲立，皆得到指导，并传为佳话。与周太炎一同共事多年之佘孟兰写有《周太炎传略》，是这样记载其与弟子关系：

> 周太炎对于他们每个人都是满腔热情，悉心指导，无论是室内查阅文献、收集资料或鉴定标本以至论文的撰写、新种拉丁文描述等基本功；还是野外调查采集、压制标本、认识中草药等等都是身体力行，亲手指教。在野外工作中，周太炎特别能吃苦耐劳。一次在浙江天目山，为了搞清竹节人参和黄连，冒着酷暑，又遇大雨，山坡路滑难行，周老师在助手们的帮助下，三次上华亭寺附近的山谷灌丛中，观察两种药用植物的生长环境及伴生植物，他不顾山蚂蝗咬伤颈部和脚部，坚持写记录，测量根部生长长度，做样方。他的这种忘我精神，深深感动了随行人员，使学生们也以老师为榜样苦干、实干。周太炎对弟子们的常用语是：“不入虎穴，焉得虎子。”他的弟子们现在一个个都已成长为教授、研究员，在教学和科研上取得丰硕成果，或登上一门专业的高峰，这要归功于周老师的教诲，使他们一个个不畏艰险，深入虎穴，并从中取得虎子的结果。①

与周太炎合作编纂之关克俭（1913～1982），河北宛平人，1930年入清华大学，1934年毕业，入静生生物调查所，1949年随所转入中科院植物所。曾研究许多类群，在《中国植物志》中还参与苋科、蔷薇科等科编写。安争夕（1929～ ），

---

① 佘孟兰、王铁僧：我国著名植物学家、植物药学家——周太炎。资料来源：中国数字科技馆—中国科学技术专家传略 http://www.cdstm.cn/zhuanlue/persondetails.jsp?personid=186946。

陕西西安人。1973 年承担此项任务时，为新疆八一农学院讲师，后该校改名为新疆农学院。在承担植物志任务之前，安争夕并未研究过十字花科工作，且又资料缺乏，无法单独工作，接受任务之第二年，即往南京江苏所，追随周太炎。

基本分工已定，但具体合作事宜尚未确定。1973 年 6 月 19 日江苏所向编委会建议在南京召开编写工作会议。编委会很快同意所请，但编委会无人分身南下主持，乃请江苏所党委直接领导，并请该所编委会委员单人骅、丁志遵协办。会议乃于 7 月 22～25 日召开，关克俭临行之时，还将植物研究所图书馆所藏十字花科材料复印，携往南京，交予江苏所同行参考。

参加会议人员无多，实为小型学术座谈会，一致同意根据编委会印发"中国植物志编写规格"进行编写，并再作如下分工：江苏所承担科的记载及科属自然检索表、植物术语，北京植物所承担科属人为检索表，八一农学院承担规格说明并附图。会议还对编写其他问题作出确定。当然，政治学习和政治表态也是会议的内容之一。

其后，该项工作进展缓慢，真正进入编写工作还是在 1978 年之后。安争夕此前曾往西宁、兰州、呼和浩特、成都、昆明等地补点采集标本或查阅标本，至 1976 年 12 月，其所承担部分完成初稿，并交主持单位。关克俭为北京植物所之技士，其中芸薹属为日常蔬菜，在理论联系实际、与工农兵相结合运动中，关克俭曾到北京农业科学研究所、西单菜市场及周边一些人民公社了解情况，但仅采到极少数种类的标本。1976 年还到西南、西北等地调查并查看标本，至 1978 年完成初稿及人为分属检索表初稿。周太炎承担部分也于 1978 年完成初稿。

1978 年 11 月在江苏所又召开为期 4 天编写小组讨论会，各自介绍编写进展，交流经验，对编写中应明确的几个概念，如科的系统检索表、属种的系统位置、属的中文名称、分种描述顺序进行讨论，达成统一认识，以提高编写质量。对编写中尚缺或需进一步核对之资料、标本，拟于第二年完成补充工作。1979 年安争夕为修改 *Allaria* 等属，曾往庐山植物园、杭州植物园、华东师范大学等单位查看标本。关克俭于 1979 年 4 月到南京江苏植物所，然后去上海、浙江等地。1980 年 1 月各协作单位撰稿人又携带所写之稿及代表性标本到南京，在周太炎主持之下，相互交换看稿，再就统一术语、文字、文献等，讨论存在问题，并统一解决。3 月向编委会交稿，请予审查。

《中国植物志》常委会于 1981 年 11 月 26 日第一次讨论该卷，认为存在问题较多，需作修改，并经吴征镒审阅，提出具体修改意见；经作者修改，于1982年4月修改完毕。4月16日周太炎致函编委会云："由于我于今年第一季度住医院，动了补疝手术，拖延些时日，现已全部完成，交给本所陈守良常委再次审阅。一俟审查完毕，拟将稿件及图版一并付邮寄上，或派人送上，顺便在北京所查一下模式标本产地。"是年，周太炎已是年满七十之人。1983年10月18日常委会第二次审查该稿，基本获得通过，但吴征镒还指出一些不妥之处，再请作者修改后，直接送出版社出版，其时已是1984年12月26日。而正式出版还要等到三年之后之1987年10月，拖延时间可谓久矣。

最后十七年

（1987～2004）

一、吴征镒出任主编

1986年7月14日第三任主编俞德浚去世，10月22～28日在北京召开第十届编委会第十次常务会议，按照本届编委会产生常委及正副主编程序，补选吴征镒继任主编。吴征镒自1973年起任副主编，今出任主编，乃是顺理成章，此外再无合适人选。在本次会议上，同意向中科院建议，下届编委会设委员11～13人，不再另设常委会，主编产生方式由全国编纂者提名，报上级任命；编委、副主编则由主编提名，报上级批准。此前组织编委会，由各地区选举推荐各地委员，再由各地委员选举投票确定常委。这种制度设计，多少具有现代民主方式。但主编由全国编纂者直接提名，而不是直接选举产生，便有一些不明朗之处。其实，在往后的岁月中，不曾再更换主编。《中国植物志》在吴征镒主持下，经过十七年努力，即告完成。

吴征镒任主编之第二年，新一届编委会在其组织下成立，副主编仅崔鸿宾一位。并于5月5～7日在南京召开编委会扩大会议。此次会议称编纂《中国植物志》是几代人的夙愿，高度评价老一辈植物分类学家为此付出过巨大劳动，并宣称现在已进入最后冲刺关头，号召新一代植物分类学者在吴征镒领导下继续努力，必尽其功，夺取世界植物分类学的“金牌”。①

图6-1　吴征镒

① 《中国植物志》编委扩大会在南京召开，《编写工作简讯》第59期，1987年8月。

吴征镒继任主编时，整个《中国植物志》已出版完成二分之一，其余二分之一大部分也已完成50%，或已完成初稿。但是，有些卷册虽早已接近完成，却迟迟不能交稿，或因卷册中部分不能完成，而拖累全册无法问世，影响整个编写计划完成。为此，编委会请各有关承担单位配合，严格执行协议，对不能按计划完成卷册，采取措施，如增加编写力量，或另行组织人员编写。但碍于情面，这项措延至1990年才不得不开始实行。此时，中科院植物所未完成之卷册，在承担单位中最多，特明确陈家瑞负责植物所分类室各卷册的计划管理。

全志在1987～1991年五年间，审查修订29卷，付印13卷。此前编写计划由编委会自行制定，1992年国家自然科学基金资助计划按照国家五年计划制定，相应要求其所资助之项目，亦按“八五”计划来制定。经申请，国家自然科学基金拟将“三志”列为重点课题，对其中之《中国植物志》，要求在“八五”期间完成。为此，编委会于1992年2月23日至3月1日在北京举行第十一届第六次会议，吴征镒自云南亲来北京主持，国家基金委、科学出版社也派人参加。会议总结吴征镒出任主编以来之工作，认为编委会是一个有效、有丰富经验、有权威的机构。对于尚有47卷册，编委们进行认真分析，逐册、逐人讨论落实，预计五年可以完成。对于编委会成员，主编吴征镒提出第十一届编委会不再作变动，一直延续到全部任务完成为止。若遇编委离退休，由编委会返聘；若遇其他特殊情况，再作个别调整。

1992年12月上旬，国家自然科学基金会邀请全国18位专家，对“三志”项目进行评审，崔鸿宾在会上作《中国植物志》申请报告，并进行答辩。最终评审意见为：“要求在五年内全部完成全志编写工作，其中应特别加强领导，对某些重点类群如菊科、蕨类、兰科等应有具体落实措施。建议给予207万元的资金资助。”①行文之中，对编委会不免有批评之意。但是，在所实行的科研管理体制中，虽有种种检查，但没有问责监管制度，对不能完成的项目，往往是不了了之。《中国植物志》此前如此，往后亦然。但在任务开始实施之时，还是会抓紧一番。此次，在国家基金委以重大项目任务正式下达之后，1993年3月上旬编委会在北京召开第十一届第七次会议，即是讨论如何落实。会议由吴征镒主持，他表态：“五年全部完成，确实任务艰巨，工程浩大，但我们一定继续努

① 《中国植物志》、《中国动物志》及《中国孢子植物志》的编研评审意见，《编写工作简讯》第73期，1993年8月15日。

力,通力合作,圆满完成这一重大任务,在国内外站稳脚跟,争取大奖。"①此次会议,为了响应国家基金委要求重点项目成立学术领导小组,《中国植物志》编委会继而重新组织常委会,以此作为行使学术领导小组之职能。常委会由成员吴征镒、崔鸿宾、陈德昭、陈守良、陈心启、陈艺林、戴伦凯、孔宪需、夏振岱等编委组成。

为确保任务之完成,按国家基金委管理要求,编委会与各卷册编辑签订项目合同书,以合同方式相约束。不仅如此,编委会还决定每位常委分别负责若干卷册,以保证其按计划完成,并达到出版要求。要求常委对所分工的卷册实施跟踪检查,定期评议,提出报告及下年度计划和拨款意见。常委对出现的问题,应及时解决,并与主持单位及编委会办公室联系。编委会还设立奖励措施,凡提前半年完稿并通过审查的卷册,经费结余之 40% 予以奖励,以促进编志。1994 年大戟科(三)、山茶科(二)、菊科(十)三卷即获得此种奖励。过去未完成的卷册,无论对个人名誉还是研究经费皆不曾受到影响,还可以继续得到拨款;而已完成任务者,则因无任务,不再获得经费,实际上造成"罚勤奖懒"。此次实行总的任务和阶段指标,年度检查。检查时需要提交考察采集记录和已完成的文稿,并检查实验室,以检查实际工作确定是否能够完成,否则更换

图 6-2　1995 年 3 月在昆明召开年度检查评议会。左起朱文渝、赵宗良、吴征镒、夏振岱、马金双、葛学军。后排:倖宇新。

① 国家自然科学基金"八五"重大项目《中国植物志》编委、编辑会议纪要,《编写工作简讯》第 73 期,1993 年 8 月 15 日。

或增加研究人员，以确保完成。在收尾之时，若不采取这些严厉措施，则难以奏效，难以向国家科学基金委交代，也影响植物分类学整体形象，断送今后申请其他研究项目之途径。

1994年7月副主编崔鸿宾去世，其时，编纂工作已接近尾声，仅有19卷未交稿，其中11卷作者为中科院植物所人员，为着力督促完成，主编吴征镒提议在植物所之委员中任命一位副主编。1995年还有一些卷册因标本、资料相对不足而不能在预订时间内完成，为夺取最后胜利，吴征镒强调编委会成员应保持稳定和加强。至1996年经吴征镒提名，植物研究所之陈心启当选副主编。陈心启（1931～　），福建福州人，1953年毕业于福建农学院，1957～1962年为中国科学院研究生，毕业后在中国科学院植物所工作。在《中国植物志》中，参加莎草科、百合科、石蒜科和兰科的编纂。在陈心启任副主编的同时，而将年过七旬之编委，除主编外，一律改为顾问。1997年5月7日又特聘傅德志、李德铢、包伯坚、张宪春为青年编委，以加强组织协调能力。

图6－3　1997年《中国植物志》编研总结会。前排左起：傅立国、牛德水、王杰、佟凤琴、吴征镒、朱大保、陈艺林、陈心启、王燕；二排：夏振岱、林尤兴、李安仁、高文淑、戴伦凯、梁松筠、曾建飞、杨汉碧、谷粹芝；三排：傅国勋、李承森、王中仁、陈家瑞、吉占和、朱颖民、张宪春、包伯坚、石雷、张树仁、蔡淑琴。

香港实业家查济民为奖励中国科技研究及推动中国教育事业，于1994年成立香港求是科技基金会，设立“求是奖”，其本人自任基金会董事长，邀请陈省身、杨振宁、周光召、李远哲、简悦威等五位科学家为顾问。1996 年中国科学院院长周光召推荐《中国生物志》(“三志”)申请,结果有八人共同获得是年度该奖,奖金共计 100 万元。《中国植物志》获奖代表是王文采、李锡文、吴征镒,人均 12.5 万元,合计 37.5 万元。1998 年 1 月吴征镒将其奖金的 70%连同利息交编委会,作为一次性奖励《中国植物志》已出版卷册的编辑和主要编著者,及吴征镒指名应予奖励者,共有 247 人获得。王文采则将其部分奖金资助《植物分类学报》的出版。

2007 年吴征镒获国家科学技术最高奖,在人民大会堂举行颁奖仪式,此时吴征镒年过九旬,腿脚不便,坐在轮椅上,接受国家主席胡锦涛予以颁奖,此乃其一生最高荣耀。其获奖主要业绩,主编《中国植物志》当占重要分量。其后,吴征镒接受中央电视台《大家》栏目采访,言其在中国植物学历史中的贡献,起到承前启后作用。对于承前,他说:“我把我的老师的老师钱崇澍、胡先骕、陈焕镛,他们开创的事业继续下来,完成了《中国植物志》的任务。”此说有些牵强,阅读本书可知,在编志过程中,老一辈开创之事业不仅不被认可,而是被贬损,直至他们大多数悲惨地离开人世,谈何继承。

二、编委会办公室

《中国植物志》编委会办公室成立于 1979 年,经中科院生物学部副主任口头同意为处级机构,1986 年经中科院计划局正式批准。在编志工作全面恢复之后,编委会办公室之重要性已显突出,如何组织 80 多个单位,300 多名编写人员,为完成 120 余卷(册)之研究、编写任务,其事务相当繁重。1986 年编委会向院计划局申请正式确定为处级机构时,作“关于中国植物志编委会办公室问题的补充说明”,对办公室之职能作如下界定:

(1) 制定各课题的研究计划,协调、检查计划执行情况,调整研究力量,组织学术讨论会。

(2) 了解参加单位及个人存在的问题,研究解决工作中存在的各种矛盾,排除工作上的各种阻力。

(3) 组织标本采集。

(4) 申报研究经费,并分配下达各协作单位,签订协议书。

(5) 植物志编写成稿之后,组织专家审查,组织召开常委会审查及讨论其质量水平;协助主编审查修改稿的质量及交主编签发,送科学出版社付印。

(6) 有关科研情报的收集、汇编及印发。

(7) 审查植物志图版质量。

(8) 文书来往,档案整理及管理。①

由此可知,编委会办公室相当于一个研究所之业务处,事务繁多,交涉广泛。中科院所属研究所一般为厅级单位,研究所下业务处为处级机构,故编委会办公室也为处级。

图6-4 夏振岱

编委会办公室正式成立后,办公室主任先由谢英担任。1982年谢英离休,由夏振岱继任,并长期担任此职。夏振岱(1935～),江苏镇江人,1949年参加中国人民解放军,1954年考入中国人民大学,1958年毕业于北京电视大学,随即入中科院植物所工作。自1973年起在《中国植物志》编委会任专职干部,负责计划与审稿工作。1989年3月夏振岱增选为编委会常委。此时因崔鸿宾不再担任秘书一职,由夏振岱兼任秘书。1973～2001年全部《编写工作简讯》(1～90期)的编辑,均出自其手。夏振岱本非植物分类学专业出身,但在完成编委会事务之余,跟随专家之后,曾参与第三十一卷樟科及第四十二卷豆科等编写工作。夏振岱在编委会工作一直到整个植物志完成之时。至于在编委会工作其他人员,先后有十余人,随着时间推移,其变化亦大,此仅列出1984年在编志全面展开之时,编委会办公室工作成员:常务副主编崔鸿宾、审稿兼支部书记韩树金、计划兼办公室主任夏振岱、情报资料李娇兰、绘图蔡淑琴、复印杨培工。此后还曾增加行政秘书、科学基金管理等人员。至于人员变动情况,此不一一罗列。1995年因夏振岱行将离休,包伯坚、张树仁参与办公室事务。

① 关于中国植物志编委会办公室问题的补充说明,1986年12月2日,中国科学院植物研究所档案。

编委会还编印一些工具性、资料性刊物和书籍，内部发行，以供编志人员使用。此项工作由李娇兰负责，所蒐集、整理、摘编的资料中，最为重要者当属《中国植物志参考文献目录》。据马金双考证，“自1974年出版至1994年，每年至少发行一本，但有时也发行数本，共发行44本。文献的收载起始时间是1958年，截止时间是1994年。收载的内容大体为(以1991年本为例)：总论(含一般、细胞学、形态学、孢粉学、化学、植物志等)；蕨类(包含内容同上)，裸子植物门，含一般与各科；被子植物门，含一般，双子叶植物与单子叶植物(按科的学名字母顺序排列)；地区，含亚洲，其他等。从本目录收载的内容与起始时间，不难看出在某种程度上它就是A Bibliography of Eastern Asiatic Botany及A Bibliography of Eastern Asiatic Botany Supplement的续编。由于本书除每年一册收载内容如上述外，还常采用系列编号，发行一些除上述内容以外但与分类学密切相关的参考资料。”[1]将搜集到国外重要植物分类学文献及中国有关文献，以提要方式汇集于一册，不但为编志者所欢迎，也为其他植物分类学者不可或缺之工具书。除此之外，编委会还编有云、贵、川、藏等省区地名考，拉丁名缩写，中国人名、书刊缩写，最新命名法规节译等。对中国植物分类

图6－5　《中国植物志》编委会编辑印行的资料

① 马金双著：《东亚高等植物分类学文献要览》，高等教育出版社，2011年。

学家于1949—1990年间所发表文献，也搜集整理，于1993年汇集成书，由广东科学技术出版社正式出版，名之为《中国植物系统学文献要览》(*Bibligraphy of Chinese Systematic Botany 1949－1990*)。对一些国内缺乏，但又常用的外国文献予以复印，提供给需要者，如Taiwainia、Index Nominum Gencricorum等等。这些资料有些是免费提供给编志者，有些也仅是收取工本费。1991年需求量增大，编委会特成立服务组，以做好供给，并承担文献资料复制及咨询工作。

三、申请经费

《中国植物志》在初编时期，编委会经费，由中科院下达，实行实报实销，年均在3万元左右。主要用于编委会事务开支，如会务费、植物标本补点采集费等，而各参与单位所用差旅费等，则是自行解决。其时属计划经济，只要国家有任务，即为无上光荣之事，大多不计较经费。1973年恢复编纂，编纂任务由编委会下达到各省、区科技局，再由各省、区科技局下达到有关单位。至于编写经费，中国科学院与国务院科教组联系，结果是由各单位与本省、区科技局联系解决，仍沿用过去经费渠道。但是，参与的高等学校没有此项费用，致使工作无法开展。编委会向中科院几经申请，最后于临近年终时，得出一个临时解决方法。在整个编纂史中，此一临时方法，或许仅为一件小事，但笔者还是将此解决方法胪列在此，以见在政治狂热之后，国家之经济已是捉襟见肘。

1. 参加编写中国植物志的各院校，在1973年内确实无法解决所最急需的旅差费(包括交通、住宿及野外工作补助)，中国科学院拨款解决，并责成中国科学院植物所代管报销事宜。

2. 用款人报销凭证，旅途住宿，野外工作天数，工作地区等，经由其所属单位审核后，函寄中国科学院植物研究所财务组报销，并请告知单位的开户银行及账号。

3. 此项报销仅限于1973年度内，所以报销凭证等于1973年底前寄到中国科学院植物研究所财务组，否则无法报销。

4. 出差补助标准，按中国科学院有关规定补助。[①]

《中国植物志》之重要性被推到无上之高度，却未有经费予以保障。第二年，还是如此，编委会又是几经报告，皆未有明确答复。此关系一年计划是否能够落实，编委会处境艰难，不得不作出这样的吼声："既不拨款，又不明确由谁拨款的根据，又不肯书面向各承担工作单位或所属科技局发通知，叫我们做具体工作的单位如何作工作？工作计划要不要完成？亦请院领导批复为荷。"[②]如此一来，中科院立即批准还是按上年办法办理。承担任务的高等院校共有30余所，邮寄票证到植物所报销，实在繁琐，是年即改为直接拨款方式，由编委会按照各高校所承担任务的多少，划拨到各高校，不再关问其报销事宜。每年拨款总额在1万～2万元之间，这种方式持续到1981年。

1980年随着经济体制逐渐改革，各单位经费实行包干，项目经费与事业经费分开。编写植物志属于项目，当由编委会下达经费，编委会只有向中科院追加经费。编委会之申请函云："今年以来，各单位经费均甚告紧，一些过去从未向我会申请经费的单位，根据三项经费的规定，提出按任务拨款，否则无法开展工作。例如：江苏植物所、贵州植物园、兰州沙漠所等等，向我会申请经费的总额达55 540元。"[③]

此后，经费问题日显突出，成为困扰植物志编纂的大问题，也是致使其编纂、出版时间延续过久原因之一。1982年，项目经费拨款方式实行变革，设立中国科学院基金，用于资助全国自然科学的基础研究和应用研究中的基础性工作，以申请方式获得。编委会以主编俞德浚，副主编吴征镒、崔鸿宾及主要编写单位著名学者共16人，向中科院基金委申请1982～1986五年经费50万元，结果获批30万元。与所期望虽有些距离，但经费总算有了稳定的来源，对编写工作促进甚大。获得资助之后，编委会向47个参与单位印发"中国植物志经费使用方法"，并分别签订协议书。三年之后，在原有工作基础之上，完成

① 《中国植物志》编委会复各高等院校关于编写《中国植物志》所需经费函，1973年11月24日，编委会档案。

② 《中国植物志》编委会请求解决大专院校编写《中国植物志》经费报告，1974年4月，编委会档案。

③ 要求追加《中国植物志》编写经费的申请报告，1980年4月21日，编委会档案。

26 卷册，其中 8 册完稿交审，8 册送出版社付印，10 册已经出版。1986 年国家自然科学基金委员会成立，而中科院科学基金取消。1987 年编委会转而向国家自然科学基金委员会申请，却暂无着落。而科学出版社出版植物志开始需要编委会提供出版补助费。编委会只得转而向中科院报告，院生物学部转向国家科委申请，获批准 20 万元。此后之 1987～1990 年，得国家自然科学基金资助 45 万元。

进入 20 世纪 90 年代，国家用于科学研究的投入仍显不足，《中国植物志》、《中国动物志》和《中国孢子植物志》各自主编吴征镒、朱弘复、曾呈奎联合发表呼吁："采取切实措施，解脱三志困境"。经此呼吁，国家自然科学基金委员会将"三志"列为"八五"重大项目，要求在 1993～1997 年间完成全部计划，其中植物志总经费 207 万元，分别由国家自然科学基金委员会资助 103.5 万；国家科委基础研究与高技术司和中国科学院分别资助 51.75 万元。经核算，每种植物基价 112 元，外加每卷册检查验收活动经费 0.3 万元。五年计划，按年度下达经费至各卷册之承担单位，按《国家自然科学基金资助项目财务管理办法》管理，专款专用，单独建账。

1994 年实行第三会计制度，国家对中科院实行全成本核算，办公室房租、水电、30%工资、津贴等费用均由课题费支出。承担编写任务人员，所得植物志经费本无多少，人均每年 0.24 万元，为求生存，只得另申请其他课题，因而又无法集中精力于植物志上，影响进度；还有不少编写人员因年满六十，已办理离退休手续，返聘继续工作，需要支付返聘费，至 1993 年在中科院植物所编志人员返聘率已达 50%；同时因为经费困难，又无法增加新的力量。这些都是始料未及，为此，1995 年编委会又要求增加 100 万元。

研究经费虽经多番努力，总算基本落实，却又出现出版问题。计划经济过渡到市场经济，波及出版行业。学术著作的出版，因其印数有限，出版社需要经费补助，方才不至赔本。而此时植物志大多卷册编写已陆续就绪，除少数获得出版基金资助外，绝大多数因无经费而不能出版。植物类群研究成果，在国际上有优先率法规，若《中国植物志》不能及时出版，很可能由于外国同行先行发表，反而需要修改，从而造成人力、物力、财力浪费，同时也挫伤中国专家的积极性。自 1991 年起，编委会多次上报，要求解决，却一直未能落实。1995 年 10 月编委会约请李博、王文采、洪德元、吴征镒、张广学、陈宜瑜、陆宝麟、张树政、阳含熙、孙儒泳、曾呈奎、郑作新、唐崇惕、尹文英、谢联辉、裘维蕃等 16 位

中科院院士,共同向中科院领导发出呼吁书,“呼吁解决《中国植物志》出版经费”。有云:

> 国家科委、国家自然科学基金委和中国科学院十分支持《中国植物志》的编研。迄今资助的编研费达300万元以上。现在,是国家自然科学基金“八五”重大项目“三志”编研之一,将于1997年完成。全部编研完成之后,还有一系列审查、修改、清稿、付印等扫尾工程。有50册将陆续付印,平均每册40万字,总计需要200万元,才能力争在本世纪出版。
>
> 《中国植物志》已完成过半,正在编研的50册是编著者毕生研究的总结。将成为近三十年研究的宝贵财富。现在这批专家年近古稀,平均年龄已达66岁。抢救这批已到手的成果将是“为山九仞,功亏一篑”的事。因此吁请解决出版费,挽救国家在几十年来投入人力、物力和财力而即将出版的巨著,力争《中国植物志》在本世纪全部出版,造福后世。①

出版经费需要200万元,是按科学出版社当时的报价测算而来。每10万字需0.8万元,《中国植物志》平均每册40万字,计每册需出版费3.2万元。尚有55册未出版,需176万元,再加上其他费用,合计200万元。然而,即使是约请院士大力呼吁,也未取得预期效果。至1998年大多稿件已经完成,进入最后程序,等待付印,而印刷费仍未落实,编委会不断向各部门申请。至当年10月,国家自然科学基金委员会下达“三志”经费共计900万元,其中基金委资助600万元,中科院资助300万元,执行年限为1998年9月至2002年12月。如此一来,始得解决。

申请经费过程最为复杂,编委会办公室需要掌握国家科技政策新的动向,经费来源新渠道,协助主编经过三番五次接洽才得落实。而主编吴征镒定居于昆明,其在北京时间有限,而这些申请皆在北京办理,故办公室之事务即更加忙迫。

编纂者编写植物志所获稿酬,本应作历史记述,惟所见材料有限,无从予以完整记录,此仅为简述。“文革”之前,稿酬甚为优厚,所出三卷植物志,各得

① 呼吁解决《中国植物志》出版经费,1995年10月20日,编委会档案。

多少，今已不知。但从前述耿以礼主编《中国主要植物图说·豆科》得稿酬万余元，即可知其时稿酬标准大概。“文革”期间，取消稿酬。自1980年7月开始，国家出版局规定著作每千字4～9元，科学出版社给“三志”每千字6元，图版3～5元，插图1.5元。如一次一人稿费超过800元，则需交纳8%～10%所得税。而当时著者所在单位还要抽取一部分稿费，一般为10%～25%，有的高达70%，但也有完全免除。其后，稿酬标准有所调整，科学出版社支付稿酬标准提高到每千字15元。植物志是多人合作完成，平均到每位作者名下，已寥寥无几。编委会组织的审稿，还要在每册总稿酬中提取3%左右，作为审稿人的劳务费。因此出现这样事情，有些作者利用稿酬，购买自己著作赠送曾提供帮助的师友，竟发生困难，可见稿酬之低。如此一来，有人提出更换出版社的呼声。

1990年国家版权局以(90)权字第11号文，对稿酬规定作这样调整：“基本稿酬，著作稿每千字6～20元，提高到10～30元；对确有重要学术价值的科学著作，包括在自然科学……可以再适当提高，每千字不超过40元”。《中国植物志》每一卷册的完成，无不渗透编纂者十多年、几十年甚至毕生的辛劳。其时，大多编纂者年事已高，在编纂时期已属待遇偏低、研究经费不足，再加上稿酬过少，令人感喟。编委会只得向出版社致函，要求提高稿酬，其函云：“《中国植物志》的编著者，一般都达到国内先进水平，不少已达到国际水平。其中有些是世界著名学者。……望能在国家规定稿酬的范围内，保持以往按中等以上标准付予稿酬。”①但是，科学出版社也只能将原来每千字15元上调到18元，图版1幅按1千字计算，未有大的改观。出版社在此已是尽力，在需要出版补贴的情况下，怎能支付更高稿酬。此乃在所谓市场经济转型时期，科学文化事业所受之冲击。

四、卫矛科编纂始末

《中国植物志》将卫矛科列为四十五卷第3分册，1959年开始编纂时，交由北京医学院药学系副教授诚静容承担。诚静容(1918～2012)，辽宁辽阳人，锡伯族。1934年考入清华大学，就读于生物系。抗战军兴，转入四川大学理学院

① 编委会致科学出版社函——关于《中国植物志》稿酬事，编委会档案。

生物系,1939年毕业。毕业后留校任助教,后转任农林部四川推广繁殖站督导员,1944年通过农林部保送赴美培训考试,1947年赴美,入田纳西大学理学院植物学系,1948年获植物学硕士学位,同年获哈佛大学瑞德可利夫学院奖学金,往该校攻读博士学位。1951年因朝鲜战争爆发,提前回国,后于1952年申请到硕士学位。诚静容回国之后,一直执教于北京医学院,开展中药原植物研究,先后任副教授、教授。诚静容开始植物志工作时,向昆明植物所及四川、贵州、湖南、湖北等相关机构洽借标本,并拟到少数重点地区采集调查。所拟工作进度为:1959～1964年完成卫矛属、假卫矛属、雷公藤属等;1965～1966年2月完成南蛇藤属;预计1966年8月写出初稿,以合乎八年完成《中国植物志》编写目标。在人员配备上,诚静容首先邀请中国第一位卫矛科专家,时任西北林学院院长之王振华参加并予指导。王振华(1908～1976),字健公,安徽太平县人,1935年夏毕业于中央大学理学院生物系,随即入北平研究院植物学研究所,师从刘慎谔。1936年被派往位于陕西武功之西北植物调查所。此后一直在陕西工作,直至终老。在西北植物调查所期间,曾发表多篇关于卫矛科论文。而此时,因其行政事务繁重,未便接受诚静容之邀请,但将其所收集之资料两本,寄予诚静容参考;其次,诚静容还邀请其同人沈园参加。诚静容在承担卫矛科之同时,还承担马兜铃科编写。这些编写任务,未能如既定计划执行,至1966年仅解决部分问题,于整体之完成,尚有不少距离。

图6-6　诚静容

1973 年开始重编，沈园已调往北京市卫生局药品检验所工作，不愿再参与其事。诚静容先后又邀其同人高作经、田多贤等加入，继续工作。1975 年在“承担项目表”中，言及已完成 8 个属的初稿，只是其中尚有问题需要返工。1976 年再填“编写计划”，则言在本年度完成。待该年年底，却又言交稿日期需改为 1977 年 3 月。在此之前，研究工作未能完成，或皆将其原因归咎于政治运动的影响。事实上，在整个《中国植物志》编纂过程中，政治运动的影响确实巨大，本书此前的论述，多有阐明。但是，在政治已趋清明，研究人员转向以业务工作为主之后，仍有不少作者迟迟不能交稿，此便是著作者自身之问题矣。诚静容之于卫矛科即是如此。1978 年诚静容“编写计划”又云：“原拟 1977 年底完成，现延期半年，争取 6 月底以前完成。”此后若干年中，依旧不能交稿，年年需要补查文献，修订稿件。其中，于 1982 年曾往滇西调查疑难属种，为此编委会还在年经费 1 000 元之外，再补助 500 元。或许诚静容对研究工作要求过高，在未解决疑难问题之前，不肯轻易出手。而有些问题，非要出国，在国外标本馆查阅标本，否则无从解决；而编委会在当时无外汇，无力支持此项要求。或许诚静容在北京医学院还有繁重之教学任务，不能专心于该项研究。为此，植物志编委会于 1980 年初将诚静容所承担的马兜铃科编写任务，转请华南植物所承担，而于诚静容所担任卫矛科等则致函北京医学院药学系，敦请给予时间保证。其云：“根据编写计划，卫矛科应于 1978 年完成，蓼科大黄属应于 1979 年完成。据了解作者早已完成初稿，只待集中时间整理完稿，希望单位能予时间保障，尽快完成交审。”①即便如此，还是未能及时交稿。诚静容本人为此也甚着急，又邀马启盛加入，还是久拖不完，此中细节略而不述。

斗转星移，1989 年诚静容已是退休之人，卫矛科志依然未能竣事。此时编委会作出严格规定，凡 1990 年仍不能正常展开实际编研任务的卷册，一律重新调整或增加编研力量。或者在此项压力之下，1991 年 10 月诚静容之卫矛科勉强交稿，编委会请黄普华审稿。黄普华(1932～　)，广东台山人，1956 年毕业于东北林学院后，留校任教，从事树木学和植物分类学的教学与研究。在《中国植物志》中，承担部分樟科和豆科编写工作，1985 年增选为编委会常委。黄普华认为此稿离交审要求相差甚远，尚需花费很大功夫。经编委会

① 《中国植物志》编委会致北京医学院药学系函，1985 年 3 月 5 日，编委会档案。

同意,准予其直接在书稿上修改。副主编崔鸿宾认为,这类稿子,由审稿人修订之后,不再退回作者认定,而是直接送出版社付印。但是,卫矛科志仅以审稿还是不能解决其中问题,不得不退回诚静容,请其完善。1993年诚静容将往美国探亲,而其书稿,依然如旧,看来是无法完成。临行之前,编委会只好再请黄普华参与编写整理。此录编委会之夏振岱致黄普华函札一通,以见此中情形。

图6-7　黄普华

诚静容教授于10月21日去美国女儿处,21日我和傅国勋、蔡淑琴去取稿子。诚先生刚刚录完,还没有校对,原稿已是一堆“散纸”,只好先拿回来再说。吴先生说他先看看,我也告诉他已请你费心修整。诚先生也把她的软盘带走,到那边去没有别的事再修改一下,最迟明年3月底将改好的稿带回来。我已向他说明原稿将作编辑加工,修订和增补工作。

按总的计划,卫矛科是在1995年全部完成。这个计划是我们根据卫矛科的实际情况定的,我们估计该科实际大约完成1/2,工作量还相当大。据了解在北京大约有三个半柜子的标本没有鉴定,少量作过鉴定也不一定准确。此外北医还有不少标本,现由崔建丽(崔友文之女)在整理。吴先生说让把昆明的标本还回去。我还没有同崔建丽联系上。

吴先生大约本月14日来京,我再同他商量一下,看看怎么安排。吴老已经是77岁高龄的老人了,尽管身体好,头脑清楚,但年龄不饶人,再

> 说他手里的稿子太多了。你如能接手卫矛科的工作，经费当予保证，只是你又要多费心了。[①]

诚静容到美国之后，虽曾为卫矛科志而工作，但是进展无多。而请黄普华对卫矛科稿进行修整，也未立即着手。吴征镒来北京之后，亲自找到既是诚静容门生，也是黄普华弟子，时在北京师范大学任教之马金双，请其援手。

诚静容没有完成编纂任务，固然有研究方法欠缺之原因；但其有繁重之教学任务，亦为原因之一。1978年国家恢复招收研究生，其列入首批硕士研究生导师；1981年设立博士学位，又列为第一批博士生导师。在其培养不多的博士研究生中，马金双即为其一。马金双（1955～　），吉林长岭人，1977年国家恢复高等学校入学考试制度之当年，考取东北林学院，毕业后又考取该院院长杨衔晋硕士研究生，师从杨衔晋和黄普华攻读树木学。1985年考取诚静容博士研究生，治植物分类学。1987年毕业之后，任教于北京师范大学生物系，与中科院植物所交往甚多，其学识亦为植物志编委会之专家所认同。在参与卫矛科之前，马金双已完成大戟科大戟属的编写。中国教育事业亦因“文革”之影响，致使各领域皆出现人才断层，植物分类学亦如是。其时，参与植物志编写之年轻学者，非常之少，在马金双之前有编写仙人掌科之李振宇，在马金双之后有张宪春、陆树刚、朱相云、李德铢等，而列为卷编辑者仅马金双、张宪春两人而已。

1994年10月5日编委会致函北京师范大学，拟邀马金双协助其导师诚静容在1995～1997年内将卫矛科志予以完成，并允诺下拨研究经费1.5万元，请予同意。能为导师尽力，也为马金双所乐意。接受任务之后，马金双立即在短时间内将植物所所藏7柜卫矛科标本，及自北京医科大学运来之20箱标本查阅与整理一过。1995年3月马金双赴昆明出席植物志编委会，借机查阅昆明植物所所有卫矛科标本。其投入工作之热情，在这次编委会上还受到表扬。其后不久，马金双赴美国寻求发展，此项任务即为其在国外工作内容之一。此录其在工作即将完成之时，致编委会之函，以见其研究态度。

① 夏振岱致黄普华函，1993年11月3日，编委会档案。

《中国植物志》编委会并主编先生：你们好！

近有美方人员去台湾参加联席会议，带去此信并汇报卫矛科工作进展，请指教。自从94年底承担协助诚先生修订卫矛科至今已近三年，按计划应该交稿。但由于接受任务时不了解情况，对卫矛科分类不熟，更没想到原稿无法利用，一切均要从头开始，这个约200种的科，在三年内对我来说，确实无法完成。当然，我目前不能回国也是原因之一。考虑到项目的急迫性，以及各种因素，现将原稿、绘图一并随此信带给编委会，并请大家讨论、决定。以下是我个人意见，可否，请指示。

95年在国内以及来哈佛，基于A. BH. MO和欧洲P. BM. E. K. Wu等单位的标本，我用了接近三年时间，完成了卫矛属的整理，估计98年夏(最晚99年夏)能交稿。但是其他属届时则不能交稿，特别是*Glypetopetalum*、*Microtropis*和*Maytenus*，不仅在国外无法完成，回国也要相当长时间，如果编委会讨论原稿可以，我没有意见，但不要挂我的名，因为我没工作，也不负责。如果要我做，则这几个难属必须重新做。当然这只是我个人意见。

自95年夏来美后，几乎未收到任何来自编委会的直接信息(除两个Email外，之一是吴老96年9月借Floral of China address发来的，内容是关于Euphorbia校对事宜。当时我去纽约植物园看标本，待11月回来后，已告知请别人了；之二是夏振岱老师借其女儿孙悦address发来的，时间是97年9月，内容要交稿，以便项目审查)。当然我也从不同途径得到一些信息、意见或想法。我不想对此说什么？因为除了我的老师便是老师。但我想，我承担这个任务，就要干好！除非我的名字不写在上面。这就是我为什么交回原稿及绘图的原因！如果编委会认为原稿可以用，我没有意见；如果考虑时间因素，请人修改，我服从决定，因为我不能按时完成！总之，完成项目是中国几代学者的共同心愿，我个人服从组织决定，但希望决定后以书面形式通知我！

遥祝身体健康，快乐！

学生　马金双　97、11、2①

① 马金双致《中国植物志》编委会，1997年11月2日，编委会档案。

马金双在所承担的卫矛属中，发表新种 18 种，先后于 1997 年和 1998 年刊于哈佛大学之 *Harvard Papers in Botany*。其后，因出版紧迫，其他属之编写，编委会并未再请马金双修订，而是于 1998 年 4 月再请黄普华进行全面审稿。黄普华之审稿，非同一般之审稿，加上其此前之工作，实为审稿、修订和编辑于一体。经过三阅月之努力，取消了一些种类、补充一些种类（包括马金双发表的新种）、归并了个别种。选用图版，装订成册之后，送交编委会。1998 年 7 月主编吴征镒作最后审稿，其意见云："本卷经过三人的手，整理到如此，已达付印水平。有些误脱已代改正，但有些须与黄普华商定。……以上弄妥后，即发出版社付排。"[①]黄普华又据吴征镒之具体意见，一一处理。

书稿完成之后，1998 年 10 月 7 日编委会借主编吴征镒来京之际，召开在京编委会议。讨论了卫矛科作者署名问题，经研究决定该卷编辑为诚静容、黄普华，卫矛属为诚静容、马金双、黄普华，沟瓣属为诚静容、马启盛，南蛇藤属为诚静容、高作经，其余各属皆为诚静容。编委会对此署名决定，还分别致函诸位著者，征求意见。诚静容认为王振华是中国人研究卫矛科植物先行者，且对其研究有所帮助，提议在卷首应写致谢之词。其拟为："谨以此卷敬献于研究中国卫矛科植物的第一位学者王振华教授，并感谢其对本工作的赐助。"之于其他，诚静容则有保留意见。1999 年该卷出版发行，书之扉页上印有诚静容所拟致谢之辞，其他署名则按编委会之决定。

五、与西方学术之交往

1978 年 5 月 20 日应中国科协邀请，美国植物学代表团访问中国，以鲍哥拉德为团长，由纽约植物园、阿诺德树木园等机构专家组成，在为期近一个月的访问中，与中科院植物所科学家进行了广泛的交流。代表团回美后，即寄来植物标本、种子、研究资料及照片，从此与西方国家之学术交流步入正常。在美国植物学代表团访问后不久，即 6 月 4 日，英国植物分类学家、邱园副主任兼植物标本室主任格林（P. S. Green）也来植物研究所访问。格林来华主要是为其撰写世界木樨科专著查阅标本，并作了"邱园植物学研究概况"与"木樨科

---

① 《中国植物志》发稿通知书，1998 年 7 月，编委会档案。

植物分类研究”两个学术报告。格林在北京访问结束之后，还曾到庐山等地访问。

第二年5月1日至6月1日，由汤佩松、殷宏章、俞德浚、吴征镒、徐仁等十人组成中国植物学家代表团访问美国，这是几十年之后，中国植物学家第一次走出国门，受到热情欢迎。在考察即将结束时，中美植物学家举行了一个座谈会，由美方负责美中联络的密苏里植物园主任雷文(Peter Raven)主持，探讨今后合作方式，主要有四个方面内容：①图书、资料、标本、样品的交换；②中美合作采集调查；③中美共同召开学术讨论会；④美方组织翻译《中国植物志》等中文出版物。

此后来往逐渐增多，与国外主要植物学研究机构建立起正常学术关系，与主要标本馆可以进行标本交换与借阅，给《中国植物志》编写带来便利，尤其是可能见到模式标本，可以解决一些关键问题。国外许多机构也欢迎借阅，希望将中国的标本借给中国同行，以加强来往。但是办理借阅手续，不是任何一个单位出具公函即可办到；而是需要一家获得公认机构的学术负责人或标本室主任以书面形式向借出机构提出。提出者对借出标本负责，保存好并按时归还。一些过去与中国有较深关系之机构，还主动将其所藏中国植物标本之复份赠予中国，如1980年邱园将Henry在湖北、Forrest在云南所采标本送给中科院植物所。

中美之间合作很快进入实质阶段，美方以雷文主持其事。1980年8至10月派遣5人来华，联合组成中美神农架地区植物资源考察，其费用由中方担任；第二年中方派遣5人往美国进修，费用由美方担任。进修时间为期半年到一年，其中有中科院植物所之陈心启、应俊生两人。

自1950年在瑞典召开第七届国际植物学会议以后，中国曾多次拒绝国际植物学会邀请，未曾派人出席该会。1981年8月第十三届大会在澳大利亚悉尼召开，始派出33人之代表团赴会，其中全国科协4人，国家科委1人，高等学校8人，科学院各研究所20人。科学院代表计有汤佩松、王伏雄、俞德浚、吴征镒、盛成桂、王铸豪等。汤佩松在会上作题为“中国近五十年来植物学的成就”报告，重新树立起中国植物学在国际上的形象。

1982年5月中科院植物所陈艺林在英国进修，行将期满，编委会委请其在英延期两月，在邱园专为拍摄模式标本照片，以收集编写植物志急需之资料。此前秦仁昌在邱园拍摄中国植物模式标本照片1.6万张，为编纂《中国植物志》之重要资料。此时，前英属殖民地国家，如印度、澳大利亚、伊拉克等皆派人在邱园收集本国植物模式照片及文献资料，且逐年轮换。《中国植物志》编委会认为中国亦应在英、法等国从事类似工作，此请陈艺林只是其开始。陈艺林所摄皆为国内各位参加编写人员所亟需参考的模式标本，由编委会汇总之后，再请其设法。陈艺林为林镕之门人，在《中国植物志》中继承林镕未尽之事业，将菊科志主持编纂完成。

以上仅介绍20世纪80年代初期主要与外交流情况，其后交往日渐频繁，其中与中国植物分类学影响最为深远乃 *Flora of China* 之编纂，此仅介绍中美达成联合编纂之经过。《中国植物志》自出版以来，国际植物学界越来越希望见到其英文版问世，并有国外学人陆续将其所需要部分翻译成英文，在国外刊物上刊登。在中国与国外植物学界日益频繁交往中，经过反复协商，中美达成合作协议。1980年8月美国密苏里植物园主任雷文来华访问时，与主编俞德浚、副主编崔鸿宾商谈，初步达成中美联合翻译《中国植物志》协议。由其向美国国家科学基金会申请经费，大量翻译工作在中国进行，如果中国的翻译人员需要到美国查阅文献、审稿、定稿等，美方可以提供必要的经费开支。《中国植物志》在美国排版印刷，版权属于中国。后由于某些原因未能立即付诸实施。迟至1987年，《中国植物志》编委会决定修订《中国植物志》的检索表，连同图版译成英文，由科学出版社出版。在此之际，柏林国际植物学大会期间，雷文再次希望与中国合作，得到时任主编吴征镒欢迎。经过一系列筹备，1988年5月在北京中美植物分类学家晤谈，达成意向协议。同年10月7日在美国圣·路易斯之密苏里植物园，由吴征镒与雷文签署正式协议。签署地点设在该园所植原产于中国之水杉树下，此之象征意义令人回味。水杉乃胡先骕、郑万钧所定名，为全世界植物学家所共知。1949年之前胡先骕所领导的中国植物学界与美国植物学界有密切之交往，这些交往在1949年后遭到批判，云其为买办、帝国主义的走狗之类，今历史在这里演出一个轮回。签约之后，召开 *Flora of China* 第一次联合编辑委员会。其中，中方委员有吴征镒、李锡文、戴伦凯、崔鸿宾、陈心启、陈守良、黄成就、毕培曦，美方委员有雷文(Peter H. Raven)、Bruce Bartholomew、David E. Baufford、Naney R. Morin、William Tai①，吴

① William Tai 系美籍华人，中文名字为戴威廉。

图6－8　吴征镒(右)和雷文(左)代表中美双方,在美国密苏里植物园举行的中美合作编纂 *Flora of China* 签字仪式上签字。(采自《南京中山植物园建园八十周年》)

征镒和雷文为主编。会议决定在《中国植物志》基础之上,修订、缩简,全书设计为25卷,预计15年完成,由中国之科学出版社和美国之牛津大学出版社纽约分社合作出版。*Flora of China* 已不是《中国植物志》简单之英译,而是自《中国植物志》派生出又一部大型著作。

六、第一卷总论编纂始末

在《中国植物志》最初规划各卷册时,按照各国已出版之植物志体例,确定第一卷为"总论",并由主编钱崇澍、陈焕镛编写。初步拟定其内容:"包括植物志序言、中国植物区系图及其说明、植物分类系统上的纲、目的提要、科学的检索表等。"①但当时,主要集中在科属种正文之编纂,尚未顾及第一卷,仅于其内容有所勾画而已。1973年恢复编纂工作,钱崇澍、陈焕镛皆已去世,此卷任务一时未曾落实。1975年时任中科院植物所分类室主任汤彦承就此卷编写提

① 中国植物志编纂说明(初稿),1959年,编委会档案。

出“一个倡议”，建议由编委会委托一个单位主持，并成立协作组，开始着手准备，以十年时间完成。汤彦承(1926～)，浙江萧山人。1950年清华大学毕业，即入中科院植物所，从事植物分类学。在本书前几章中，对汤彦承参与《中国植物志》以外之工作已有绍介，而在《中国植物志》中，则参加莎草科、百合科、玄参科的编写。此倡议编写第一卷，也见其笃学深思。该项倡议，还拟定出第一卷主要章节内容，具体如下：

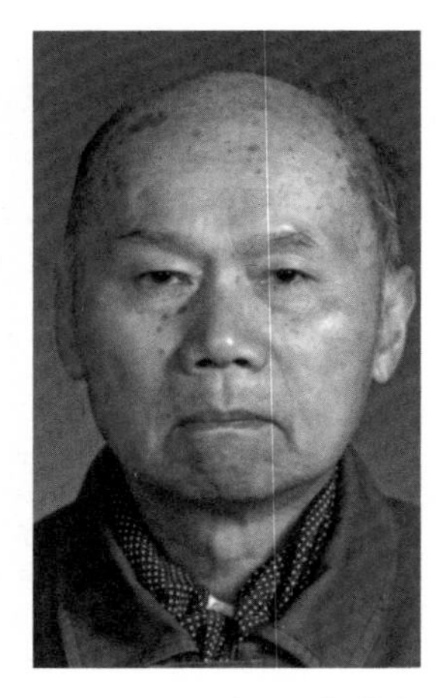

图6-9　汤彦承(中科院植物所档案)

一、序言：1.目的意义；2.指导思想；3.在植物分类学中的两条路线斗争；4.批判过去分类学中的错误思想；5.对中国植物志的评价；6.中国植物志编写工作的基本概况。

二、植物分类学发展史：1.生产实践促进植物分类学的发展；2.植物分类学中的儒法斗争及两种宇宙观斗争的历史。3.中国植物分类学在世界植物分类学发展中的地位；4.解放后植物分类学的发展。

三、植物的种：1.研究植物种的意义；2.生物学种和标本室种(兼评本志中采用种的不同观点)；3.种的演化。

四、蕨类植物、裸子植物和被子植物的分类系统：1.各类群的系统位置；2.各类群植物的起源及形态演化趋势；3.对各类群进化系统的详述；4.植物进化系统研究的理论意义和实践意义。

五、植物地理：1.中国植物地理学发展史；2.中国植物的地理分布；3.中国植物分区；4.中国植物区系在世界植物区系中的位置；5.中国植物区系的起源与发展。

六、中国植物资源的利用：1.中国植物资源利用的历史经验；2.中国资源植物概况及其分布规律；3.资源植物的引种驯化；4.资源植物的保护。

七、中国植物分科检索表。①

① 汤彦承：一个倡议——关于编写中国植物志第一卷的初步设想，1975年2月20日。编委会档案。

汤彦承此项设计,不是遵照他人指示,为人代笔,只是就著作而著作,虽然其中也有时代政治思潮之烙印。但是,汤彦承之倡议,并未引起反响。今不厌其烦地将其所设计章节内容全部抄录,实因其后由下任主编吴征镒在主持第一卷时,即以此设计为基础。

1980年,植物志第一卷编写初步列入计划,即以汤彦承所拟内容为蓝本,因涉及内容广泛,乃决定先由中科院植物所汤彦承、应俊生、路安民、洪德元组成一个小组,拟出一个较为详细的提纲。此提纲计划以一年时间完成,但在档案中未见文本,也许并未付诸于行动。1982年第一卷确定由编委会主持编写,编著为吴征镒、俞德浚、崔鸿宾。此前四人小组作为参加者。不知何故,仍然没有进展。1986年吴征镒升为主编,在第十次编委会常委会议上,决定由吴征镒主持第一卷编写,"提出编写提纲,吸收有关同志参加编写"①。重新启动,还是由汤彦承担任篇章设计,只是此次是受主编之托。请看其致吴征镒一通短函:

> 镒师:
>
> 遵照您嘱,浏览了多部国外植物志的第一卷,从其中选择优者4本和1篇论文,对他们的特色作了简要的介绍(您若需要详细览阅某一部分,可请编委会同志复制寄您)。并草拟了一个"中国植物志第一卷主要内容"的设想,仅供您制定第一卷内容的纲目时参考而已。
>
> 祝好
>
> 生　小汤　1987.10.16

汤彦承在清华大学读书时,吴征镒在该校任讲师,彼此之间有师生关系,故汤彦承以师相尊。这一次汤彦承设想之内容分为植物地理、植物系统、物种分布、植物资源、中国植物分类学研究史等五个部分。与其先前所设计基本相同,只是删除意识形态浓厚的序言和分科检索表。吴征镒基本接受汤彦承的设计,1988年5月31日其与汤彦承、崔鸿宾进行一次谈话,云:"根据汤彦承同志于1987年10月提出的'主要内容设想',本卷的重点放在植物区系部分,

① 第十届第十次常委会会议纪要,1986年11月15日,《编写工作简讯》第58期。

并以此为起点，取得经验后，再组织人力，从事其他部分的编写。”[①]由此进入正式筹备阶段，工作人员除主编吴征镒外，暂聘汤彦承、李恒、王荷生、徐朗然；完成时间为1988～1993年，经费每年5 000元。但需要指出的是，汤彦承规划的五个部分，并无主次之分。1988年8月4日昆明植物所李恒来京，吴征镒嘱编委会趁其来京之便，召开第一卷区系部分编写会议。会议由崔鸿宾主持，王荷生、汤彦承参加。会议初步决定暂由李恒、王荷生根据吴征镒“拟作重点分析的属的名录”，草拟编写纲目，请主编审订后，再作详细讨论和分工。此后工作进展迟缓，1991年特将第一卷单独列出申请国家自然科学基金，其工作才算正式启动，其章节内容也最终确定，与汤彦承所拟又有改动。该卷至2004年10月出版，期间编纂亦有十余年之久，参与编写人员甚多，且变动频繁。其复杂之组织过程，在编委档案中，无完整记载，故略而不谈，只是最初设计者汤彦承却不在其中，特为说明。今按最终文本列举其章节和作者。

序　吴征镒、陈心启。

第一章　中国植被及其植物区系：陈灵芝、陈伟烈、王金亭。

第二章　中国蕨类植物区系：陆树刚。

第三章　中国裸子植物区系：王荷生。

第四章　中国被子植物区系：吴征镒、彭华、李德铢、周浙昆、孙航。

第五章　中国植物资源：朱太平。

第六章　中国植物采集史：王印政、覃海宁、傅德志。

第七章　《中国植物志》编研简史：陈心启、崔鸿宾、夏振岱、戴伦凯。

该卷名为“总论”，实应对中国植物整体性以概述，对中国植物分类学研究历史以全面回顾，对整部《中国植物志》79卷124册编写以评述。但事实与此有较大距离，尤其是“被子植物区系”中，将吴征镒等创造的“八纲系统”编入其中，占据全书近一半篇幅，因而出现许多《中国植物志》中没有的科，即使有的各科，其排列顺序也与各卷册不一致。在该卷序言中，编者作这样解释：“被子植物的‘区系’、‘资源’、‘植被’已有许多专著，《中国植物志》中不同的科、属也有不少专论，其学术观点都不可能是相同的。即便在《中国植物志》的不同卷册中，对于属与种的处理也因人而异，不尽相同。本总论是由多位作者执笔

① 吴征镒：关于编写《中国植物志》第一卷谈话纪要，1988年5月31日，编委会档案。

写成的,因而也只能代表各位自身的学术观点,而不是综合《中国植物志》或其他有关学科专著中不同的观点。……本总论是源于《中国植物志》,而又不同于《中国植物志》的另一部集体编写的专著,同时也是一部独立性、综合性较强的高级科普读物。"[①]就著书之体例而言,总论只能是基于全书之上,而不能脱离全书,另行言说,否则,即不成其为总论。纵然《中国植物志》中有百家之观点,其总论也应是综合百家之后,再成一家或几家之言。因第一卷编写者之随意,引起中科院植物所年轻学者傅德志强烈批评,2004 年 5 月 12 日在该卷尚未出版时,其向全国植物分类学家发出公开信,要求更改这些内容。傅德志的意见在网络上引起强烈反响,但并未被编委会所采纳。

第一卷对中国植物分类学历史的回顾也被省略为"《中国植物志》编研简史"。在编写之时,由多名编委会成员分别为之写稿,但皆不能令主编满意,所以该章出版之时有这样一段注脚:"本章是在崔鸿宾生前写成的《中国植物志》三十年编研史、戴伦凯的《中国植物志》编研史和夏振岱的《中国植物志》编研史的基础上,由陈心启执笔写成,经过洪德元、陈艺林、傅国勋参加讨论修改,并经吴征镒审阅定稿。"[②]"编研简史"仅有 1.7 万字,之所以写得如此简单,实是吴征镒认为:"《中国植物志》第一卷将来会译成 FOC(引者注:《中国植物志》英文 *Flora of China* 缩写)的第一卷,所以很多不必要的内容该谈化的要淡化,不要让外国人了解太多我国的政治等问题,这是个最基本的原则。"[③]中国植物分类学家在编写《中国植物志》早期,备受不断深入的政治运动的戕害,其人格屡遭羞辱,有些则为之扭曲;即便是《中国植物志》编纂之目的和方法,也因运动影响,而失之简单和肤浅。这主要是因为运动的广泛与残酷,无人可以逃脱。但在作历史著述时,完全应当直面历史真相,以悲天悯人的态度进行理性分析与研究,而不是回避。

第一卷于 2004 年 10 月出版,至此,125 卷(册)之《中国植物志》全部出版齐全,编纂之历史至此也告结束。

---

① 吴征镒、陈心启:第一卷总论序,科学出版社,2004 年 10 月。

② 《中国植物志》第一卷总论,科学出版社,2004 年 10 月,734 页。

③ 吴征镒答陈艺林、李安仁、戴伦凯、夏振岱来信,2003 年 9 月 25 日,编委会档案。

第七章 结语

DIQIZHANG

中国现代植物学肇始于1922年创建之中国科学社生物研究所，随后依次成立多个研究机构。这些研究所均以现代科学方法，调查中国植物资源，探明植物种类，出版学术书刊，并以编写《中国植物志》为最终目的。经过二十余年努力，在资料积累、人才培养诸多方面均有成效。1949年中国科学院成立，合组此前研究机构为植物分类研究所，还是以此为旨归。1959年遇“大跃进”运动，在狂热的激情之下，《中国植物志》匆忙开编。此后又经过非常曲折之过程，至2004年10月出版最后一卷，即第一卷《总论》问世，全书始才出版齐全。

《中国植物志》历史使命之完成，当为中国植物学界一件盛事，其时有学者作文纪念，称颂几代植物学家为之作出近半个世纪之努力，但在回顾历史之时，却极为简略。此简略不是高度概括，而是对历史隔膜，故文字苍白，不足以将几代人之壮举载入史册。

2009年由中国科学院植物研究所、华南植物园、昆明植物所联合申报“《中国植物志》的编研”成果，以中科院植物所钱崇澍、王文采、陈艺林、陈心启、崔鸿宾，华南植物园陈焕镛、胡启明，昆明植物所吴征镒、李锡文，以及中山大学张宏达等10人为代表，荣获该年颁发的国家自然科学一等奖。但是，在《中国植物志》申报评奖之时，对于编纂历史，多有不甚清晰之处，学内人士为此争议颇多，此乃历史被掩盖与遗忘甚久所致。

历史本是中国传统文化重要组成部分，中华民族之所以悠久，全赖国史为其魂魄。然而当下之中国，对于距今不远之中国近现代历史，却有许多模糊、暧昧、隔阂，甚或全然不知之处。在这段为时不长，去今不远的历史中，却曾发生了中国两千年来未曾有过之大变局，社会天翻地覆，人之命运也随之跌宕起伏。其间，一时代之结束，其历史迅速被遗忘。上世纪五十年代，几乎对民国作全盘否定，导致对其历史掩盖，乃至遗忘；六十年代“文化大革命”浩劫，又对五十年代予以掩盖和遗忘；直到九十年代后期迄今，理性主义和历史主义兴盛，才开始恢复记忆。对历史之遗忘，导致某些人士在兴业行事之时，无法感知历史意义，不知其所言所行将接受历史评说；对历史之遗忘，也导致对于档案存留、保管不甚重视，而对于不良事件档案，事后甚至不惜销毁。中国近现代植物学史在此大的历史背景之中，也概莫能外，被遗忘和淹没有过之无不及，不仅年代稍早之民国史如此，即便是中华人民共和国前期史亦复如此。

我们不揣谫陋，选择《中国植物志编纂史》为题，并非是为了加入学界之争论；而是以《中国植物志》编纂为个案，探讨中国植物学在历史大变局中如何转捩，民国植物学家是如何走到新中国，而新一代植物学家又是如何成长起来，并澄清一些重要史实，以免以讹传讹。我们愿望是否能够达到，读者鉴之。

《中国植物志》编纂，系中国科学院植物研究所组织实施，该所聚集从事编纂的专家最多，承担编写任务亦最多，故本书即以该所之历史为背景。在叙述过程当中，力求以史料讲话，并将这些史料还原到历史语境之中。历史是由细节构成，拙著关注一些细枝末节，以便读者获得切身之了解。又《中国植物志》全书卷册繁多，每一卷册皆有一段历史，但本书难以顾及齐全，只有选择一些科予以记述。对于所选之科，则尽可能详尽其编纂始末，从一些细微之处，或见外界之干扰，或知编纂之艰辛，或悉编纂者学力之深浅。之所以选择这些科，只是围绕这些科的史料较多而已。但是，由于历史原因，本书所利用档案并不完备，故所叙述难免遗漏；又由于学识有限，对材料解读难免偏见。诸于此类，恳请读者补充和斧正。

附
录
FULU

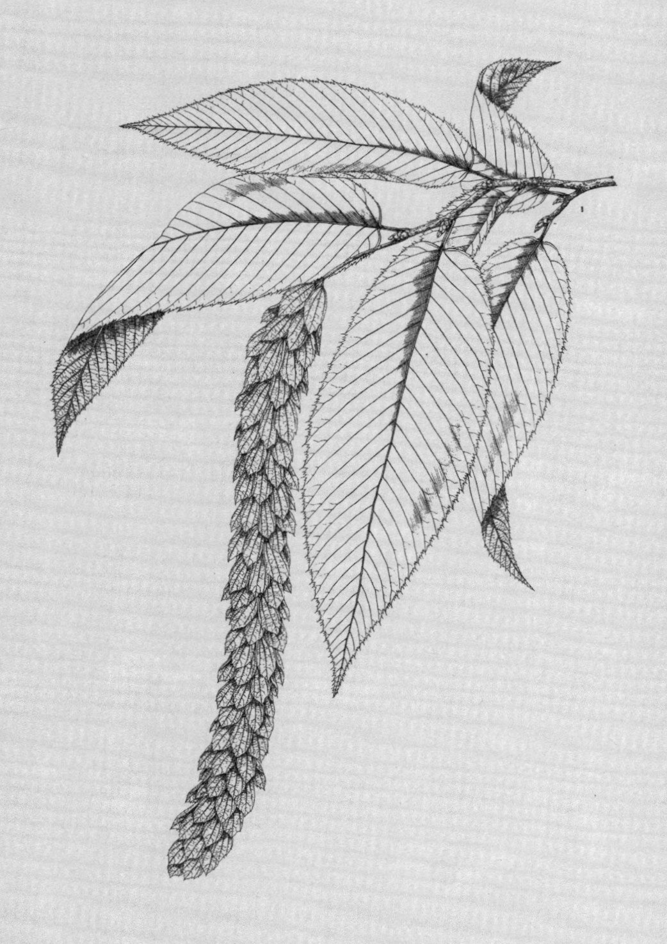

一　编年纪事

（1950～2004年）

1950年

8月　　中国科学院在北京召开植物分类学工作会议，会议倡议开始编写《中国植物志》。

1956年

《中国植物志》列为国家“科学技术发展远景规划（1956～1968）”生物系统分类子课题之一。

1958年

4月　　中国科学院植物研究所高等植物分类组在制定规划会议上，提出以十年时间编纂完成《中国植物志》。

6月　　中国植物学会扩大理事会在中科院植物所召开，会议提出以十年时间编纂完成《中国植物志》，出席会议20余位植物分类学家联名向全国相关机构发出倡议书。

1959年

2月　　植物所分类室通过讨论，将《中国植物志》正式列入工作计划，以8～10年完成，大家勇表决心，并有4～5卷编著者决定在7月中旬之前完成，向国庆十周年献礼。

7月2日　　秦仁昌编写第二卷蕨类植物交稿于科学出版社，9月出版。

9月7日　　中国科学院第九届院常务委员会通过《中国植物志》编辑委员会成员。主编：钱崇澍、陈焕镛；秘书长：秦仁昌；编委：陈封怀、陈嵘、方文培、耿以礼、胡先骕、姜纪五、简焯坡、蒋英、孔宪武、匡可任、林镕、刘慎谔、裴鉴、唐进、汪发缵、吴征镒、俞德浚、张肇骞、郑万钧、钟补求。

10 月 1 日　植物所分类室的青年科技人员高举《中国植物志》巨大模型，参加国庆十周年游行。

10 月 28 日　中国科学院《中国植物志》编辑委员会印章启用。

11 月 11～14 日　《中国植物志》编辑委员会第一次会议在北京召开，中科院副院长竺可桢及裴丽生、张正光出席会议。会议由陈焕镛主持，钱崇澍致开幕辞，林镕、秦仁昌分别报告《中国植物志》编辑委员会"组织条例"、"编审规程"、"编写规格"等。会议对编写任务作出初步分工。

12 月 19 日　《人民日报》发表林镕所写《植物分类学的跃进硕果——评中国植物志第二卷的出版》一文。

1961 年

6 月 27 日　秘书组向主编汇报编写中存在的主要问题：老先生行政事务、社会活动多，无法保证业务时间；建议放手让年轻人参加编写。研究协调全国志、地方志、审稿等问题。

9 月 4～7 日　编委会第二次会议在北京西颐宾馆召开，总结 1959～1961 年编写工作。蕨类、莎草科积累了经验。蕨类由于为国庆献礼时间紧迫，原计划对困难估计不足，稿件存在不少问题。经过讨论，大家认为要根据现有水平和条件编写，植物志尽可能做到种类齐全、鉴定准确、描述真实、文字简洁。会议决定《中国植物志》种子植物部分采用 1936 年 Engler 分类系统排列卷册。对于分类研究有新进展的可在科的描述后说明。植物拉丁名的采用要根据《国际植物命名法规》。各大所分工组织采集、收集文献资料、编印模式标本照片集、培训干部。发现问题时要研究，不断进一步修改《中国植物志》的"组织条例"、"编审规程"、"编写规格"。明确主编、常委及秘书职责。

是年　唐进、汪发缵等完成第十一卷莎草科编写，并于 11 月出版。

1962 年

3 月 21 日　总结三年"大跃进"的经验和教训。按中央调整、巩固、充实、提高的方针，调整 8～10 年完成《中国植物志》的计划。秦仁昌报告审稿、出版、培干等问题。蕨类遗漏了五个科，后决定取消植物志中各科号。在一卷中有几个科，因完成时间不同而影响出版，建议按卷出分册。有人认为“多、快、好、省”有矛盾，大家一致认为对科研任务应当实事求是，长计划，短安排，落实人力。

1963 年

8 月　中科院植物所钟补求编辑第六十八卷玄参科(二)出版，其后1979 年 10 月由钟补求、杨汉碧合编之六十七卷第 2 分册玄参科(一)出版。

10 月 27 日　在北京科学会堂北工字楼召开《中国植物志》编委会，总结1961～1963 年工作，拟定 1964～1965 年编写和出版计划。针对因有许多标本不能及时归还而影响使用，提出“人随标本动”，请编者先到各地查阅标本后，可少量借用有疑难的标本；强调培养后备力量；修订完善“编写规格”；建立标本资料文献交流中心；加强编委会的组织领导作用，设专职干部分管会务；统一完稿时间，对在同一卷进度差距很大的出分册。编著者要求保证科研时间、解决出差装备、粮票等困难。

1964 年

11 月 30 日至 12 月 2 日　在北京科学会堂举行《中国植物志》第一届五次会议，秦仁昌汇报年度进展；王宗训报告资料、采集情况。会议通过审稿办法，组织五至六人审稿，要抽查文献引证是否统一、检索表是否好用、是否符合“编写规格”。建议各植物所分区组织调查采集、清还调借标本、制定标本调借办法。计划 1966 年前完稿 20 卷册。审查蔷薇科、马鞭草科、五加科。

1965

1 月 2 日　中科院东北林业土壤所致函编委会，言其所承担《东北草本植物志》任务重，难以承担全国志杨柳科任务，请另行安排。

12 月 27 日　制定卷内分册出版计划；补充编写规格；修订“编写程序实施办法”、“审稿办法”、“标本调借办法”。

12 月 25 日　主编钱崇澍逝世。

1966 年

4 月 4 日　常委会决定优先编写经济价值大的科。不久“文革”开始，整个编写工作陷入停顿。

1971 年

1 月 18 日　主编陈焕镛去世。

1972 年

7 月 24 日　植物研究所革委会向中科院作出报告，请求召开《中国植物志》工作会议，提出开展续编的请示。

1973 年

2 月 19 日至 3 月 7 日　《中国植物志》、《中国动物志》、《中国孢子植物志》（简称“三志”）编写工作会在广州羊城宾馆举行。出席会议的有来自全国 26 省、市、区代表 198 人，其中动物方面代表 78 人，植物方面代表 77 人，孢子植物方面代表 43 人。《中国植物志》制订了 1973～1980 年编研规划，计划至 1985 年完成编写。确定经济价值大的百合科、毛茛科、樟科、壳斗科、伞形科为重点。组织力量、保证经费，优先进行研究和编写。

4 月 28 日　中科院以“科发业字 035 号”文，批准改组之后《中国植物志》编委会成员名单。主编：林镕；副主编：吴征镒、崔鸿宾、简焯坡、洪德元。崔鸿宾为常务副主编，负责领导《中国植物志》组织协作与管理；编委共有 19 人。

6 月 11 日　《中国植物志》编委会编辑《编写工作简讯》创刊。该《简讯》作为全国编者学术交流的纽带，1973～2000 年共编印 89 期。

11 月 3 日　中科院致函外交部报告关于生物学名涉及“Formosa”词根命名的动、植物名不必改动事。12 月 28 日外交部复函予以肯定。

11 月 26 日　重新编辑禾本科工作会议在南京大学举行。

12 月 5 日　唇形科通过审稿付印。其种的描述文字过长，长达 600～1 000 字，分种亦过细。

是年　《植物分类学报》复刊，林镕任主编；吴征镒、钟补求、王文采任副主编。

1974 年

3 月 5 日　对秦仁昌编著第三卷蕨类植物进行审稿，予以否定。5 月 21 日部分人认为对蕨类的审查具有反潮流精神，决定蕨类另组班子重做。1978 年在落实知识分子政策时，有人提出当年有些做法不妥。对查收秦仁昌的钱、书、收音机等应尽快归还。

7月12日 决定增加中青年编委。新疆、广西、四川、上海、北京共增换17人。

是年 编委会派崔鸿宾、夏振岱开始赴两广、云、贵、川、青、甘、赣、浙等11省、市寻访原《中国植物志》编者。在先后两年的寻访中，征求相关单位和人员如何编好《中国植物志》的意见，向其领导及上级主管汇报，宣传编《中国植物志》的目的、意义及作用。通过专访、组织座谈，“拜老师、交朋友”，得到支持，逐步恢复并发展了编研队伍。

12月 俞德浚编辑第三十六卷蔷薇科(一)出版。

是年 开始编辑《中国植物志参考文献目录》，出版第一册，至1994年，共出44册。

1975年

3月1～10日 编委扩大会议在北京西苑饭店召开，会议强调必须加强党对编委会的领导。成立以植物所党委书记徐全德为首的领导小组，任务是掌握编志的路线、方针和政策；编研业务由常委会负责。会议分三组讨论。会上提出的“编写原则”强调评价质量的标准在于“种”是否符合客观、能否为生产单位利用。引证文献简要突出重点、要减少分类等级，反对繁琐哲学等，收载植物应达国内已知种类的85%。杭州竹园工人姚昌豫作“开门编志”报告；江苏植物所介绍拜群众为师，走出研究所征求意见的体会；植物所作了“坚定革命继续前进”和“本草发展与儒法斗争”的报告；东北林业土壤所作“评野田光藏”的报告。

4月5～11日 在广西桂林甲山饭店召开《中国植物志》绘图会议，提出“一图多用”。力求改变全国志、地方志缺少绘图人员的紧张局面。明确植物志图、长、宽的比例为19.8×14 cm与23×16 cm的规格，缩制图版效果较好。

10月30日 常委会审查裸子植物、五加科、菊科(二)等卷册。

1976年

2月13日 正值农业学大寨，编委会强调加强禾本科、豆科编研。

3月14～22日 第七届编委会在北京召开，交流“开门编志”，用辩证唯物主义指导研究的心得体会。认为有工人编委是改变编委成分的开始。讨论了植物志编研革命化问题，肯定蕨类审稿。会议代表参观了农展馆和清华大学的“大字报”。落实 1976 年计划，确定重点科、审稿意见、计划管理办法、中名命名、编写原则等。

6～7 月　在北京、昆明、桂林，先后召开学习辩证唯物主义经验交流会。目的是使编志工作沿着毛主席革命路线多快好省地进行。分类是同中求异、异中求同，由于对种的概念、区别特征理解、认识上存在差异，有些人把“异”看得很突出，过多地注意区别特征，忽视了变异规律又定了新种。过去认为依据模式标本碎片或原始记载就可以鉴定种，其实不然。自然界的变异是客观存在的，要用辩证唯物主义指导进行由此及彼、由表及里、去粗取精的综合分析研究。

7 月 2 日　河北唐山发生地震，波及北京。外地在北京的编著者有华南植物所吴德邻、罗献瑞、陈升振、黄淑美；西北高原生物所郭本兆、杨永昌、潘景堂、卢生莲、吴珍兰、严翠兰、宁汝莲、刘尚武；东北林业土壤所方振富；成都生物所周邦楷；四川大学张泽荣；西北大学谢寅堂；东北林业大学黄普华、杨衔晋；西北植物所李群等。这些专家学者（领导）和植物所的同志一起搭防震棚抗震救灾，继续编写工作。

9 月 16 日　4 月间印行《编写工作简讯》，因报道在京编写植物志人员去天安门广场悼念周恩来总理等内容，而被责令收回重印，经办人遭责问。

1977 年

2 月 14 日　批判揭露“四人帮”否定 17 年科技战线成就，自然科学基础研究被扣上“三脱离”的帽子，大学分类专业也被取消。专业人员被不断下放劳动、运动、挖防空洞。为工农兵服务被贬为让工农直接“看得懂，用得上”，因此插图要求尽量多，甚至局限到要以中草药来替代分类学研究。

5 月 9～18 日　在江西庐山召开“辩证唯物主义指导分类学研究会”。参加会议的有动、植物分类学者 120 余人，来自 54 个单位。

5 月　中科院昆明植物所吴征镒、李锡文编辑第六十五卷唇形科（一）和第六十六卷第 1 分册唇形科（二）分别于是月和当年 11 月出版。

7月8日　编委会审查金缕梅科、紫金牛科、菊科(一)、芸香科和旋花科。

1978年

年初　编委会重新部署豆科、禾本科等为新的重点科。对审稿、绘图、国际标本交换、《简讯》、文献等工作作了新的安排。

4月1日　全国科学大会在北京召开，编委会于是日召集来京出席会议分类学专家座谈，提出：标本必须相对集中；全国志、地方志要协调组织，培养青年，老、中、青三结合；《植物分类学报》应及时发表《中国植物志》的新分类群；"群众审稿"必须以专家为主；做好图书、期刊文献的收集；调整编委等。

5月18日　编委会致函中科院领导李昌、秦力生和宣传出版局，要求《植物分类学报》出版专刊，以发表《中国植物志》新分类群论文。

5月18日　常委会审查百合科、石蒜科、蒟蒻薯科、薯芋科、鸢尾科、毛茛科(二)、樟科、交让木科、水马齿科、黄杨科、岩高兰科、桑科、漆树科、五列木科、报春花科等编写工作。会议通过改进审稿工作，把住质量关。重要在种的划分是否自然，是否符合实际，命名、文献引证是否正确，检索表是否好用，文字是否简明通顺，全稿是否齐、清、定。编著者署名顺序按所承担科属的分类系统排序，同一单位编著者按工作量排序。今后审稿应以专家为主，组织专家集体或相互交换审稿，地点集中在几个大所进行。欢迎有条件的工农兵参加。

6月　汪发缵、唐进编辑第十五卷百合科(二)出版。

9月25日　中国植物学会在昆明举行，与会的孙祥钟、孙必兴、单人骅及在昆明的编者在翠湖宾馆进行座谈。大家表示要借全国科学大会的东风，把《中国植物志》的编写和研究推上去，进一步强调质量"好"的标准是种的划分是否符合自然变异的规律。

10月13日　中科院以"院(78)科发生字1362号函"批准新一届编委会成员名单。主编：俞德浚；副主编吴征镒、崔鸿宾；编委20人。

10月15～22日　编委扩大会在昆明翠湖宾馆召开，会议总结一系列运动对《中国植物志》编写和研究工作的干扰。讨论有关编写规格及出版中发现的问题、审稿条例、编委、编辑职责等。

12 月 9 日　关于“五定”的报告指出，对至 1985 年难以完成编研的计划作出调整。明确《中国植物志》编委会由中科院直接领导，下设办公室委托中科院植物所代管，编制为 5～7 人。谢瑛任办公室主任。人员分工：夏振岱负责组织协作、计划、《简讯》编辑；董惠民负责经费、审稿、接待；李娇兰负责资料；蔡淑琴负责绘图。编辑室购置微机、照相机、复印机等设备。

1979 年

1 月 8 日　外地在京编研人员举行座谈，以加强编委会的组织领导为题，再次明确植物志编委会为院设学科任务机构。

4 月 14 日　审查通过姜科、马鞭草科、葫芦科、桔梗科等卷册。

4 月 18 日　杨柳科在北京统稿。

7 月 26 日　编委会致函中科院计划局，请通知《中国植物志》各协作单位，将编写任务列入各单位科研计划，明确此乃国家任务，绝不是“打野鸭子项目”。

8 月 1 日　编委会审查鼠李科、杜英科、椴树科、锦葵科、梧桐科、忍冬科、菊科(三)。为处理好普及和提高的关系，决定今后在《中国植物志》中取消插图。讨论 1980～1981 年编研、出版计划。

8 月 4 日　编委会致函《东北林学院汇刊》，请代为发表《中国植物志》新分类群论文。

10 月 7 日至 11 月 21 日　中国植物学会在成都开会期间，谢瑛、夏振岱按照于光远“尊重历史、尊重科学家、实事求是发展科学”的精神先后分别组织竹亚科、禾本科、豆科等 25 科交流情况，同时征集对已出版各卷册的意见。

11 月 14 日　审查无患子科、清风藤科、胡颓子科、千屈菜科、红树科、使君子科、桃金娘科、野牡丹科、白花丹科、山榄科、柿树科等卷册。对豆科编研提出高质量的要求，对学名考证、命名、用途、种子形态及染色体、化学成分等应尽可能予以记述。

1980 年

4 月 10 日　《编写工作简讯》第 44 期刊载 I. C. Hedge 等著，秦仁昌译、陈心启校“关于中国植物志唇形科书评”。由此展开关于《中国植物志》质量的讨论，5～9 月分别在北京、昆明、西宁、兰州、乌鲁木齐等地召开座谈会。

4 月　由王文采编辑第二十八卷毛茛科出版，并于 1986 年获中国科学院科学进步三等奖。参加该志编写的有中国医学科学院药用植物研究所肖培根，植物研究所潘开玉、王蜀秀、刘亮，江苏植物研究所张美珍、丁志遵、凌萍萍，四川大学方明渊等。

6 月 2 日　常委会决定于 11 下旬召开编委扩大会，以总结编研、修改规格、提高质量、修订编辑职责。公布《中国植物志》协作单位、编著者人名拉丁名。应有关单位要求，决定编制《中国植物志》1959～1992 年植物拉丁名索引，后于 1987 年出版。总索引于 2006 年出版。

10 月 23 日　植物志绘图会议在广西桂林召开。

11 月 12 日　编委会致函科学出版社，建议提高稿费。

12 月 24 日　审查景天科、竹亚科、紫草科、十字花科等卷册。

1981 年

1 月 4～20 日　第十次编委扩大会在广州旷泉宾馆召开。会议总结 1978～1980 年《中国植物志》编研后，要求提高质量、严格审稿，加强编委、主编、编辑职责。各守其责，分别把关。在会上陈封怀提出学术界应提倡讲究文明、礼貌及良好的科研道德作风。

5 月 28 日　原主编林镕去世。

6 月 9～15 日　常委会在植物所黄房子审查姜科、杨柳科、蔷薇科、椴树科、锦葵科、使君子科、桃金娘科、野牡丹科、柿树科。决定龙胆科编辑为西北高原生物所何廷农。

11 月 19 日至 12 月 19 日　竹亚科会议在四川灌县林校召开。

11 月 25 日至 12 月 7 日　常委会审查荨麻科、景天科、禾本科(三)、十字花科、椴树科、无患子科、旋花科、伞形科(二)、姜科等卷册。

12 月 15～20 日　豆科会议在广西桂林召开。

1982 年

8 月 12～18 日　常委会在北京国务院第一招待所审查蕨类(二)、安息香科、山矾科、忍冬科、龙胆科、十字花科、河苔草科－蛇菰科、桔梗科。随着《中国植物志》稿件的增多,发现的问题也日益增多,“质量”问题日益突出。《中国植物志》由组织发展编研力量转移到提高编辑质量上来。每次审稿都要分析研究稿件中存在的问题。编委会和科学出版社的编审于拔、曾建飞多次举例说明,提请大家注意统稿的质量。要求编者做到在一卷、册或同一科、属中术语、人名、书刊名的缩写、产地、文献引证、图文、描述统一;强调文献书刊凡有拉丁名者一律用拉丁名;新种应在刊物上发表;旧地名应按现行地名更正;目录、检索表与正文的植物中名或拉丁名应统一,检索表中的主要区别特征应先写,不必按描述顺序;按 1936 年恩格勒系统,除科以上等级外,属、种及以下等级不强求一致,但应相对平衡;要改正图文不符、比例不对、形态特征画错的情况;写地理分布要注意国界;根据国务院公布的“汉语拼音方案”,统一中国人名、地名。20 世纪 90 年代,科学出版社改为电脑排版后,特别注意不要在校样中增补许多新文献,更不能在校样中把前面的种移到后面,有的甚至移动几十页、删去数行甚至几页,造成一页排不下或排不满。版面过多的移动会造成页码错误,影响《中国植物志》的质量和出版时间。

明确《中国植物志》评定国家奖和中国科学院奖的条件:

(1) 各级分类群的系统应尽可能符合自然,有科学性和严密的逻辑性。

(2) 收载的分类群应达到当时已知国产植物种类 95%以上,一时搞不清的也应予交代。

(3) 申报评奖需在出版一年之后,并附国内外评价材料。

(4) 各卷(册)所包括种类多少,难易不同,评奖时应综合平衡。

是年　已出版的裸子植物获国家自然科学二等奖,夹竹桃科等获得三等奖,11 月 5 日编委会在中科院植物所召开座谈会,向编著者祝贺。

1983 年

1 月 8～18 日	常委会在广西桂林审查蔷薇科(三)、龙胆科、白花丹科、柿树科、豆科(一)、山矾科等卷册。会议决定:在北京举办《中国植物志》汇报展览,制作学术活动、历史、成果等内容展板。
3 月 5 日	编委会从西外大街 141 号迁往香山南辛村 20 号,即中科院植物研究所北京植物园内。
10 月 4～5 日	藉中国植物学会在山西太原迎泽宾馆举行之机,编委会邀请出席会议 43 位编著者开会讨论编写规格。
10 月 13～20 日	常委会在西北植物所审查豆科(一)、十字花科、桑科、禾本科(三)、蕨类(七)、菊科(六)、白花丹科、柿树科、葫芦科等卷册。

1984 年

1 月 10～12 日	杜鹃花科会议在四川大学召开。
5 月 31 日至 6 月 7 日	常委会在上海华山饭店审查报春花科(一)、河苔草－蛇菰科、紫草科、菊科(七)。会议强调中文文献必须按编写规格编写。
11 月 26 日至 12 月 2 日	在昆明植物所审查藤黄科、椴树科、杜英科、山茱萸科、岩梅科、桤叶树科、鹿蹄草科等卷册。

1985 年

5 月 30 日	在华南植物所召开大戟科、茜草科会议。
9 月 6 日至 10 月 15 日	审查禾本科(四)、桑科、锦葵科、藤黄科、伞形科(二)、忍冬科、菊科(四)等卷册。会议决定增聘陈艺林、黄普华、李朝銮、林来官为编委。柳叶菜科编辑为陈家瑞。会议通过经费分配方案。
10 月 16 日	在中科院植物所召开虎耳草科编写会议。

1986 年

7 月 14 日	主编俞德浚去世。
是年	经中科院计划局正式批准,《中国植物志》编委会办公室成立,谢英任主任,后由夏振岱担任。

1987 年

5 月 5～12 日	编委扩大会议在南京中山植物园召开，审查石竹科、藤黄科、苦苣苔科。《科学报》南京记者采访陈艺林、石铸、徐朗然、崔鸿宾、李冀云、陈德昭、林有润、傅立国。后在内参发表"《中国植物志》编写工作困难多，地位不高，后继无人，经费缺乏……"的报道。
10 月 31 日至 11 月 10 日	编委会在广州化学所审查豆科（三）、报春花科（二）。豆科各卷加注"由吴德邻、陈德昭统稿"。桑科编辑为张秀实、吴征镒。原稿由曹子余协助修订。

1988 年

4 月 26～29 日	国家科委、国家自然科学基金委、中科院检查《中国植物志》成果汇报展。
5 月 16 日	中央电视台专题报导《中国植物志》。
6 月 25 日	"三志"主编吴征镒、曾呈奎、朱弘复联名上书，恳请解决"三志"困境，增补编研经费。
10 月 7 日	在美国圣・路易斯之密苏里植物园，吴征镒与雷文签署中美联合编写《Flora of China》正式协定，吴征镒和雷文为主编。

1989 年

4 月 30 日至 5 月 7 日	在北京红旗村审查蕨类（四）、虎耳草科（一）、豆科（一）、大戟科（一）、菊科（四）等卷册。通过"中国植物志协作规定"。
9 月 5～17 日	在福建农学院审查蕨类（四）。香蒲科－霉草科、竹亚科、棕榈科、豆科（二）（三）、堇菜科、杜鹃花科（三）、木樨科、马钱科等卷册。会后到武夷山考察。

1990 年

10 月 19～26 日	在杭州植物园审查香蒲科-霉草科、竹亚科、荨麻科、石竹科、木兰科、芸香科、大戟科（二）、杜鹃花科（二）、菊科（九）等卷册。会后到天目山、千岛湖考察采集。

1992 年

2 月 21 日至 3 月 2 日	编委会在北京中国林科院审查禾本科（五）、须叶藤科-百部科、荨麻科、木兰科、虎耳草科（二）、山茶科（一）、苦木科-毒鼠子科、卫矛科等卷册。汇报《中国植物志》"七五""八五"计划执行情况。

12 月　国家自然科学基金委员会将“三志”列为“八五”重大项目，并要求在1993～1997年间完成全部计划，其中，《中国植物志》总经费207万元，分别由国家自然科学基金委员会资助103.5万元；国家科委基础研究与高技术司和中国科学院分别资助51.75万元。

1993 年

3 月 5～8 日　在北京中科院植物所植物园举行第十一届第七次编委会会议，研究落实“八五”(1993～1997)重大项目编研计划及经费分配等。会议由主编吴征镒主持，副主编崔鸿宾、办公室主任夏振岱汇报“三志”申请“八五”重大项目过程及要求。为保证“八五”重大项目的进行，《中国植物志》常委会决定成立学术领导小组，由吴征镒、崔鸿宾、陈德昭、陈守良、陈心启、陈艺林、戴伦凯、孔宪需、夏振岱等九位编委组成。

1994 年

3 月 21～23 日　常委会审查葡萄科、蓼科、壳斗科、榆科、禾本科(四)、豆科(四)等卷册。

3 月 21～23 日　重大项目年度检查会。

7 月 17 日　副主编崔鸿宾逝世。

11 月 16～19 日　编委会在中科院植物所标本馆313室审查山茶科(二)、大戟科(三)、葡萄科等卷册。办公室汇报“九五”立项、计划及经费执行情况，由于基金委经费未能及时到位，凡10月份前未将拨款单寄编委会的卷册和编委会人员的编研费缓拨。根据提前6个月交稿，予以奖励的原则，大戟科(三)、山茶科(二)、菊科(十一)各领奖金2 000元，拨至各自课题经费中。会议决定增聘傅国勋为编委。编委成员中，年满70周岁以上编委，除主编外均聘为顾问。

1995 年

3 月 1～4 日　在昆明植物所审查酢浆草科-疾藜科、茜草科(一)、菊科(十)等卷册。办公室汇报重大项目检查会的准备，1993～1994年总结、申请出版费、“九五”立项建议书等均经编委会讨论通过。

10 月 16 日　在编委会办公室作“九五”立项修改报告；汇报编研计划执行及经费使用情况；重大项目中期检查准备及出版、绘图措施等，经编委讨论决定实施。

10 月 20 日　李博、王文采、洪德元、吴征镒、张广学、陈宜瑜、陆宗麟、张树政、阳含熙、孙儒泳、曾呈奎、郑作新、唐崇惕、尹文英、谢联辉、裘维藩等 16 位院士联名呼吁解决《中国植物志》出版费。

1996 年

5 月 31 日　编委会在北京中科院植物所植物园审查罂粟科、山茶科(一)。增补陈心启为副主编，增聘陈书坤、胡启明、曾建飞为编委。特聘邢公侠、李振宇为编审。均待报中科院审批。

8 月　《中国生物志》(“三志”)获香港求是奖金 100 万元。《中国植物志》获奖代表为吴征镒、李锡文、王文采。吴征镒将其所得奖金 9 万余元用于奖励植物志编著者，王文采向《植物分类学报》捐助 5 万元。

8 月　《中国植物志》手稿从科学出版社提回，于 2000～2002 年整理归档，由中科院植物所收藏。

8 月 28 日　汇报《中国植物志》编研计划执行情况，要求增补经费，以“稳住一头”保证编研。鉴于出版社稿费所得税按编者人数定，决定所有绘图人员均按工作量先后在卷册分工表署名。

1997 年

4 月 22 日　植物所编委会成员审查蕨类(二)、菊科(五)。通过经费分配方案，“八五”总结及“九五”计划。

4 月 23 日　重大项目总结会，国家基金委、中国科学院、植物研究所及国家环保局领导听取各卷册报告。主编吴征镒致词。

2003 年

1 月 16 日　国家自然科学基金“九五”重大项目“三志编研“总结验收(项目编号：39899400，起止日期：1998 年 10 月至 2002 月 12 月，经费：600 万元 + 中国科学院 300 万元)专家评审为“特优。

2004 年

5 月 12 日　第一册总论即将出版，中科院植物所傅德志向全国植物分类学家发出公开信，对该卷予以批评。

10 月　吴征镒、陈心启编辑第一卷总论出版，至此《中国植物志》全部出版齐全。

2005 年

是年　《中国植物志》被优选参加国家“九五科技”成果展。

2006 年

是年　2006 年《中国植物志》被优选参加国家科技创新重大成就展。

是年　中科院植物所数次讨论、研究《中国植物志》申报国家自然科学奖事。

2007 年

是年　主编吴征镒获国家最高科学技术奖。主编《中国植物志》，为其主要业绩之一。

2009 年

是年　科学出版社曾建飞、霍春雁因《中国植物志》获国家新闻出版总署颁发中国出版政府奖。

是年　由中国科学院植物研究所、华南植物园和昆明植物所联合申请，《中国植物志》获 2009 年度国家自然科学一等奖。

二　各卷册编辑、作者和绘图人员名录

卷册	出版时间	类群科属种数	字数(万)	编辑	作者	作者单位	图版	图作者
1	2004	总论 水青树科 1：1：1	70	吴征镒 陈心启	吴征镒 李德铢 孙　航 周浙昆 彭　华 陈灵芝 陈伟烈 王金亭 朱太平 覃海宁 傅德志 崔鸿宾 夏振岱 王荷生 陆树刚	中科院昆明植物所 中科院昆明植物所 中科院昆明植物所 中科院昆明植物所 中科院昆明植物所 中科院植物所 中科院植物所 中科院植物所 中科院植物所 中科院植物所 中科院植物所 中科院植物所 中科院植物所 中科院地理所 云南大学	1	孙英宝
2	1959.9	蕨类(1) 瓶尔小草科-条蕨科 17:49:414	61.8	秦仁昌	秦仁昌 傅书遐 王铸豪 邢公侠	中科院植物所 中科院武汉植物园 中科院华南植物所 中科院植物所	29	张荣厚
3(1)	1990.6	蕨类(2) 蕨科-水蕨科 8：22：230	39.5	秦仁昌 邢公侠	邢公侠 林尤兴 吴兆洪 武素功	中科院植物所 中科院植物所 中科院华南植物所 中科院昆明植物所	77	张荣厚 冀朝祯 冯晋庸 刘春荣 张泰利 张春方 王金凤 路桂兰 吴彰桦

（续表）

卷册	出版时间	类群科属种数	字数（万）	编辑	作者	作者单位	图版	图作者
3(2)	1999.11	蕨类(3) 车前蕨科－蹄盖蕨科 3：24：331	73.6	朱维明	王中仁 张宪春 朱维明 和兆荣 谢寅堂	中科院植物所 中科院植物所 云南大学 云南大学 西北大学	121	冀朝祯 蔡淑琴 张荣厚 路桂兰
4(1)	1999.7	蕨类(4) 肿足蕨科－金星蕨科 2：19：300	51.7	邢公侠	邢公侠 林尤兴 裘佩熹 姚关琥	中科院植物所 中科院植物所 华东师范大学 华东师范大学	61	张荣厚 冀朝祯 孙英宝
4(2)	1999.2	蕨类(5) 铁角蕨科－球盖蕨科 6：24：185	34.5	吴兆洪	吴兆洪	中科院华南植物所	42	蔡淑琴
5(1)	2000.1	蕨类(6) 鳞毛蕨科(一) 1：7：252	33	武素功	谢寅堂 武素功 陆树刚	西北大学 中科院昆明植物所 云南大学	37	蔡淑琴 杨建昆
5(2)	2001.2	蕨类(7) 鳞毛蕨科(二) 0：6：221	38.1	孔宪需	孔宪需 张丽兵 朱维明 和兆荣 谢寅堂	中科院成都生物所 中科院成都生物所 云南大学 云南大学 西北大学	63	陈　笺 蔡淑琴 吕发强 江无琼 唐安科 边玉洁
6(1)	1999.8	蕨类(8) 叉蕨科－雨蕨科 8：22：174	29.9	吴兆洪	吴兆洪 王铸豪	中科院华南植物所 中科院华南植物所	33	蔡淑琴 黄少荣
6(2)	2000.1	蕨类(9) 双扇蕨科－满江红科 10：42：326	52.8	林尤兴	林尤兴 张宪春 石　雷 陆树刚	中科院植物所 中科院植物所 中科院植物所 云南大学	83	冀朝祯 蔡淑琴 王金凤 李爱莉 刘　玲

（续表）

卷册	出版时间	类群科属种数	字数（万）	编辑	作者	作者单位	图版	图作者
6(3)	2004	蕨类(10) 松叶蕨科-木贼科		张宪春	张宪春 张丽兵	中科院植物所 中科院成都生物所		
7	1978.12	裸子植物 11：41：237	58.9	郑万钧 傅立国	郑万钧 傅立国 傅书遐 陈家瑞 崔鸿宾 朱政德 赵奇僧 王文采 刘玉壶 诚静容	中国林业科学院 中科院植物所 中科院武汉植物园 中科院植物所 中科院植物所 南京林产工业学院 南京林产工业学院 中科院植物所 中科院华南植物所 北京医学院	119	张荣厚 刘春荣 蒋杏墙 冯晋庸 张泰利 王金凤 冀朝祯 吴彰桦
8	1992.10	香蒲科-露兜树科 11：34：131	32.3	孙祥钟	孙祥钟 王徽勤 李清义 郭友好 周凌云 游　浚 钟维文 陈耀东	武汉大学 武汉大学 武汉大学 武汉大学 武汉大学 武汉大学 武汉大学 中科院植物所	75	陈宝联 蔡淑琴 刘玉衡
9(1)	1996.3	禾本科(1) 1：37：502	106.7	耿伯介 王正平	王正平 叶光汉 杨雅玲 俞泽华 胡成华 耿伯介 冯学林 贾良智 夏念和 李德铢 薛纪如 章伟平 朱政德 赵奇僧	南京大学 南京大学 南京大学 南京大学 南京大学 南京大学 中科院华南植物所 中科院华南植物所 中科院华南植物所 西南林学院 西南林学院 西南林学院 南京林业大学 南京林业大学	215	邓盈丰 蔡淑琴 杨　林 史渭清 陈荣道 张世经 王红兵 林万涛 李　楠 赵南先 金　沙 王　勋 范国才 黄应钦

（续表）

卷册	出版时间	类群科属种数	字数（万）	编辑	作者	作者单位	图版	图作者
					陈守良 盛国英 陈绍云 姚昌豫 卢炯林 孙吉良 林万涛 易同培 赵惠如 温太辉 戴启惠	江苏省植物所 江苏省植物所 浙江植物园 浙江植物园 河南农学院 中科院云南热带植物所 华南农业大学 四川省林业学校 南京师范大学 浙江省林业研究所 广西林业研究所		童军平 许基衍 冯晋庸 贾小辉
9(2)	2002	禾本科(2) 0：37：540		刘 亮	刘 亮 朱太平 陈文俐 吴珍兰 卢生莲	中科院植物所 中科院植物所 中科院植物所 中科院西北生物所 中科院西北生物所	45	刘 平 刘进军 王 颖 阎翠兰
9(3)	1987.10	禾本科(3) 0：51：359	46.3	郭本兆	卢生莲 孙永华 刘尚武 杨永昌 吴珍兰 郭本兆 杨锡麟 王朝品 崔乃然	中科院西北生物所 中科院西北生物所 中科院西北生物所 中科院西北生物所 中科院西北生物所 中科院西北生物所 内蒙古师范学院 内蒙古农牧学院 新疆八一农学院	81	阎翠兰 王 颖 刘进军 杨锡麟 宁汝莲
10(1)	1990.6	禾本科(4) 0：69：314	55.9	陈守良	陈守良 金岳杏 庄体德 方文哲 盛国英 刘 亮 吴珍兰 卢生莲	江苏省植物所 江苏省植物所 江苏省植物所 江苏省植物所 江苏省植物所 中科院植物所 中科院西北生物所 中科院西北生物所	129	陈荣道 韦力生 史渭清 刘春荣 张泰利 王伟民 张迦得 王 颖

（续表）

卷册	出版时间	类群科属种数	字数（万）	编辑	作者	作者单位	图版	图作者
					孙必兴 胡志浩 王　松 孙祥钟 王徽勤 杨锡麟 王朝品 李丙贵 万绍宾	云南大学 云南大学 云南大学 武汉大学 武汉大学 内蒙古师范大学 内蒙古农牧学院 湖南师范大学 湖南师范大学		阎翠兰 马　平 张海燕 陈宝联
10(2)	1997.3	禾本科(5) 0：53：227	44.1	陈守良	陈守良 庄体德 方文哲 盛国英 金岳杏 刘　亮 孙必兴 胡志浩 王　松	江苏省植物所 江苏省植物所 江苏省植物所 江苏省植物所 江苏省植物所 中科院植物所 云南大学 云南大学 云南大学	80	刘春荣 张泰利 肖　溶 吴锡麟 李锡畴 史渭清 陈荣道 曾孝濂 杨　建 王伟民 刘　杰
11	1961.11	莎草科(1) 1：27：238	28.8	唐　进 汪发缵	唐　进 汪发缵 戴伦凯 陈心启 陈　介 梁松筠	中科院植物所 中科院植物所 中科院植物所 中科院植物所 中科院植物所 中科院植物所	70	刘春荣 张荣厚
12	2000.1	莎草科(2) 0：2：547	75.7	戴伦凯 梁松筠	梁松筠 戴伦凯 汤彦承 李沛琼	中科院植物所 中科院植物所 中科院植物所 深圳仙湖植物园	105	李爱莉 张泰利 冀朝祯 王金凤 吴彰桦 刘春荣 蔡淑琴

（续表）

卷册	出版时间	类群科属种数	字数（万）	编辑	作者	作者单位	图版	图作者
13(1)	1991.12	棕榈科 1：28：108	22.2	裴盛基 陈三阳	裴盛基 陈三阳 童绍全	中科院昆明植物所 中科院昆明植物所 中科院昆明植物所	36	刘　椢
13(2)	1979.9	天南星科－浮萍科 2：38：212	31.3	吴征镒 李　恒	李　恒	中科院昆明植物所	42	肖　溶 曾孝濂 李锡畴 陈莳香 唐振缁
13(3)	1997.7	须叶藤科－灯心草科－百部科等11科 11：27：202	38.2	吴国芳	吴国芳 马炜梁 洪德元 吉占和	华东师范大学 华东师范大学 中科院植物所 中科院植物所	62	蔡淑琴 马炜梁 冀朝祯 许梅娟 冯晋庸 路桂兰 张春方
14	1980.12	百合科(1) 1：36：283	39.8	唐　进 汪发缵	陈心启 许介眉 梁松筠 吉占和 郎楷永 毛祖美 徐朗然	中科院植物所 中科院植物所 中科院植物所 中科院植物所 中科院植物所 中科院新疆土壤沙漠所 中科院新疆土壤沙漠所	153	刘春荣 王金凤 吴彰桦 冀朝祯 张泰利 冯晋庸 张春方
15	1978.6	百合科(2) 0：24：250	37.6	汪发缵 唐　进	汪发缵 唐　进 戴伦凯 梁松筠 汤彦承 陈心启 张芝玉 刘　亮 郎楷永	中科院植物所 中科院植物所 中科院植物所 中科院植物所 中科院植物所 中科院植物所 中科院植物所 中科院植物所 中科院植物所	80	王金凤 吴彰桦 冀朝祯 张泰利 冯晋庸 刘春荣

（续表）

卷册	出版时间	类群科属种数	字数（万）	编辑	作者	作者单位	图版	图作者
16(1)	1985.4	石蒜科-薯蓣科等4科 4：31：172	28.3	裴　鉴 丁志遵	钱啸虎 徐　垠 胡之璧 黄秀兰 范广进 陈心启 丁志遵 张美珍 凌萍萍 赵毓棠	安徽师范大学 中科院上海药物所 中科院上海药物所 中科院上海药物所 中科院上海药物所 中科院植物所 江苏省植物所 江苏省植物所 江苏省植物所 东北师范大学	63	赵毓棠 于振洲 何瑞五 曾孝濂 蒋祖德 张春方 李锡畴 陈荣道 蒋杏墙 史渭清 韦力生 冯晋庸
16(2)	1981.11	芭蕉科-姜科等5科 5：33：188	25.3	吴德邻	吴德邻 陈升振 蔡希陶 童绍全 陈佩珊 赵世望 李锡文	中科院华南植物所 中科院华南植物所 中科院云南热带植物所 中科院云南热带植物所 中科院云南热带植物所 中科院云南热带植物所 中科院昆明植物所	60	黄少容 邓盈丰 冯钟元 余　峰 刘　柳 邓晶发 余汉平 陈荣道 曾孝濂
17	1999.11	兰科(1) 1：54：452	71.6	郎楷永	郎楷永 陈心启 罗毅波 朱光华	中科院植物所 中科院植物所 中科院植物所 中科院植物所	88	吴彰桦 张泰利 匡柏生 蔡淑琴 冯金环 冀朝祯 冯晋庸 刘春荣
18	1999.10	兰科(2) 0：56：379	60.6	陈心启	陈心启 吉占和 郎楷永 朱光华	中科院植物所 中科院植物所 中科院植物所 中科院植物所	67	蔡淑琴 冀朝祯 刘　平 刘春荣

（续表）

卷册	出版时间	类群科属种数	字数（万）	编辑	作者	作者单位	图版	图作者
								张泰利 李爱莉 王金凤 匡柏生 冯晋庸 吴彰桦 李 菁 肖 溶
19	1999.9	兰科(3) 0：61：420	63.4	吉占和	吉占和 陈心启 罗毅波 朱光华	中科院植物所 中科院植物所 中科院植物所 中科院植物所	62	冀朝祯 李爱莉 蔡淑琴 张泰利 王金凤 刘春荣 郑远方 李 菁
20(1)	1982.1	木麻黄科-胡椒科-等4科 4：11：93	14.1	程用谦	程用谦 陈德昭 吴国芳 陈佩珊 朱培智	中科院华南植物所 中科院华南植物所 华东师范大学 中科院云南热带植物所 中科院云南热带植物所		黄少容 邓盈丰 余汉平 邓晶发 唐俊生
20(2)	1984.9	杨柳科 1：3：318	52.7	王 战 方振富	王 战 方振富 赵士洞 周以良 董世林 于兆英 杨昌友 赵 能	中科院林业土壤所 中科院林业土壤所 中科院林业土壤所 东北林业大学 东北林业大学 西北植物研究所 新疆八一农学院 四川省林科所	112	冯金环 张桂芝 仲世奇 许芝源 丑 力 杨再新 李志民

（续表）

卷册	出版时间	类群科属种数	字数（万）	编辑	作者	作者单位	图版	图作者
21	1979.11	杨梅科-桦木科等3科 3：14：109	19.4	匡可任 李沛琼	匡可任 郑斯绪 李沛琼 路安民	中科院植物所 中科院植物所 中科院植物所 中科院植物所	30	冯晋庸 吴彰桦 王金凤 张泰利 赵宝恒 匡可任 蔡淑琴 刘敬勉
22	1998.3	壳斗科-榆科等3科 3：16：375	59.9	陈焕镛 黄成就	黄成就 张永田 徐永椿 任宪威 傅立国 陈家瑞 汤彦承 匡可任	中科院华南植物所 福建省亚热带植物所 西南林学院 北京林学院 中科院植物所 中科院植物所 中科院植物所 中科院植物所	129	余汉平 吴彰桦 冯晋庸 王金凤 冯钟元 邓盈丰 冀朝祯 任宪威 王玢莹 张春芳 张泰利 刘怡涛
23(1)	1998.3	桑科 1：12：149	33.8	张秀实 吴征镒	张秀实 吴征镒 曹子余	贵州科学院生物所 中科院昆明植物所 中科院植物所	57	张培英 谢　华
23(2)	1995.8	荨麻科 1：25：353	65.9	王文采 陈家瑞	王文采 陈家瑞	中科院植物所 中科院植物所	88	刘春荣 王金凤 冀朝祯 张泰利 冯晋庸 张春方 吴彰桦 路桂兰

（续表）

卷册	出版时间	类群科属种数	字数（万）	编辑	作者	作者单位	图版	图作者
24	1988.2	山龙眼科等9科 9：44：236	38.1	丘华兴 林有润	丘华兴 黄淑美 谭沛祥 林有润 吴德邻 陈邦余 诚静容 杨春澍	中科院华南植物所 中科院华南植物所 中科院华南植物所 中科院华南植物所 中科院华南植物所 中科院华南植物所 北京医科大学 北京中医大学	65	余汉平 黄少容 宗维诚 邓盈丰 邓晶发
25(1)	1998.8	蓼科 1：13：236	33.2	李安仁	李安仁 高作经 毛祖美 刘玉兰	中科院植物所 北京医科大学 中科院新疆土壤沙漠所 西北师范大学	56	宗维诚 冯晋庸 张春方 吴彰桦 马怀伟 张泰利 姚　军 路桂兰
25(2)	1979.3	藜科　苋科 2：52：225	29.1	孔宪武 简焯坡	孔宪武 朱格麟 简焯坡 马成功 李安仁 关克俭	甘肃师范大学 甘肃师范大学 中科院植物所 中科院植物所 中科院植物所 中科院植物所	51	冀朝祯 刘春荣 冯晋庸 蔡淑琴 张泰利 王金凤 吴彰桦
26	1996.9	紫茉莉科－石竹科 6：49：430	65.4	唐昌林	唐昌林 柯　平 鲁德全 周立华 吴征镒	陕西省中科院西北植物所 陕西省中科院西北植物所 陕西省中科院西北植物所 中科院西北高原生物所 中科院昆明植物所	117	李志民 王鸿青 傅季平 钱存源 仲世奇 王　颖 祁世章 张大成

（续表）

卷册	出版时间	类群科属种数	字数（万）	编辑	作者	作者单位	图版	图作者
27	1979.7	睡莲科－毛茛科(1) 6：34：457	74.0	王文采	关关俭 肖培根 潘开玉 王蜀秀 王文采	中科院植物所 中国医科院药物所 中科院植物所 中科院植物所 中科院植物所	175	冀朝祯 张泰利 张春方 王金凤 冯晋庸 路桂兰 刘春荣 王文采 吴彰桦 赵宝恒 史渭清 蒋杏墙 韦光周
28	1980.4	毛茛科(2) 0：17：290	50.1	王文采	王文采 刘　亮 王蜀秀 张美珍 丁志遵 凌萍萍 方明渊	中科院植物所 中科院植物所 中科院植物所 江苏省植物所 江苏省植物所 江苏省植物所 四川大学	147	刘春荣 张春方 冯晋庸 王金凤 张泰利 赵宝恒 吴彰桦 朱蕴芳 王兴国 史渭清 韦力生 路桂兰 陈荣道
29	2001.4	木通科－小檗科 2：18：344	51	应俊生	应俊生 陈德昭	中科院植物所 中科院华南植物所	68	冀朝祯 余汉平 余　峰 邓盈丰
30(1)	1996.5	防己科－木兰科 2：33：242	41.4	刘玉壶	刘玉壶 罗献瑞 吴容芬 张本能	中科院华南植物所 中科院华南植物所 中科院华南植物所 四川师范大学	78	邓盈丰 刘宗汉 邓晶发 黄门生 邹贤桂

（续表）

卷册	出版时间	类群科属种数	字数（万）	编辑	作者	作者单位	图版	图作者
								林文宏 蒋祖德 何顺清 冯钟元 黄少容 余　峰 余汉平
30(2)	1979.5	番荔枝科－肉豆蔻科 3：29：122	24.3	蒋　英 李秉滔	蒋　英 李秉滔 李延辉	华南农学院 华南农学院 云南省热带植物所	93	刘　椚 陈国泽 邓盈丰 黄少容 吴翠云 冯晋庸
31	1982.9	樟科等 2：22：436	66.5	李锡文	李锡文 白佩瑜 李雅茹 李树刚 韦发南 韦裕宗 杨衔晋 黄普华 崔鸿宾 夏振岱 李娇兰	中科院昆明植物所 中科院昆明植物所 中科院昆明植物所 广西植物所 广西植物所 广西植物所 东北林学院 东北林学院 中科院植物所 中科院植物所 中科院植物所	128	何顺清 黄门生 刘宗汉 邹贤桂 林文宏 邓　波 陈莳香 张泰利 肖　溶 吴锡麟 曾孝濂 李锡畴 许芝源 宗维诚 吴彰桦 冀朝祯 冯晋庸 路桂兰
32	1999.2	罂粟科－白花菜科 2：13：406	77.9	吴征镒	吴征镒 庄　璇 苏志云 孙必兴	中科院昆明植物所 中科院昆明植物所 中科院昆明植物所 云南大学	135	吴锡麟 肖　溶 杨建昆 李锡畴

（续表）

卷册	出版时间	类群科属种数	字数（万）	编辑	作者	作者单位	图版	图作者
								张宝福 王　凌 张瀚文 曾孝濂
33	1987.10	十字花科 1：95：428	63.2	周太炎	周太炎 郭荣麟 蓝永珍 陆莲立 关克俭 安争夕	江苏省植物所 江苏省植物所 江苏省植物所 江苏省植物所 中科院植物所 新疆八一农学院	126	冯晋庸 王金凤 张春方 路桂兰 张泰利 刘春荣 吴彰桦 冀朝祯 史渭清 陈荣道 韦力生 韦光周
34(1)	1984.8	木犀草科－景天科 6：17：256	31.8	傅书遐 傅坤俊	陈伟球 阮云珍 傅书遐 傅坤俊	中科院华南植物所 中科院华南植物所 中科院武汉植物所 西北植物所	43	邓盈丰 余汉平 钱存源 蔡淑琴 冯晋庸
34(2)	1992.2	虎耳草科(1) 1：13：264	39.9	潘锦堂	潘锦堂	中科院西北高原生物所	72	潘锦堂 阎翠兰 王　颖 刘进军
35(1)	1995.11	虎耳草科(2) 0：15：282	57.8	陆玲娣 黄淑美	黄淑美 卫兆芬 陆玲娣 谷粹芝 靳淑英	中科院华南植物所 中科院华南植物所 中科院植物所 中科院植物所 中科院植物所	73	吴彰桦 邓晶发 余汉平 邓盈丰 张泰利
35(2)	1979.5	海桐花科－悬铃木科 4：20：123	16.8	张宏达	张宏达 颜素珠	中山大学 中山大学	26	冯钟元 廖沃根

（续表）

卷册	出版时间	类群科属种数	字数（万）	编辑	作者	作者单位	图版	图作者
36	1974.12	蔷薇科(1) 1：24：334	49.6	俞德浚	俞德浚 陆玲娣 谷粹芝 关克俭 江万福	中科院植物所 中科院植物所 中科院植物所 中科院植物所 中科院植物所	55	王金凤 吴彰桦 张泰利 鞠维江 刘春荣 赵宝恒 刘敬勉 张荣生 王利生 朱士珍 刘霁菁 傅桂珍 冯晋庸
37	1985.6	蔷薇科(2) 0：22：428	67.4	俞德浚	俞德浚 陆玲娣 谷粹芝 关克俭 李朝銮	中科院植物所 中科院植物所 中科院植物所 中科院植物所 中科院成都生物所	78	冀朝祯 刘春荣 王金凤 吴彰桦 冯晋庸 张泰利 马建生 路桂兰 张春方
38	1986.6	蔷薇科(3) 等2科 1：15：121	22.5	俞德浚	俞德浚 陆玲娣 谷粹芝 李朝銮 陈绍煋	中科院植物所 中科院植物所 中科院植物所 中科院成都生物所 北京自然博物馆	28	王金凤 吴彰桦 刘春荣 王玢莹
39	1988.5	豆科(1) 1：38：180	30.7	陈德昭	吴德邻 陈邦余 卫兆芬 胡嘉琪 郑师章 李林初	中科院华南植物所 中科院华南植物所 中科院华南植物所 复旦大学 复旦大学 复旦大学	76	邓盈丰 余汉平 余　峰 黄少容 余志满 邓晶发 宗维诚 陶德圣

（续表）

卷册	出版时间	类群科属种数	字数（万）	编辑	作者	作者单位	图版	图作者
40	1994.5	豆科(2) 0：24：279	53.6	韦　直	陈德昭 陈邦余 方云忆 郑朝宗 张若惠 丁陈森 李娇兰 马其云 韦　直	中科院华南植物所 中科院华南植物所 杭州大学 杭州大学 浙江林学院 浙江林学院 中科院植物所 军事医学科学院 浙江自然博物馆	99	葛克俭 何冬泉 黄少容 蔡淑琴 余　峰 邓晶发 余汉平
41	1995.5	豆科(3) 0：63：309	60	李树刚	杨衔晋 黄普华 傅沛云 李冀云 陈佑安 李树刚 张本能 韦裕宗 黄德爱 卫兆芬 吴德邻 韦思奇	东北林学院 东北林学院 中科院沈阳生态所 中科院沈阳生态所 中科院沈阳生态所 广西植物所 广西植物所 广西植物所 广西植物所 中科院华南植物所 中科院华南植物所 浙江自然博物馆	86	许芝源 张桂芝 冯金环 邹贤桂 邓盈丰 余汉平 辛茂芳 林汶宏 何顺清 黄门生
42(1)	1993.12	豆科(4) 0：9：360	56.9	傅坤俊	傅坤俊 张振万 何善宝 何业琪 丁陈森 刘媖心 李沛琼	西北植物所 西北植物所 西北植物所 杭州师范学院 浙江林学院 中科院兰州沙漠所 中科院植物所	93	葛克俭 李志民 蔡淑琴 吴彰桦 钱存源
42(2)	1998.12	豆科(5) 0：35：412	60.7	崔鸿宾	张振万 徐朗然 韦　直 韦思奇 黄以之 夏振岱 崔鸿宾 李沛琼	西北植物所 西北植物所 浙江自然博物馆 浙江自然博物馆 浙江自然博物馆 中科院植物所 中科院植物所 中科院植物所	109	何冬泉 钱存源 蔡淑琴 傅季平 李志民 张泰利 何顺清 辛茂芳

（续表）

卷册	出版时间	类群科属种数	字数(万)	编辑	作者	作者单位	图版	图作者
					李娇兰 杨纯瑜 文和祥 黄德爱	中科院植物所 军事医学科学院 广西植物所 广西植物所		
43(1)	1998.2	牻牛儿苗科等7科 7：21：128	21.8	徐朗然 黄成就	徐朗然 黄成就 黄宝贤 李秉滔 刘瑛心	中科院西北植物所 中科院华南植物所 中科院华南植物所 华南农业大学 福建省亚热带植物所	42	李志民 余汉平 蒋兆兰 陶明琴 黄少容
43(2)	1997.2	芸香科 1：28：151	32.5	黄成就	黄成就	中科院华南植物所	51	余汉平 邓盈丰 刘春荣 冯钟元
43(3)	1997.3	苦木科－楝科 6：37：165	31.1	陈书坤	陈书坤 李　恒 陈邦余	中科院昆明植物所 中科院昆明植物所 中科院华南植物所	48	曾孝濂 余汉平 邓晶发 黄少容 肖　溶 吴锡麟 李锡畴 邓盈丰
44(1)	1994.4	大戟科(1) 1：18：162	32.2	李秉滔	李秉滔	华南农业大学	56	黄少容
44(2)	1996.2	大戟科(2) 0：42：156	31.4	丘华兴	丘华兴 黄淑美 张永田	中科院华南植物所 中科院华南植物所 福建省亚热带植物所	48	余汉平 邓盈丰 邓晶发 黄少容 余　峰
44(3)	1997.4	大戟科(3) 0：7：96	19.5	马金双	马金双 程用谦	北京师范大学 中科院华南植物所	40	余汉平 何冬泉 刘全儒

（续表）

卷册	出版时间	类群科属种数	字数（万）	编辑	作者	作者单位	图版	图作者
45(1)	1980.12	交让木科－漆树科 7：24：100	19.9	郑　勉 闵天禄	郑　勉 闵天禄	上海师范大学 中科院昆明植物所	39	李锡畴 吴锡麟 肖　溶 何冬泉 蒋柔英 杨建昆
45(2)	1999.7	冬青科 1：1：204	38.5	陈书坤	陈书坤 俸宇星	中科院昆明植物所 中科院植物所	53	吴锡麟 肖　溶 李锡畴 杨建昆
45(3)	1999.8	卫矛科 1：12：201	28.1	诚静容 黄普华	诚静容 高作经 马启盛 马金双 黄普华	北京医科大学 北京医科大学 北京医科大学 北京师范大学 东北林业大学		宗维城 马怀伟 王玢莹
46	1981.2	翅子藤科－槭树科 6：24：221	40.8	方文培	方文培 包世英 庄　璇 徐廷志	四川大学 中科院昆明植物所 中科院昆明植物所 中科院昆明植物所	86	肖　溶 曾孝濂 李锡畴 陈莳香 王利生 冯先洁 钱存源 冯金环 赵宝恒 冀朝祯 胡　涛 张泰利 肖洪模 狄维忠 刘敬勉 蔡淑琴 王金凤

（续表）

卷册	出版时间	类群科属种数	字数（万）	编辑	作者	作者单位	图版	图作者
47(1)	1985.11	无患子科、清风藤科 2：27：100	18.7	刘玉壶 罗献瑞	刘玉壶 罗献瑞 吴容芬 陈德昭	中科院华南植物所 中科院华南植物所 中科院华南植物所 中科院华南植物所	46	余汉平 冯钟元 何冬泉 邓盈丰 黄少容 黄国才
47(2)	2001	凤仙花科 1：2：221	18.4	陈艺林	陈艺林	中科院植物所	64	张泰利 张荣厚 冀朝祯
48(1)	1982.7	鼠李科 1：14：133	22.4	陈艺林	陈艺林 周邦楷	中科院植物所 中科院成都生物所	43	冯晋庸 吴彰桦 王金凤 马建生 张泰利 路桂兰 张春方 刘春荣
48(2)	1998.4	葡萄科 1：9：159	29.1	李朝銮	李朝銮	中科院成都生物所	29	顾　建
49(1)	1989.6	杜英科、椴树科 6：15：137	17.8	张宏达	张宏达 缪汝槐	中山大学 中山大学	31	冯钟元 廖沃根 谢庆建 黄锦添 邓晶发
49(2)	1984.11	锦葵科等6科 6：50：265	46.8	冯国楣	冯国楣 李　恒 徐祥浩 张宏达 梁畴芬 陈永昌 王育生 卫兆芬	中科院昆明植物所 中科院昆明植物所 华南农学院 中山大学 广西植物所 广西植物所 广西植物所 中科院华南植物所	89	刘宗汉 何顺清 黄门生 秦小英 邹贤桂 曾孝濂 余汉平 杨可四 黄少容

（续表）

卷册	出版时间	类群科属种数	字数（万）	编辑	作者	作者单位	图版	图作者
								徐颂娟 邓晶发 赖玉珍 徐颂芬 肖　溶 李锡畴 吴锡麟
49(3)	1998.7	山茶科(1) 1：9：319	39.4	张宏达	张宏达 任善湘	中山大学 中山大学	70	蔡淑琴 谢庆建 黄锦添 余　峰
50(1)	1998.8	山茶科(2) 0：6：125	29.8	林来官	林来官	福建师范大学	45	蔡淑琴
50(2)	1990.1	藤黄科－红木科等 7：21：144	26	李锡文	李锡文 李延辉 童绍全 陶国达 张鹏云 张耀甲	中科院昆明植物所 中科院昆明植物所 中科院昆明植物所 中科院昆明植物所 兰州大学 兰州大学	47	曹宗钧 刘名廷 陶鸣琴 蔡淑琴 刘怡涛 李锡畴 肖　溶 杨建昆 张宝福 吴锡麟 曾孝濂
51	1991.12	堇菜科 1：4：117	19.1	王庆瑞	王庆瑞	西北师范大学	25	白建鲁
52(1)	1999.10	大风子科－秋海棠科 9：36：337	57.9	谷粹芝	谷粹芝 李振宇 黄蜀琼 包世英 李延辉 陈佩珊 张泽荣 赖书绅 单汉荣	中科院植物所 中科院植物所 中科院昆明植物所 中科院昆明植物所 中科院昆明植物所 中科院昆明植物所 四川大学 江西省庐山植物园 江西省庐山植物园	73	张泰利 冯先洁 戴征雄 曾孝濂 李锡畴 刘全儒 杨建昆 李怡涛

（续表）

卷册	出版时间	类群科属种数	字数（万）	编辑	作者	作者单位	图版	图作者
52(2)	1983.10	钩枝藤科－胡颓子科等9科 9：28：140	25.5	方文培 张泽荣	方文培 张泽荣 宋滋圃 粟和毅 李树刚 刘兰芳 高蕴章 罗献瑞 夏振岱	四川大学 四川大学 四川大学 四川大学 广西植物所 广西植物所 中科院华南植物所 中科院华南植物所 中科院植物所	52	冯先洁 冯金环 黄少容 余汉平 何顺清 刘宗汉 胡　涛
53(1)	1984.11	使君子科－野牡丹科 3：46：310	41.1	陈　介	张宏达 缪汝槐 陈　介 徐廷志	中山大学 中山大学 中科院昆明植物所 中科院昆明植物所	57	李锡畴 曾孝濂 吴锡麟 肖　溶 冯钟元 邓晶发 黄锦添
53(2)	2000.1	菱科－柳叶菜科 6：13：95	23.1	陈家瑞	陈家瑞 万文豪 李以镔 陆尚志	中科院植物所 江西大学 江西大学 上海大百科全书出版社	32	王金凤 张泰利 李爱莉 孙英宝 左　焰 万文豪 胡劲波
54	1978.3	五加科 1：22：167	23.4	何　景 曾沧江	何　景 曾沧江	厦门大学 厦门大学	23	蔡淑琴
55(1)	1979.10	伞形科(1) 1：31：157	41.1	单人骅 佘孟兰	刘守炉 王铁僧 袁昌齐 李　颖 佘孟兰 傅坤俊 何业祺 张盍曾 溥发鼎 沈观冕 徐朗然	江苏省植物所 江苏省植物所 江苏省植物所 江苏省植物所 江苏省植物所 中科院西北植物所 中科院西北植物所 青海省生物所 四川省生物所 新疆生物土壤沙漠所 新疆生物土壤沙漠所	160	蒋杏墙 史渭清 陈荣道 张大成 韦力生

（续表）

卷册	出版时间	类群科属种数	字数（万）	编辑	作者	作者单位	图版	图作者
55(2)	1985.8	伞形科(2) 0：40：212	37.3	单人骅 佘孟兰	单人骅 佘孟兰 刘守炉 王铁僧 袁昌齐 溥发鼎 张盍曾 沈观冕	江苏省植物所 江苏省植物所 江苏省植物所 江苏省植物所 江苏省植物所 中科院成都生物所 中科院西北生物所 中科院新疆沙漠所	110	史渭清 韦力生 张荣生 陈荣道 蒋杏墙
55(3)	1992.1	伞形科(3) 0：24：197	36.2	单人骅 佘孟兰	单人骅 佘孟兰 刘守炉 王铁僧 袁昌齐 溥发鼎 张盍曾 沈观冕	江苏省植物所 江苏省植物所 江苏省植物所 江苏省植物所 江苏省植物所 中科院新疆沙漠所 中科院西北生物所 中科院成都生物所	112	韦力生 史渭清 王伟民 陈荣道 张荣生 谭丽霞 刘启新 李志明
56	1990.12	山茱萸科－鹿蹄草科 4：20：124	35.6	方文培 胡文光	胡文光 胡琳贞 宋滋圃 张泽荣 周以良 周瑞昌	四川大学 四川大学 四川大学 四川大学 东北林业大学 黑龙江自然资源所	74	许芝源 冯先洁 胡　涛
57(1)	1999.6	杜鹃花科(1) 1：4：197	31.7	方瑞征	杨汉碧 方瑞征 金存礼	中科院植物所 中科院昆明植物所 上海教育学院	46	冀朝祯 王金凤 李锡畴 肖　溶 杨建昆 吴锡麟 王　凌
57(2)	1994.12	杜鹃花科(2) 0：0：356	65	胡琳贞 方明渊	何明友 方明渊 胡文光 胡琳贞	四川大学 四川大学 四川大学 四川大学	135	李　健 吕发强 陈　笺 冯先洁 胡　涛

（续表）

卷册	出版时间	类群科属种数	字数（万）	编辑	作者	作者单位	图版	图作者
57(3)	1991.12	杜鹃花科(3) 0：12：208	30.2	方瑞征	方瑞征 徐廷志 黄素华 高宝纯	中科院植物所 中科院植物所 云南大学 中科院成都生物所	49	肖 溶 吴锡麟 曾孝濂 张宝福 李 纬 杨建昆 李锡畴
58	1979.8	紫金牛科 1：6：129	18.9	陈 介	陈 介	中科院昆明植物所	20	李锡畴 陈莳香 肖 溶 曾孝濂 吴锡麟
59(1)	1989.11	报春花科(1) 1：8：211	28.2	陈封怀 胡启明	陈封怀 胡启明 方云忆 郑朝宗 杨永昌 黄荣富	中科院华南植物所 中科院华南植物所 杭州大学 杭州大学 中科院西北生物所 中科院西北生物所	53	邓晶发 黄少容 冯钟元 邓盈丰 余汉平 蔡淑琴 宁汝莲 余 峰
59(2)	1990.1	报春花科(2) 0：5：306	41.5	陈封怀 胡启明	胡启明	中科院华南植物所	59	邓盈丰 余汉平 余 峰 邓晶发
60(1)	1987.9	白花丹科-柿树科 3：21：122	22.1	李树刚	彭泽祥 庄 璇 李树刚	兰州大学 中科院昆明植物所 广西植物所	37	何顺清 刘宗汉 秦小英 廖信佩 李 森
60(2)	1987.3	山矾科-安息香科 2：10：127	21.4	吴容芬 黄淑美	吴容芬 黄淑美	中科院华南植物所 中科院华南植物所	50	余汉平 余 峰 黄少容 邓晶发 冯钟元

（续表）

卷册	出版时间	类群科属种数	字数（万）	编辑	作者	作者单位	图版	图作者
61	1992.2	木犀科－马钱科 2：20：235	44.8	张美珍 邱莲卿	张美珍 缪柏茂 陆瑞林 邱莲卿 韦　直 李秉滔	上海自然博物馆 上海自然博物馆 上海自然博物馆 上海自然博物馆 浙江自然博物馆 华南农业大学	83	黄少容 邓晶发 余　峰 邓盈丰 余汉平 陆锦文 何冬泉
62	1988.6	龙胆科 1：22：427	58.4	何廷农	何廷农 刘尚武 吴庆如	中科院西北生物所 中科院西北生物所 内蒙古大学	67	王　颖 阎翠兰 刘进军 张海燕 田　虹 马　平
63	1977.2	夹竹桃科－萝藦科 2：90：418	68.7	蒋　英 李秉滔	蒋　英 李秉滔	广东农林学院 广东农林学院	218	李秉滔 吴翠云 陈国泽 杨可四
64(1)	1979.5	旋花科－田基麻科 3：26：132	23.8	吴征镒	方瑞征 黄素华	中科院昆明植物所 中科院昆明植物所	33	曾孝濂 肖　溶 李锡畴 陈莳香 吴锡麟
64(2)	1989.12	紫草科 1：48：268	38.4	孔宪武 王文采	王文采 刘玉兰 朱格麟 廉永善 王镜泉 王庆瑞	中科院植物所 西北师范学院 西北师范学院 西北师范学院 西北师范学院 西北师范学院	42	宗维城 夏　泉 刘春荣
65(1)	1982.3	马鞭草科 1：21：177	23	裴　鉴 陈守良	裴　鉴 陈守良 方文哲 刘守炉 傅立国	江苏省植物所 江苏省植物所 江苏省植物所 江苏省植物所 江苏省植物所	129	陈荣道 蒋杏蔷 史渭清 韦力生 韦光周

（续表）

卷册	出版时间	类群科属种数	字数（万）	编辑	作者	作者单位	图版	图作者
					盛国英 庄体德 蓝永珍 郭荣麟 姚　淦	江苏省植物所 江苏省植物所 江苏省植物所 江苏省植物所 江苏省植物所		
65(2)	1977.7	唇形科(1) 1：49：413	72.3	吴征镒 李锡文	吴征镒 周　铉 陈　介 李锡文 宣淑洁 黄咏琴 王文采	云南省植物所 云南省植物所 云南省植物所 云南省植物所 云南省植物所 云南省植物所 中科院植物所	111	曾孝濂 刘春荣 王利生 陈莳香 张泰利 刘敬勉 赵宝恒 凌崇毅 王金凤 肖　溶 冯晋庸
66	1977.11	唇形科(2) 0：50：399	72.3	吴征镒 李锡文	吴征镒 李锡文 宣淑洁 陈　介 黄蜀琼 黄咏琴 孙雄才	云南省植物所 云南省植物所 云南省植物所 云南省植物所 云南省植物所 云南省植物所 南京药学院	123	王利生 李锡畴 曾孝濂 陈莳香 刘春荣 蒋杏蔷 肖　溶
67(1)	1978.11	茄科 1：24：105	19.5	匡可任 路安民	匡可任 路安民 吴征镒 陈　介 黄蜀琼	中科院植物所 中科院植物所 云南省植物所 云南省植物所 云南省植物所	40	王金凤 路桂兰 吴彰桦 张泰利 王利生 刘春荣 冀朝祯 蔡淑琴 李锡畴 曾孝濂

（续表）

卷册	出版时间	类群科属种数	字数（万）	编辑	作者	作者单位	图版	图作者
67(2)	1979.10	玄参科(1) 1：52：301	48.4	钟补求 杨汉碧	钟补求 洪德元 汤彦承 陆玲娣 谷粹芝 杨汉碧 金存礼	中科院植物所 中科院植物所 中科院植物所 中科院植物所 中科院植物所 中科院植物所 中科院植物所	152	蔡淑琴 王金凤 许介眉 张春方 张泰利 冯晋庸 吴彰桦 郭木森 路桂兰 刘春荣 冀朝祯
68	1963.8	玄参科(2) 0：5：340	49.9	钟补求	钟补求 郑斯绪 杨汉碧 黎兴江 金存礼 李沛琼	中科院植物所 中科院植物所 中科院植物所 中科院植物所 中科院植物所 中科院植物所	93	冯晋庸 王凤祥 刘春荣 张荣厚 鞠维江 吴彰桦 王金凤 余汉平
69	1990.3	紫葳科－苦苣苔科 6：88：523	84	王文采	王文采 潘开玉 张志耘 李振宇 陶德定 尹文清	中科院植物所 中科院植物所 中科院植物所 中科院植物所 中科院昆明植物所 中科院昆明植物所	165	吴锡麟 杨建昆 李锡畴 曾孝濂 肖　溶 张宝福 吴樟桦 何顺清 冀朝祯 王文采 路桂兰 张春方
70	2002	爵床科－车前科	55.6	胡嘉琪	胡嘉琪 崔鸿宾 李振宇	复旦大学 中科院植物所 中科院植物所	54	余汉平 李爱莉 林　泉 冀朝祯 张泰利

（续表）

卷册	出版时间	类群科属种数	字数（万）	编辑	作者	作者单位	图版	图作者
71(1)	1999.8	茜草科(1) 1：58：372	55.9	罗献瑞	罗献瑞 高蕴章 陈伟球 徐祥浩 吴　翰	中科院华南植物所 中科院华南植物所 中科院华南植物所 华南农业大学 华南农业大学	103	余汉平 黄少容 余　峰 邓盈丰 邓晶发
71(2)	1999.9	茜草科(2) 0：40：308	49.4	陈伟球	罗献瑞 高蕴章 陈伟球 阮云珍	中科院华南植物所 中科院华南植物所 中科院华南植物所 中科院华南植物所	83	余汉平 邓晶发 邓盈丰 余　峰
72	1988.10	忍冬科 1：12：204	42.1	徐炳声	徐炳声 胡嘉琪 王汉津	复旦大学 复旦大学 复旦大学	69	张荣生 陶德圣 娄凤鸣
73(1)	1986.9	五福花科-葫芦科 4：43：213	39.8	路安民 陈书坤	邱莲卿 王汉津 贺士元 邢其华 尹祖棠 路安民 张志耘 陈书坤 吴征镒 陈宗莲	上海自然博物馆 复旦大学 北京师范大学 北京师范大学 北京师范大学 中科院植物所 中科院植物所 中科院昆明植物所 中科院昆明植物所 中科院昆明植物所	69	张泰利 肖　溶 吴彰桦 张荣厚 蔡淑琴 曾孝濂 王金凤 李锡畴 宗维诚 郭以良 张荣生
73(2)	1983.8	桔梗科等3科 3：19：172	27	洪德元	洪德元 廉永善 沈联德	中科院植物所 中科院植物所 四川医学院	27	张春方 吴彰桦 张泰利 王金凤 冯晋庸 路桂兰 蔡淑琴 沈联德

（续表）

卷册	出版时间	类群科属种数	字数（万）	编辑	作者	作者单位	图版	图作者
74	1985.1	菊科(1) 1：38：265	50.6	林　镕 陈艺林	林　镕 陈艺林 石　铸	中科院植物所 中科院植物所 中科院植物所	88	王金凤 吴彰桦 张泰利 刘春荣 路桂兰 冯晋庸 许梅娟
75	1979.9	菊科(2) 0：51：270	47.1	林　镕	林　镕 陈艺林 石　铸 陈封怀 张肇骞 程用谦 胡启明 黄秀兰	中科院植物所 中科院植物所 中科院植物所 中科院华南植物所 中科院华南植物所 中科院华南植物所 中科院华南植物所 中科院药物所	67	刘春荣 吴彰桦 黄少容 冀朝祯 王金凤 邓盈丰 余汉平 张泰利 张荣厚 冯晋庸
76(1)	1983.5	菊科(3) 0：31：139	19.6	林　镕 石　铸	石　铸 傅国勋	中科院植物所 中科院植物所	20	张泰利 路桂兰 刘春荣 吴彰桦 夏　泉 王金凤 冯晋庸
76(2)	1991.5	菊科(4) 0：2：217	47.6	林　镕 林有润	林有润	中科院华南植物所	39	黄少容 余汉平 余　峰 邓盈丰 邓晶发
77(1)	1999.4	菊科(5) 0：23：259	48	陈艺林	陈艺林	中科院植物所	71	张春荣 张泰利 吴彰桦 张春方 王金凤 冀朝祯

（续表）

卷册	出版时间	类群科属种数	字数（万）	编辑	作者	作者单位	图版	图作者
77(2)	1989.7	菊科(6) 0：3：175	24.3	林 镕 刘尚武	刘尚武	中科院西北生物所	38	刘进军 王 颖 阎翠兰 宁汝莲
78(1)	1987.12	菊科(7) 0：38：186	29.7	林 镕 石 铸	石 铸	中科院植物所	41	刘春荣 王金凤 吴彰桦 冀朝祯
78(2)	1999.8	菊科(8) 0：1：264	28.6	陈艺林 石 铸	石 铸 靳淑英	中科院植物所 中科院植物所	32	刘春荣 张泰利 张春芳 冯晋庸 蔡淑琴 王金凤 吴彰桦 许梅娟
79	1996.2	菊科(9) 0：6：84	16.7	程用谦	程用谦	中科院华南植物所	17	邓晶发 邓盈丰
80(1)	1997.9	菊科(10) 0：41：282	44.5	林 镕 石 铸	石 铸	中科院植物所	64	蔡淑琴 王金凤 张泰利 冀朝祯
80(2)	1999.5	菊科(11) 0：1：70	12.2	林有润 葛学军	葛学军 林有润 翟大同	中科院华南植物所 中科院华南植物所 山西大学师范学院	17	余汉平 张荣生

三 《中国植物志》历年获省部级以上奖项

获奖项目	获奖人	获奖种类	等级	获奖时间
马鞭草科、薯蓣科系统分类	裴鉴	中国科学院优秀成果奖 全国科学大会奖		1964 1978
《中国植物志》18卷册(蕨类、莎草科、玄参科、蔷薇科、唇形科、萝摩科、荚竹桃科、茄科、五加科、百合科、裸子植物、菊科、紫草科、紫金牛科、金缕梅科、毛茛科等)	秦仁昌、唐进、汪发瓒、俞德浚、钟补求、吴征镒、李锡文、蒋英、李秉滔、匡可任、路安民、何景、曾沧江、郑万钧、傅立国、林镕、陈艺林、陈介、张宏达、孔宪武、王文采、肖培根	全国科学大会奖		1978
《中国植物志》伞形科	单人骅、佘孟兰、刘守炉、王铁僧、袁昌齐、李颖、傅坤俊、何业琪、张盍曾、溥发鼎、沈观冕、徐朗然	江苏省科学大会奖		1978
中国黄芪属植物	傅坤俊、何业琪、何善宝	全国科学大会奖		1978
《中国植物志》杨柳科	王战、方振富、赵士洞、周以良、董世林、杨昌友、于兆英、赵能	中国科学院科技成果奖	3	1979

（续表）

获奖项目	获奖人	获奖种类	等级	获奖时间
青藏高原虎耳草科研究	潘锦堂	青海省科技成果奖	3	1979
中国樟科木姜子属，黄肉楠属新分类群	杨衔晋、黄普华	黑龙江省科技成果奖	2	1979
《中国植物志》伞形科	单人骅、余孟兰、刘守炉、王铁僧、袁昌齐、傅坤俊	江苏省科研先进集体 江苏省科学大会奖		1979
中国樟科研究	杨衔晋、黄普华、李锡文、李树刚、崔鸿宾	林业部科技成果奖	2	1980
中国猕猴桃属的分类	梁畴芬	广西壮族自治区科委成果奖	3	1980
中国樟科植物	李树刚、韦发南、韦裕宗	广西壮族自治区科委科技成果奖	4	1981
中国豆科山蚂蝗亚族的研究	黄晋华、杨衔晋	东北林学院科研成果奖	2	1981
我国西南地区竹类新分布	薛纪如、易同培	云南省科研成果奖	2	1981
菰属的分类系统与演化	温太辉、陈守良、盛国英	浙江省优秀科技成果奖	3	1982
我国西南地区竹类二新属（香竹、筇竹）和我国竹新分布	温太辉、陈守良、盛国英	云南省重大科技成果奖 浙江省优秀科技成果奖 四川省重大科技成果奖	2 3 4	1981 1982 1981
中国竹亚科一些新属种整理	赵奇僧	中国林学会科技成果奖	2	1982
中国大黄属新植物	高作经	北京市科协科技成果奖	2	1982

（续表）

获奖项目	获奖人	获奖种类	等级	获奖时间
《中国植物志》裸子植物	郑万钧、傅立国、王文采、陈家瑞、傅书遐、赵奇僧、崔鸿宾、朱政德、刘玉壶、诚静容	国家自然科学奖 农业部科技成果奖 林业部科技成果奖	2 1 1	1982 1980 1981
《中国植物志》萝藦科、夹竹桃科、蕃荔枝科	蒋英、李秉滔	国家自然科学奖 广东省农业科研奖 广东省高教优秀成果奖 广东省科学大会奖状	3 2	 1982 1980 1979
广西竹类新植物	戴启惠	广西壮族自治区科学进步奖	3	1983
《中国植物志》樟科	李锡文、白佩瑜、李树刚、杨衔晋、黄普华、崔鸿宾、韦发南、夏振岱、韦裕宗、李娇兰	全国优秀科技图书奖 林业部科技成果奖 黑龙江省科技成果奖	1 2 2	1983 1980
中国复叶耳蕨属的分类研究	谢寅堂	陕西省高教科研成果奖	2	1984
中国紫草科新分类群研究	孔宪武、朱格麟、王文采、王庆瑞、刘玉兰、王镜泉	甘肃省教育厅科技成果奖	2	1985
中国柽柳科水柏枝属研究	张耀甲、张鹏云	甘肃省高教厅科技成果奖	2	1985
四个原始兰科新属的发现及其在系统发育的意义《中国兰科植物区系》	陈心启、唐进	中国科学院重大科技成果奖	1	1985
广西竹类新植物	戴启惠	广西壮族自治区科技成果奖	3	1985

（续表）

获奖项目	获奖人	获奖种类	等级	获奖时间
中国兰钟花属、半边莲属、铜锤玉带属研究	廉永善	甘肃省教育厅科技进步奖	2	1985
杜鹃花属研究	方文培、胡琳贞、方明渊、何明友、胡文光	四川省科协优秀论文奖		1986
《中国植物志》梧桐科	徐祥浩	广东省高教科技进步奖	2	1986
《中国植物志》金缕梅科	张宏达	国家教委科技进步奖	2	1986
中国细辛属的系统研究	杨春澍	全国医学科技成果奖	1	1986
《中国植物志》伞形科	单人骅、佘孟兰、刘守炉、王铁僧、袁昌齐、傅坤俊、张盍曾、沈观冕、徐朗然、何业琪、溥发鼎、李颖	江苏省科技进步奖		1986
玄参科婆婆纳族的分类与进化	洪德元	中国科学院科技进步奖	2	1986
中国红豆属的研究	张若惠	浙江省教委自然科学奖	2	1986
《中国植物志》毛茛科	王文采、关克俭、肖培根、王蜀秀、潘开玉、刘亮、张美珍、凌萍萍、方明渊	中国科学院科学进步奖	3	1986
中国落新妇属，金腰属研究	潘锦堂	青海省优秀科技论文奖	2	1987
中国四川杜鹃花	方文培、胡琳贞、方明渊、何明友	国家教委科技进步奖	1	1987

（续表）

获奖项目	获奖人	获奖种类	等级	获奖时间
我国崖豆藤的整理	韦直	浙江省科协科技进步奖	2	1987
竹类新属、新种	姚昌豫、陈绍云、盛国英、陈守良	浙江省优秀科技成果奖	3	1987
《中国植物志》玄参科	钟补求、杨汉碧、金存礼、洪德元、郑斯绪	中国科学院科技进步奖	3	1987
中国葫芦科植物	路安民、陈书坤、陈宗莲、张志耘、吴征镒	中国科学院科学进步奖	2	1988
中国茄科植物	匡可任、路安民、吴征镒、黄蜀琼、陈介、陈宗莲、张芝玉	中国科学院科学进步奖	2	1988
中国菊科植物系统分类和区系	林镕、陈艺林、石铸、程用谦、胡启明	中国科学院科学进步奖	2	1988
《中国植物志》翅子藤科、刺茉莉科、省沽油科、茶茱茰科、槭树科、胡颓子、七叶树科、千屈菜科、海桑科、隐翼科、石榴科、玉蕊科、蓝果树科、八角枫科	方文培、张泽荣、李树刚、高蕴章、徐廷志、庄璇、包士英、宋滋圃、粟和毅、罗献瑞、刘兰芳、夏振岱	国家教委科学进步奖	1	1988
《中国植物志》天南星科	李恒	中国科学院科学进步奖	3	1988
《中国植物志》毛茛科	王文采、关克俭、肖培根、潘开玉、王蜀秀、刘亮、张美珍、丁志遵、凌萍萍、方明渊	中国科学院科技成果奖	2	1988

（续表）

获奖项目	获奖人	获奖种类	等级	获奖时间
包兰线沙坡头铁路防护体(植物筛选)	刘瑛心等	国家科学进步特等奖 中国科学院科学进步奖 西德李比西科技进步奖	1 1	1988 1986 1989
《中国植物志》百合科	汪发瓒、唐进、陈心启、梁松筠、戴伦凯、汤彦承、许介眉、张芝玉、毛祖美、徐朗然	国家自然科学奖 中国科学院科技进步奖	3 2	1989 1987
桔梗科植物分类	洪德元、廉永善、沈联德	中国科学院自然科学奖	3	1989
《中国植物志》蔷薇科	俞德浚、陆玲娣、谷粹芝、关克俭、李朝銮	国家自然科学奖 中国科学院科技进步奖	2 1	1989 1987
《中国植物志》龙胆科	何廷农、刘尚武、吴庆如	中国科学院自然科学奖	3	1990
中国粘腺果属植物	鲁德全	陕西植物学会优秀论文奖	3	1990
蹄盖蕨属的分类	谢寅堂	陕西省科学进步奖	2	1990
国海桑属植物资源保存加速繁殖利用和系统分类研究	高蕴章	中国科学院科技进步奖	3	1993
青藏高原虎耳草属的初步研究	潘锦堂	青海省科技成果奖	3	1990
《中国植物志》姜科	吴德邻、陈升振、陈忠毅、蔡希陶、童绍荃、陈佩珊	中国科学院自然科学奖	2	1991
槐属植物分类研究	钟补求、马其云	解放军科技进步奖 中科院成果奖	2 2	1991 1981

（续表）

获奖项目	获奖人	获奖种类	等级	获奖时间
大熊猫主食—竹亚科的分类和分布	易同培	四川省科学进步奖 四川省科协优秀论文奖 林业部科技进步奖	3 1 1	1986 1991
我国针茅族小穗形态演化及属间亲缘关系	卢生莲	青海省科协优秀论文奖	1	1991
玄参科的植物分类系统学	钟补求、洪德元、杨汉碧、汤彦承、陆玲娣、金存礼、谷粹芝、郑斯绪、黎兴江	国家自然科学奖 中科院科学进步奖	3 1	1991 1988
蹄盖蕨分类研究	谢寅堂	陕西高校科研奖 陕西省政府科技进步奖	2 2	1990 1991
中国蕨类植物科属的系统排列和历史来源	秦仁昌、邢公侠	国家自然科学奖 中国科学院自然科学奖	1 1	1993 1989
新疆油菜种类资源	安争夕、蓝永珍	新疆维吾尔自治区科技进步奖	2	1993
中国箭竹属的研究	易同培	中国林学会梁希奖 四川省科学进步奖	2	1993
东亚苦苣苔科植物分类与系统	王文采、潘开玉、李振宇、张志耘	中国科学院自然科学奖	2	1993
南荻的系统分类及应用	刘亮	中国轻工业科技进步奖 国家科技成果证书 湖南省轻工厅科技进步奖	2 1	1993
观赏蕨类引种驯化	石雷、李振宇	农业部科技成果奖		1993
《中国植物志》紫草科	孔宪武、王文采、刘玉兰、廉永善、王庆瑞、朱格麟、王镜泉	甘肃省科技进步奖 高校科技进步奖	2 1	1993 1992

（续表）

获奖项目	获奖人	获奖种类	等级	获奖时间
《中国植物志》杨柳科	王战、方振富、董世林、于兆英、杨昌友、赵能、赵士洞、周以良	国家自然科学奖	2	1993
《中国植物志》唇形科	吴征镒、李锡文、周铉、黄咏琴、陈介、黄蜀琼、孙雄才	国家自然科学奖	2	1993
东亚苦苣苔植物分类与系统	王文采、潘开玉、张志耘、李振宇	中国科学院自然科学奖	2	1993
菊科蒿属及其邻近属植物研究	林有润、林镕、蒋林	中国科学院自然科学奖	2	1994
中国蕨类植物科属志	吴兆洪、秦仁昌、蔡淑琴	中国科学院自然科学奖	3	1994
《中国植物志》报春花科	陈封怀、胡启明、方云亿、杨永昌	国家自然科学奖 中国科学院自然学奖	3 1	1995 1993
《中国植物志》虎耳草科	潘锦堂	青海省科技进步奖	3	1995
黄土高原石竹科植物	唐昌林、鲁德全	陕西省自然科学奖	4	1995
葫芦科雪胆及其相关属赤瓟、罗汉果、假贝母的综合研究	周俊、陈宗莲、陈维新、吴征镒、田中治、笠井良次	中国科学院自然科学奖 联合国技术信息促进系统中国国家分部“发明创新科技之星奖”	3	1991 1996
中国柳叶菜属系统学	陈家瑞	中国科学院自然科学奖	2	1996
中国生物志——“三志”之一《中国植物志》	吴征镒、李锡文、王文采	（香港）查济民“求是奖”		1996

（续表）

获奖项目	获奖人	获奖种类	等级	获奖时间
宁夏柴胡属药用植物	袁昌齐等	卫生部科技进步奖	3	1996
中国柳叶菜属系统学		中科院自然科学奖	2	1996
中国植物志蕨类	秦仁昌、邢公侠、吴兆洪	广东省自然科学奖	2	1997
《中国植物志》等“三志”	吴征镒等	中国十大科技进展		1997
《中国植物志》木兰科	刘玉壶、周仁章、陈忠毅、吴容芬	中国科学院自然科学奖 广东省自然科学奖	2 2	1998 1998
中国菊科兰刺头族、菜蓟族及菊苣族系统分类与区系	石铸、陈艺林	中国科学院自然科学奖	2	1999
中国兰科植物研究	陈心启、郎楷永、吉占和、罗毅波、朱光华、席以珍	中国科学院自然科学奖 国家自然科学奖	1 2	2001 2002
中国龙胆科研究	何廷农、刘尚武等	国家自然科学奖	2	2004
《中国植物志》编研	钱崇澍、王文采、陈艺林、陈心启、崔鸿宾、陈焕镛、胡启明、吴征镒、李锡文、张宏达	国家自然科学奖	1	2009

人名索引
RENMINGSUOYIN

B

C

D

F

M

P

Q

S

T

W

后　记

2004年《中国植物志》完成之后，夏振岱深知植物志编研历史的厚重，若予以归纳总结，必有意义。然年过七旬，已是力不从心。2007年初中科院植物所所长马克平先生，聘请胡宗刚来北京协助植物所编写《所志》，夏、胡遂为相识。两人虽是隔代之人，但对历史认知却为相近，夏愿将此任务交胡完成，胡也乐于接受，故由两人共同承担。胡在编写《所志》之同时，即开始搜集材料，除查阅中国植物志编委会档案外，还大量查阅中国科学院档案馆所藏植物研究所档案，以及植物所档案室所藏档案，获得第一手资料；夏也将其所藏资料、照片供其使用，拟定以三年时间完成。2009年胡又受中科院植物所聘请，来京作中国近现代植物学史研究两年，即以《中国植物志编纂史》为其研究项目之一，在聘期结束之时，此合作之书得以完成。

然而本书出版，却颇费周折。2010年9月书稿完成之后，即交某出版社，以当今出版速度，若顺利当年即可面世。然事与愿违，期间虽曾经过编辑、校对等多个环节，但最终无法开印。为此一等便是五年，仍是同样结果，只得放弃。转请上海交通大学出版社冯勤先生援手，慨允承担，并为推荐文汇·彭心潮出版基金，获得资助，谨表谢忱。本书延迟甚久，在即将问世之际，还是应发出迟到的感谢。感谢马克平先生对中国植物学史予以重视，在胡宗刚两年聘期届满之时，未能出版，其后又一再拖延，辜负雅意，抱歉之至。感谢中国科学院院史编研组在院史编研项目中予以资助。在撰写和修订过程中，还得到许多朋友道义支持，让我们有勇气接受此次挑战。感谢刘夙博士通读全稿，指出许多错误。感谢王文采老先生拨冗赐序，感谢胡启明先生挥毫题签，让本书生辉。

胡宗刚　夏振岱

二〇一六年七月